国家自然科学基金资助项目（51808276）

西藏建筑行记

戚瀚文　著

东南大学出版社
·南京·

前 言

生命的律动需要一种旋律，生命的释怀需要一种勇气，这就是青春带给我们的勇气与洒脱，她没有伪装与傲慢，她放弃了自尊与疲惫。这是用青春之血染成的诗篇，这是呐喊唤来的声音，她永远会停留在你的心底，等待你灵魂的解脱。青春是不需要回忆的，当你开始回忆的时候，你便不年轻了，每个人都有一段封存在记忆深处的“青春”，而对于笔者来说，“青春”就在西藏。

本书记录了笔者在西藏进行田野调查的整个过程，包括前后 4 年的实地调研考察，感谢导师汪永平教授提供的珍贵调研机会。本书中涉及的地名及行政区域划分为笔者调研期间的名称，现在有所调整，不再一一修改。笔者通过对西藏生活的深入观察和亲身经历，从一个建筑学学者的视角对西藏的乡土文化、地域文脉、风土建筑等进行了深入解读，对田野调研的内容进行了详细记录，希望能够帮助读者从建筑学的角度了解西藏。当你真正身处某地并拍摄过照片，其后再见这些照片，你会被直接拉进当时的场景，并且可以清楚地闻到场景所散发的气味。

目　录

第一部分

2010年调研

调研人员：

石沛然

侯志翔

梁　威

戚瀚文

8月6—11日（川昌大巴上）

2010年8月6号早晨10点左右，我和同窗梁威坐上了去成都的火车，开始了第一次奔赴西藏的旅程。我们此行的任务是去替换在昌都设计院进行援藏工作的师兄师姐，然后协助师兄完成西藏昌都调研测绘工作，为他们的学位论文搜集整理资料。我们的行程线路是由南京火车站坐火车到四川成都站，然后再去成都八一汽车站坐汽车直接到西藏昌都地区。

因为8月份是旅游的旺季，从各地到四川观景的游客很多，依稀记得我们乘坐的那一趟列车除了我们两个，其余的旅客大都来自某公司的职员及家属，因为他们较为熟识，车厢内的气氛稍显热闹，有唱歌的，有玩牌喝酒的，也有晃着坚实臂膀四处遛弯的壮汉，这种氛围让我和梁威在车上略显尴尬，但也只能适应环境。和我们乘坐同一包厢的还有四位女士，其中两位是妈妈，带着她们的孩子跟着公司一起来四川旅游，因为孩子的学校生活比较紧张，这次她们主要是带着孩子过来放松一下，放松孩子因考学压力而紧绷的神经。我和梁威的铺位在上铺，车厢空调的风是从上铺吹出的，在上铺待的时间久了会很难受，我们只能过一段时间下来到窗口处供旅客临时休息的凳子上闲坐，透过车窗，欣赏着祖国不同地域的景色。就这样，不知不觉地我们已来到了成都。记得到达成都应该是在中午的时候，我们背着各自的登山包并拎着大小不一的袋子等待着出租车的到来，车站四周密密麻麻的全是游客，他们穿着各异，可谓将世界各国的服装元素都汇集于一处，有手上戴着各式佛珠并穿着大裆裤刚从尼泊尔等地游玩回来的，也有和我们一样刚到成都的，有年纪较小的娃娃，也有胡须花白但穿着不凡的老者，老者们有些气宇不凡，在穿着上大多是一身冲锋装，灰色系的速干裤，一件短袖户外T恤，外边套一件灰色的摄影马甲，所携带的物品比较简单，就是一个当下最流行的单反摄像机，然后用皮套将黑白长发向后一扎，一种独具文化特征和沧桑气质的行者范就这样出现了。没想到被称为“天府之国”的成都是这么的热闹非凡，坐上出租车，我们便随着车厢内发动机沉闷的声响逐渐消失在这个热闹的环境中。因为这毕竟是我们第一次来四川，所以心情比较激动，在车上与司机师傅闲聊了几句便知道，成都是一个生活节奏比较缓慢的城市，生活在这里的大部分人没有像在上海那种繁重的压力，每天大概就是重复着一件或者几件事情，存留有大部分的可自己掌控的时间。

八一汽车站距离市中心比较远，这里不仅仅是一个汽车站，还是一个家具批发市场，琳琅满目的家具店占据了道路的两侧，汽车站则夹杂在其间，到车站询问后得知已经没有当天开往昌都的车子了。这边去昌都的车子每天仅中午一班，错过了就要等第二天，简单查询了一下，我们要经过雅安、泸定、康定、雅江、理塘、巴塘、芒康、左贡等地方，方可到达昌都，总行程 700 多公里。商量后我们决定先把第二天的车票买好，然后在附近找家旅店住了下来。我们住的地方设施条件比较简陋，像极了 20 世纪七八十年代的集体宿舍，为多层单走廊“L”形建筑，中间是土院子，院子中有一棵大树，在这个时节正繁茂。这里虽然没有大城市的宾馆舒适，但客房收拾得还算比较干净，把行李安放妥当之后，我们便带着相机准备到锦里游转一下，因为导师一直跟我们讲来四川一定要到锦里和杜甫草堂等知名的地方看一下，一直强调建筑学的学生有条件一定要“行万里路”，因为只有你亲身去感受了才能够得到感悟，而这些感悟可能会成为你生命中不可多得的“财富”。

8 月份的锦里可谓游人如织（图 1），大家慵懒地走在石板铺砌的道路上，依稀也可见三三两两的外国游客。锦里古街既传承了中国古建筑街巷的特点，又可以满足现代人的生活需求，与南京的夫子庙相似，但个人感觉要比夫子庙更加幽静一些。在这里聚满了做生意的商客，所买卖的产品在国内其他的景区也都能见到，从这一点来看，仍需要我们去发扬和传承以地域文化为主导的中国优秀的传统文化。我们在这里看到各种颜色的锦鲤在人工设计好的景观水塘游来游去，头浮出水面争相吃着游客投撒的食物，时而发出吧嗒吧嗒的声响。我们一边欣赏着优雅的景色，一边拍照留念，突然在熙攘的人群中发现了和我们同一个车厢的四位从南京过来旅游的朋友，虽然有些仓促，但大家的交谈还是蛮亲切的，有一种他乡遇故知的感觉。

晚上，我们去超市买了一些生活用品，还顺道买了点啤酒和小菜，之后便回了宾馆。回去后，我和梁威从屋内搬了张小桌子到院子里，开始在院子里聊天小酌，庭院虽然不大，但在老板的精心设计下也别有一番精巧，伴着晚霞的风吹动着院内的树枝沙沙作响，时而传来一两声鸟鸣，让我们感到一种悠远的静谧。因为明天就要进藏了，西藏海拔比较高，学长说进藏后就不能随便喝酒了，所以我们决定喝足了再上路。第二天一早起来已是 10 点多钟，我们出去吃了个早餐，便又回到旅店等待着中午的到来。中午，我们按时来到车站坐上了去昌都的汽车。开车的师傅是两个四川人，操着一口四川口音，刚开始听着有点不习惯，后来听得久了便也习惯下来。一路上的风景非常美，我们的车子盘旋在群山之间，因为四川的海拔比较低，所以山上全是葱郁的林木，加上来往的车子明显地减少，使人置身其中有一种身在世外桃源的感觉。傍晚的时候我们路过了一个饭店，我和梁威简单地吃了点饭，然后便回到了车上。车子虽然是卧铺，但还是不能将身体完全地放松伸展开来，所以躺得时间久了会感到浑身酸痛。待大家都吃喝得差不多时，司机师傅喊话让大家抓紧时间上车，要准备继续启程了。就这样，车子慢慢地行驶在旅途上。到了晚上的时候，我们经过一个海拔约 5000 米的垭口，车上的一个乘客因为有点晕车，与司机师傅产生了点摩擦，司机师傅一赌气，把车子直接停掉，说让大家今晚就在这里过夜，这时有经验的乘客就开始劝慰司机师傅，让大家都消消火气，就这样僵持了有 30 分钟左右，我们的车子才继续行驶在旅途上。其间，我们下车，当我抬头望向天空的时候，景色让我十分震撼，我生平第一次看到了满天的繁星，第一次这么近距离地观察浩瀚的宇宙，很多的第一次都跟随着进藏的脚步进行着。高海拔的地方开始让人有不适的感觉，大家在车上辗转反侧，说不出来的难受，头疼与沉重的呼吸相伴而来，还好车子很快地就下了垭口，海拔的降低使得大家能够慢慢地通过自身的调节来适应多变的环境。就这样睡睡醒醒，不知不觉地过了一个晚上。进西康的路比较险陡，我们的大巴车在宽度仅为 4 m 左右的路上行走，这让我十分佩服司机师傅的车技，如果有对开的车子经过，那么双方司机要事先找到一个比较宽阔的地方，小车自动礼让大车先过，待大车过去之后小车继续赶路。清晨，我们经过一个村子，由于晚上走的全是土路，我们车子的几个轮胎已经被石头扎破了，司机师傅开到了路边一个藏族小伙子开的修理厂修理车子，车上的旅客趁机出来透透气，我和梁威找了个小吃部吃了早点，然后洗脸刷牙，长时间地坐车已经让我们的脸上堆了一层油垢，洗完脸顿时感觉清爽了许多。车子修好之后，我们上车继续赶路。中午的时候，我们到了芒康县（图 2），整个县城要比内地县城小很多，四周被高耸的群山所环绕，县城四周往来行人也较少。吃过午饭我们继续赶路，车子刚离开县城不久便又停了下来，我将头探出窗外才发现，路上堵满了各种大车和几辆自驾游的小车。经过问询得知，前面的路被几天前的大雨给冲断了，现在施工人员正在对公路进行抢修，我们来的时候抢修工作已经快要结束了。就这样等了大概 2 个小时，前方的道路终于通车了(图 3)。接下来我们走的路是我人生中走过的最为险陡的路。路是盘山土路，因为当时西藏的路几乎都是要“走弯弯绕”，从地图上看西藏比较相近的两处地方或许能够走一天多，所以开车的速度不能太快，不然肯定危险。我们所走的路的路边没有路牙石，车和路边距离的把控全靠司机师傅多年经验的积累，从车窗向外望去，下面有一条弯曲的河流，我们与河流的落差能有几百米，我睡在一层还能看到路边一点点位置，我想睡在上铺的梁威探头向外看直接就是悬崖沟谷，这种视觉冲击是不是更加惊险刺激！为了让自己安心，我们索性不向外看了。11 号中午的时候我们来到了昌都，过来接我们的是侯志祥学长与我们的同门赵盈盈，他们比我们提前一个月来到这里，看到了熟人我们感觉轻松了好多。我们到达之后，赵盈盈就要随同江晶学姐到芒康盐井一带进行调研工作。这边设计院给我们安排了住宿，就在距离昌都建设局不远的建设宾馆。晚上，学长学姐给我们接风，大家高兴地吃饭聊天，大概晚上 10 点的时候，各自回去休息。

在路上这几天，我们感受到了祖国不同地区的风土人情和建筑风格，不仅增长了见识，而且也是我们人生中不可多得的财富，我想我正在慢慢地体会和感受导师强调的“行万里路”的道理。

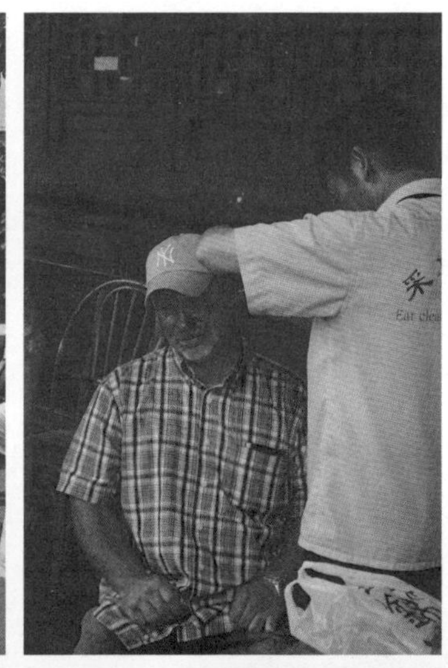

图 1：八月的锦里

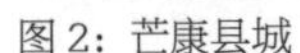
图 2：芒康县城

图 3：抢修道路

8 月 12—14 日（初识昌都）

这几天我们住在昌都建设局附近的建设宾馆，因为怕有高原反应，我们的主要任务是休息和适应一下这里的气候。起初的时候，身体上会有一些不适应，但后来大都适应了这里的环境。中午、晚上我们按时跟着学长们吃饭，然后他们带我们到工作的地方拜访了泽仁江措院长及设计院的其他工作人员，大家也都十分热情。昌都并没有我们想象得那么大，主要有两条河流经过，一个是扎曲，一个是昂曲，两条河流分支最终汇入澜沧江，昌都整个城市就修建在扎曲与昂曲交汇的三角形地块上（图 4）。昌都地势最高的地方应属强巴林寺，从高处眺望昌都首先就会看到一片以红色的墙垣和黄色的金顶为主的寺庙，该寺庙就是强巴林寺。该寺是由西藏佛教格鲁派创始人宗喀巴的弟子喜绕松布修建于公元 1444 年，是昌都地区较大的格鲁派寺院。从我们住的地方快走约 20 分钟便可到达该寺庙。我们的活动范围就在以我们工作单位为中心的辐射半径不到 300 米的这么一个区域，街道与陈设虽然比不上南京热闹和完善，但是基本能够满足日常生活，对于我们来讲，只要有一个能够跟外界联系的网络资源，那么所有的问题就不算是问题了。问题是我们来的这几天，院里的网被领导断掉了，后来才得知，这是因为这里唯一的高工沉迷于游戏，还喜欢带大家一起玩，院长怕影响工作进度，就把网给断掉了，可怜的我们也只能适应没有网的日子。

14 号早晨 5 点，天微亮，我们把姜晶学姐和赵盈盈送到了昌都汽车站。因为起得比较早，街上几乎没有人，微弱的灯光下偶尔会有几只流浪狗经过，出租车更是少见，我们只能步行前往汽车站。学姐这次要去芒康县下面的历史村落进行传统民居与建筑营造技艺的考察，看着她们马上就能够进行实地调研了，我们从内心替她

图 4：昌都局部

图 5：宿舍楼

们感到高兴，毕竟调研才是我们的主要任务。姜晶学姐之前多次随导师进藏调研，能够应对西藏大部分常见气候环境，所以导师才放心让她单独带队。像姜晶学姐这样的女子在我们工作室比较常见，工作室来过西藏的女生基本上都有能够立刻适应高原环境的能力，并能够很好地和藏族老乡进行简单交流。送走学姐之后，我和梁威回到宾馆将行李打包，搬到了设计院给我们安排的宿舍里。我们重新对宿舍的房间进行分配，我和石沛然学长一个房间，梁威与侯志祥学长一个房间。宿舍是建设局分配的职工楼（图 5），墙体粉刷黄色的涂料，四周被山脉包围。我们住在二层，整个屋子的面积大概有 80 m^2，室内进行了简装修，地面铺的是地砖，卫生间配备了淋浴设施，在昌都每天能够洗上一个热水澡绝对是一件非常幸福的事情，我们已经非常满足了。

8 月 15—20 日（适应昌都）

在设计院的几天里，我们熟悉了这边的工作环境和工作任务，这里的工作强度要比南京小很多，大家基本没有加班的概念，早晨九点半上班，中午一点半下班，下午三点半上班，六点半下班。下班后，院里基本也就只剩我们四人了。我们四个人与其说是在这里加班，不如说是怕无聊不愿回宿舍罢了。关于吃饭，我们四个人有的时候到下面的小吃部吃饭，有的时候从下面的小吃部点餐上来，最经常吃的就是一家四川人开的邛崃饭店了，不是因为有多好吃，而是因为距离我们很近，在一个地方待久了人就不自觉地变得慵懒了。不得不佩服四川人吃苦耐劳的精神，昌都这边的餐厅大都以川菜为主，口味是重油带辣，吃几顿就感觉有些腻，但想找点清淡的吃还是比较难的，我们的学长石沛然也因为消化不了太多的油腻，回家后检查出胰腺有点小毛病。可能学姐们一走把好运也一起带走了吧。这几天我们住的地方停电，我们每天回去都要点蜡烛照明。想来我们大多数人都已经有很多年没有用过蜡烛了，在烛光的摇曳下我一下子被拉回到了那个点着油灯照明的时代，虽然我没有亲历过那个时代，但也能些许体会到那时的温馨：一家人团坐在一起吃饭聊天，互相倾诉着自己的见闻,是一种多么安静和温暖的场景。现在虽然生活质量得到提高，但似乎缺少了那么一点情分，大家之间仿佛已经没有那么多的悄悄话要说了。当然，这几天澡是没得洗了。

我们这几天的主要任务就是结束姜晶学姐她们手中剩余的工作，她们进藏以来就一直在做这边各县小学的设计，所以我们也在持续跟进这方面的事宜。这几天院长家里有些棘手的事需要处理，据说是家里老人病故，所以院长最近一段时间在江达老家，我们做的设计任务基本上是蔡勇主任给我们安排的。蔡主任也是从四川来这边工作的，个子不高身形偏瘦，但做事干练、性格爽快。因为晚上回宿舍只能点蜡烛休息，而设计院没有停电，所以我们一般在设计院待到深夜 12 点的时候再回去睡觉。

8 月 21 日（卡若遗址）

今天周六，昨天学长跟导师汇报了一下我们的工作进度，导师让学长利用空闲时间带我们先跑一跑周边能够调研的地方，经过研究我们决定先到卡若遗址进行调研。21 号一早我们步行来到汽车站问询有关去卡若遗址的车子，得知汽车站里没有车子前往，去卡若要到菜市场那里等开往乡间的汽车，经过一番周折我们终于找到了车站。车站其实就是菜市场尽头的一块空地，地面满是尘土与碎屑，如果不是这里的常住民根本找不到。在场地内，我们看到停着一辆较为破旧的大巴车，走过去问了司机得知这就是我们要找的车，于是便买票上车。车上的空间较为紧凑，两个邻座要紧挨着才勉强能坐开，幸好我们 4 人可以分两组而坐。车上除了我们均为藏族群众，他们身穿藏袍，说着藏语，吃着风干的牛肉干，喝着自制的青稞酒，相互之间较为熟悉，就这样在车上简单地勾勒出一幅生活的场景，我们几个人从穿着到长相都显得有那么一些不入流。大概 40 分钟的行程，我们来到了昌都水泥厂。经过问询，我们得知卡若遗址在昌都水泥厂附近的一处山坡上。（卡若遗址位于西藏昌都县城东南约 12 km 的加卡若村。东靠澜沧江，南临卡若水，海拔 3100 m。“卡若”，藏语意为“城堡”，指此地山形险要。卡若遗址发现于 1977 年。 1978 年夏，对遗址进行了正式发掘，揭露面积 230 m^2。1979 年，对遗址进行了第二次发掘，揭露面积 1570 m^2。两次共发掘面积 1800 m^2。从水泥厂需要徒步到遗址（图 6），30 分钟左右我们来到了卡若遗址。我们在路上走的时候难掩心中的喜悦，因为不知道遗址会是什么样子，到达后发现整个卡若遗址已经被 2 m 多高的砖砌围墙挡住（图 7），原本喜悦的心情一下子沉了下去,心想总不能白来一趟吧。为了能够对遗址进行拍摄，我们爬到了遗址对面的一处山坡上面，爬山十分消耗体力。西藏的村落与房屋分布比较散乱，我们爬到的山坡对面就有一处民居。该民居一看便是经过房主精心设计的（图 8），在二层的走廊上放了几盆开满各种颜色的小花，看上去非常有生活气息。因为是第一次近距离地接触藏式房屋，我和梁威未能抑制住心中的兴奋，对该房屋进行了拍摄。

图 6：从昌都水泥厂徒步去卡若遗址的路上

图 7：卡若遗址现状及周边聚落环境

在山上我们还发现了作为祈祷用的泥质擦擦，据学长介绍，擦擦是用来祈求平安的，在藏族群众心目中是连接人类与佛的纽带，作用就像煨桑一样。梁威准备拿一个擦擦留作纪念，被学长劝告不能随便乱动这些东西，可能会给自己带来不好的运气。可能是蹲着拍照的时间比较久，我站起来突然感到呼吸困难头晕目眩，幸好对处理这些事情是比较有经验的，我急忙扎好马步，然后调整呼吸，大概过了 3 分钟的样子，体能才得以恢复。这里毕竟是高原，不论做什么事情都不能急躁，我若是慢慢地站起来应该就不会发生这样的问题了。

卡若遗址是目前西藏地区文物发掘资料能够提供的相对较早的建筑遗址，这一地区也是文献记载中原始苯教的主要诞生地。卡若遗址“距今 4000~5000 年”。卡若遗址的发掘可以证明，“这一时期用于氏族集会、议事、宗教活动等的社会性公共建筑出现并存在的可能性已经较为明显”。这个时期的建筑比较简单，建筑形式以半地穴、地上棚屋及早期干栏式建筑为主。由此可对该时期的苯教建筑形式进行粗略推断。

卡若遗址虽然紧靠澜沧江等鱼类丰富的江河，但从出土的遗物中并未发现鱼骨

图 8：卡若遗址周边建筑风貌

和与捕鱼有关的网坠等工具，有的考古学家推测卡若原始居民可能有不食鱼的习俗或以鱼为氏族的图腾，对此侯石柱先生认为：“卡若遗址的先民是属于不同系统的原始民族共同体”。如今在藏族聚居区的某些地方，村民们依旧有禁止食鱼的习俗，这种习俗可能与卡若遗址有一定的渊源。卡若遗址的先民在创造自己地方特色的土著文化的同时，也接受和学习周边地区的文化。例如，卡若遗址的半地穴红烧土房屋、彩陶花纹、陶器造型等和黄河中上游地区的原始文化有着一定的联系，从卡若遗址发现的贝饰看，有可能同中原或华南原始文化有着接触。遗址中发掘出土的陶罐、钵、盆等的器物组合为小口高径平底，陶器纹饰以刻纹为主要特征，与云南元谋大墩子遗址所代表的原始文化有渊源关系。而粟谷被大量发现，说明了卡若先民通过甘、青地区接受了中原地区的原始农业，因为中原地区是世界上粟米的最早发源地之一。

从卡若遗址所发掘的建筑类型分析，早期建筑类型以半地穴窝棚式建筑为主，逐渐发展为后来的擎檐式、碉楼式建筑，后期建筑类型是现在我们所见藏式建筑的雏形，其建筑结构设计和建筑施工水平等方面较之前有很大提高。其特点为建筑一层标高由半地下向地面发展，建筑高度逐渐增高，建筑平面与建筑施工技术逐渐复杂。

因为卡若遗址已经被当地政府填埋，我们一行人便溜达着开始往回走（图9）。路上我们发现了一处河流，学长建议过去耍个坝子（即野炊），得到大家的全票通过，我正好可以趁此机会洗洗臭脚。我们找了个满是碎石的地方休息，大家来的时候带了一些火腿肠之类的零食，这时全都派上了用场。西藏的水冰得刺骨，本以为夏天水应该很热，但是当把脚放到水里的时候我明显地感觉到阵阵的冰凉从脚心一直传到大脑皮层，这种感觉就像吃芥末一样，但芥末是从鼻腔上脑，这个是从脚底板上脑，神经刺激行程比较长，并且会冻得脑袋疼，我急忙把脚从水里抽了出来。这边流淌的水都是雪山融化的雪水，所以一年四季都非常冰凉，不过梁威没有惧怕这种冰凉，站在水里给我们拍照，没想到一个不小心打了个踉跄，人倒是没事，可他的相机镜头盖子掉进了水里，当我们看到的时候已经来不及打捞了，因为水流十分湍急。休息完毕我们便继续往水泥厂方向走，因为出来调研的不确定性因素很多，我们的饮食极不规律，经常就是什么时候遇到吃饭的地方，就什么时候吃饭，在水泥厂附近就有一个可以提供简餐的小卖店，从水泥厂回昌都的车子还没有来，我们便在小卖店吃饭，一人要了一碗泡面，师兄点了几个小菜。现在已经是下午4点了，我们才开始吃中饭，像这种日子在调研的时候基本上每天都会发生，这也使得我们的胃都有不同程度的溃疡症状。吃饭的时候，我们看到了真正意义上的康巴汉子，他们每

图 9：返程路上的见闻

人跨一辆摩托车，头上戴一个牛仔帽，将头发扎成小辫，一个个虎背熊腰、膀阔腰圆，有一种不怒自威的气场。康巴汉子的性格天生好斗，看到这样的壮汉我们心里不觉生怯，于是加快了吃饭的速度，赶紧给人家腾出地方。等坐上回去的大巴车，大家也都已经很疲累了，晚上回到宿舍吃过饭后便各自休息了，准备养足精神进行第二天的调研工作。

8 月 22 日（小恩达遗址）

今天天气比较晴朗，我们起床后到早点店里吃了早餐就准备去小恩达遗址进行调研。小恩达遗址面积约 2 万 ㎡。1986 年，西藏自治区文物管理委员会首次对遗址进行了调查和试掘，清理出大量房屋遗迹、灰坑、窖穴，以及各类打制石器、细石器、磨制石器、骨器和陶片等文物。同时，发现一处距今 4000 年左右的古墓葬。

从打制石器、细石器、磨制石器三者并存，而且以打制石器为主的情况来看，小恩达遗址处于新石器时代。根据出土文物的特征、碳 14 测定，可以推测出其所处年代距今在 4000 年左右，属于新石器时代晚期。该遗址中也发现了房屋遗址，房基周围有明础，墙壁以柱为骨，编缀枝条，内外涂草拌泥而成木胎泥墙，居住面中央

有灶坑。这些特征基本与卡若房屋遗址相似，说明卡若遗址是当时藏东代表性的一种文化遗址。

小恩达遗址所反映的文化内涵属于卡若文化的范畴，但又比卡若遗址有着明显的进步。从遗址中出土的石器、骨器来看，小恩达遗址已进入了以农业为主的定居生活阶段。从文化面貌来看，它与西藏林芝、墨脱、拉萨北郊曲贡村几处遗址的原始文化以及与黄河中上游地区的原始文化有着一定的联系。小恩达遗址是藏东昌都地区继卡若遗址后科学发掘的第二处新石器时代遗址。它的发现对于探讨藏民族的起源、西藏地区早期与黄河流域等地的文化联系，以及建立和完善卡若文化的类型和序列均有着重要的意义。

因为去小恩达村没有班车，我们只能打了个出租车前往，开车的师傅是一个藏族小伙子，为人很热情，大概开了不到30分钟，司机师傅已经把我们送到了小恩达村。因为这边打车基本上都是一个价钱，所以也没有内地那样的计时收费器，待到结算的时候小伙子让我们随便给，然后我们的“财政主管”石沛然学长给他结完账后我们便下车了。因为小恩达遗址位于小恩达村内，所以我们过来寻找也没有具体的方向。首先，我们来到了小恩达村，进村只有一条石头铺砌的大路，在路旁是一个军区边

图 10：小恩达村委会、小恩达小学

图 11：小恩达村风貌

防哨所，沿着路向里走绕开哨所便是村子。村子里的人并不多，我们决定找到村里的干部询问一下有关遗址的问题。经询问知道，现在的小恩达遗址上修建的是小恩达小学，遗址早就被覆盖了（图 10）。听到这样的消息大家都比较气馁，但是为了不白跑一趟，学长决定研究一下这边的民居及村庄的规划等，我们便带着相机来到了山上，开始拍摄村子的鸟瞰图（图 11）。这边的民居大都相似，除了左贡和三岩地方修筑的是碉楼，其他地方的建筑也只能从颜色上或者建筑的局部造型上发现某些细微的差别。

拍摄完毕我们便离开了村子，因为村子比较偏僻，我们在村口也不好打车，只有随手拦截过路的车子。徒步了一段时间后，我们终于搭到了一辆回去的顺风车。晚上我们点了菜吃，这边的饭菜除了藏餐就是川菜，大家不太适应。这两天的调研消耗了我们不少体力，也让我们感受到了调研的辛苦，这对我和梁威来说也仅是一个开始。回到住处大家疲态尽显，因为明天还要继续上班，所以洗漱完毕就休息了。

8 月 23—25 日（在昌都设计小学）

这几天，院里的蔡勇主任给我们安排了昌都地区察雅小学的设计任务，两位学长再过两天就要跟随泽仁江措院长到拉萨进行汇报，顺便到拉萨游玩一下，这也是院长对学长工作的肯定。我和梁威则在这边主要负责绘图和制图工作，设计院有自己的打印机，我和梁威要做的就是 20 多座小学的前期可行性报告的制作工作。就这样天天重复着画图、打图和搬运做好的文本等工作，其他也没有什么特别能够让人振奋的事情了。

8 月 26—27 日（师兄去拉萨）

早晨 4 点左右，两位学长将早已收拾好的行李带好便随同院长到拉萨去了，我们两人还是像往常一样在院里工作，拉萨对我们来说是什么样子也不清楚，但是我们知道能够去拉萨是十分幸运的，毕竟来到了西藏未能去拉萨目睹一下圣城的风貌就不能够说你来过西藏，所以我们非常羡慕两位学长。但羡慕归羡慕，我们还是要把这边安排的工作做好，起床后我们就去设计院上班，像往常一样做蔡勇主任给我们安排的工作。

我们打算这两天加快画图的进度，把察雅小学的设计任务提前结束，然后计划明后两天的调研行程。因为来昌都这么久也没有人带我们出去转一下，那我们就自己先做了一个计划，首先是想去转一下强巴林寺，然后再把昌都这个城市熟悉一下，毕竟来过这边生活，要是有朋友们询问相关的问题自己回答不上来还是比较尴尬的。同时，学长他们已经到达拉萨，让我们在这边等他们回来。

8 月 28—29 日（初识强巴林寺）

早晨天气很好，我们吃过早饭便步行前往强巴林寺。从我们住的地方到强巴林寺步行大约需要 30 分钟，首先要经过昌都体育场，然后经过一座长为 200 m 左右的石桥，之后经过一片商业区（图 12），然后再爬一段时间的坡道便可到达强巴林寺。强巴林寺是我来藏东这边接触的第一座寺庙，寺庙由宗喀巴弟子喜绕松布于公元 1444 年创建，因寺内主供强巴佛（即弥勒佛）而得名强巴林寺。极盛时期，该寺在康区有分寺百余座。清乾隆五十六年（1791），乾隆皇帝为该寺书赐“祝厘寺”庙名。强巴林寺以大经堂和帕巴拉等四大活佛的官邸为主，周围建有护法殿、辩经场、度母殿以及九大扎仓的佛殿等建筑。整个建筑以藏式建筑为主，主殿顶部借鉴内地歇山式金顶。 院落重叠，殿堂林立，金碧辉煌，规模宏伟，堪称藏东寺庙建筑的经典之作（图 13）。该寺有四大活佛世系、九大扎仓、八个珠卡，是藏东康区最早、最大的格鲁派寺庙。四大活佛世系与内地王朝关系密切，多数活佛先后被清中央王朝册封，其中最早册封的是六世活佛帕巴拉·帕巴济美丹贝甲措，被册封为“阐讲黄法额尔德尼那门汗”。强巴林寺的创建对于格鲁派在康区的传播产生了深远而重大的影响。进入寺庙之前我和梁威合影留念，然后像其他游客一样友好地邀请身穿红衣的几位僧人与我们合影留念。昌都虽然不大，但往来于此的外国游客络绎不绝，尤其在寺庙附近更多。寺庙大门外侧有用木杆做成的经幡柱，柱子很高且上面挂满了五颜六色的用梵文印刷的经幡，经幡被风一吹呼呼作响，更能够让人感受到一种宗教的神秘。强巴林寺的规模较大（图 14），最辉煌的时期来这里诵经的喇嘛达到五百多人。我们来的时候正好碰到僧人们聚在诵经大殿念诵经文，这种我们听不懂的经文被他们集体念诵得很有韵律，感觉被带到了一个心驰神往的地方，这吸引我们驻足听了大约有 5 分钟。在大殿外廊道玄关内，有很多来自各地虔诚祈祷的藏族群众，他们身穿藏袍，对着佛殿外绘制的各种佛像虔诚地磕长头，祈求福报和平安，询问得知有的信徒在这里已经待了有月余。僧人们对我们十分友好，在征得他们的同意后我们脱鞋进入诵经大殿进行拍摄。

因为是佛教寺庙，所以在大殿内一定要按照顺时针的方向行进，不然会引起僧

图 12：去强巴林寺的路上

人们的不满。之后我们又围着寺庙转了一圈，然后自行在寺院里兜转，感受这边的僧人生活及探索其有特点的佛殿建筑。因为我们带着相机，有些年轻的僧人好奇上来要跟我们拍合照，或者拍单人照，因为寺里有规定不能随便出入，他们希望我们能够将洗好的照片送上山，我们欣然答应了他们的要求，没过多久我们便成了朋友。据他们介绍，寺庙里的僧人不仅要每天诵经，而且还被安排去工作，我们认识的这位僧人马上就要去搬运佛像，并且询问我们要不要当一回义工，我们没有犹豫帮他搬运了佛像。虽然佛像很沉，但是我们内心是喜悦的，因为这也是我第一次和一尊藏传佛教的佛像这么近距离地接触，通过询问得知寺庙会定期举办一些佛事活动，主要有：

“酥油花灯”节，每年藏历正月十五日，寺中集中所有的活佛、“格西”、僧侣举行祈愿大法会，内容包括诵经、供佛、辩经。当晚，在寺院四周搭起象征佛祖和强巴林寺活佛、寺庙创建人的 5 座酥油花架，高者达 8 m，低者约 5 m，花架的四周用金纸和有色酥油做成八吉祥、八瑞物等。

萨嘎达瓦节（即氐宿月）：每年藏历四月十五日，各大格鲁派寺庙都要举行活动。相传佛祖释迦牟尼于藏历四月十五日降生、成道、圆寂，因此，藏族人民把四月视为有造化和吉祥的月份。

“央勒”节：“央勒”意为夏令安居，每年藏历七月三日至十五日寺院举行隆重的夏令安居仪轨节。寺院派该寺“阿确扎仓”的僧侣（即已下乡登门串户诵经的

图 13：强巴林寺远眺

图 14：强巴林寺建筑

僧团）表演该寺独具特色的藏戏《拉鲁普雄》《斯郎多王子》《释迦十二行转》等剧目。

“拉白”节：每年藏历九月二十二日，即降神节，寺院集中全寺僧人进行诵经祈祷，给神殿中的所有佛像敬供品，同时向全寺僧人发放布施，祈愿还净。

“安确”节：即燃灯节，也是僧众换袈裟日（准备冬衣）。每年藏历十月二十五日是藏传佛教格鲁派宗师宗喀巴的圆寂日。夜幕降临，虔诚的人们手捧藏香、柏树枝，涌向院内朝拜神灯，拜佛转经，在桑火上加添柏树枝，诵经祈祷，以表示

图 15：强巴林寺人文

对祖师宗喀巴的敬意。

“古庆”节：每年藏历十二月二十七日至二十九日，寺院举行隆重的“古庆”（跳护法神）活动，祈求风调雨顺，人畜兴旺，安康吉祥。

今天可谓是收获满满，我们第一次亲身体验寺院的经院生活，感受信仰的力量。出了寺庙感觉肚子有些咕噜，便找了个地方吃了中饭，这几天我们发现一家拉面馆还不错。在面馆坐下已经是下午 2 点左右了，跟梁威商量回宿舍也十分无聊，去单位又不能上网，不如吃完面继续对昌都的城市进行调研，于是我们利用吃饭的时间规划好了调研路线，决定沿着通往我们所住宿舍的小路上山，因为我们早就发现远处山坳那有几处民居建筑，这次终于有时间能够过去，希望能够有所收获。

上午寺庙建筑的精美和喇嘛们的吟诵还在我们脑海萦绕（图 15），下午我们便沿着山路开始了对藏式传统民居的研究工作（图 16）。昌都城内的建筑现大多是用钢筋

图 16：昌都山上普通民居

混凝土修建的，无非在造型上添加了一些藏式建筑的元素而已，能够真实反映藏族群众生活的建筑大多修建在了山坡上面，建筑体量也并不大。顺着山路爬到一半的时候发现几个玩耍的孩子，应该不到十岁，孩子们看到我们起初很羞涩，由于上山之前我们事先买了几支棒棒糖，此时正好派上用场，孩子们收到糖之后也活泼了起来，于是我们给他们拍了些照片。孩子们清澈的眼睛和笑容让我永远记在心底。我们继续向上爬山，在西藏爬山十分累，有的时候剩下的一点力气要用在大口地喘气上，不过站在山顶看城市的感觉非常棒，这让我们觉得十分值得。下山之后已经是 7 点多了，天还没有黑，这边一般晚上 9 点才黑天，所以 7 点就像内地的 5 点似的，让人丝毫没有察觉时间的溜走。我们简单地吃了一点晚饭就回到了宿舍。今天是非常充实的一天，我们回到家冲了个凉便休息了。

8 月 30—9 月 3 日（继续画图）

在设计院里的日子就是周而复始地画图、出图及做文本。我们除了要把自己的工作完成好，还要帮助院里其他的员工做一些小的项目。在做设计之余，我们心里想着学长们在拉萨都逛了哪些地方、布达拉宫去没去过、大小昭寺去没去过、拉萨美不美，以及学姐们在调研中都有哪些收获等问题。总之，这几天过得比较单一，当习惯了这边的高原生活之后，就会觉得和内地没有什么不同之处。现在，我们已经习惯了这样的日子，毕竟人生的大部分时间都是在平淡中度过的。

9 月 4—5 日（强巴林寺送照片）

今天起来天空乌云密布，说不定什么时候就会下雨，我们还是决定要到强巴林寺一趟，因为上次答应僧人的事情应该给人家一个交代。我们去照相馆拿到洗出来的照片便往寺庙走，途中下起了大雨，幸好衣服是防水的户外装，不会被雨水淋得很透。每次来寺庙的心情都不一样，到了寺庙，我们直接去了僧人的僧舍把照片给了他们，送完照片我们便回到了住的地方，因为下雨的原因我们也不能出门。下午我们又到了设计院画图，因为接到石沛然学长的电话，说他们 13 号左右就要回昌都了，在他们回来之前我们需要把设计院的工作完成，然后我们可以和他们一起出去调研。

9 月 6—10 日（设计江达小学）

这一周蔡勇主任给我们安排了江达县小学的项目，所以我和梁威本周工作主要以江达县的小学项目为主。因为昌都这里没有效果图公司和大型的打印店，除了效果图需要联系四川的效果图公司做之外，其他的图纸基本上都是要我们自己打印的，所以我们在这边不仅要负责画图，还要把部分时间与精力放在打图上，毕竟打图也是很繁琐和细致的工作。江达县的小学设计做完之后，蔡勇主任又把类乌齐县的所有小学项目给我们做，包括小学校园的整体规划和教学楼与宿舍建筑的单体设计，可以说这几天非常忙累，基本上除了画图就是出图，并没有太多闲暇的时间。

9 月 11—12 日（设计类乌齐小学）

这两天我们在院里加班做类乌齐所有小学的设计方案，小学的数量非常多，而我们要争取两位学长从拉萨回来的时候把手中的项目结束掉，再跟随学长出去调研，不能耽误调研的期限。虽然我们这次进藏是没有题目的，但是导师让我们进藏也是对我们的信任，再加上研究生期间也应该以研究为主，所以不论是做什么方面的研究，帮助谁去调研，我们都应该认真负责地去完成导师交给我们的任务。

9 月 13—14 日（迎接师兄归队）

今天终于得知两位学长回来的消息，大概中午的时候两位学长回到了昌都设计院，久别重逢总会让人感慨，晚上我们四人一起聚餐，算是给学长接风。从聊天中听石沛然学长讲拉萨要比昌都好上十几倍，他们跟着院长到了小昭寺等很多寺院，院长慷慨地给寺庙做了布施，寺庙的僧人为了感激院长特意请出了一个非常珍贵的度母佛像，然后在他们头上轻轻地放了一下，保佑他们从此身体健康。这次他们跟着去出差基本上把拉萨能够游览的景色全部逛了一遍，算是进藏的最大收获了。他们还讲述了爬布达拉宫是如何如何的累，终于费尽心力爬上去结果人家又不给拍照等等我们闻所未闻的新鲜事情，把我和梁威听得五迷三道恍恍惚惚。我们也和学长讲我们的工作也完成得差不多了，然后学长就开始给导师打电话汇报我们的调研相关事宜。因为石沛然学长的题目是研究藏东民居这一块，所以我们第一站准备去察雅县进行相关的调研工作，而侯志祥学长对建筑的结构尤其是力的传导等方面有研究，所以他们两个人的题目刚好不重复。商定好计划后我们下午便去买了第二天去察雅县的车票。

9 月 15 日（察雅调研）

我们买的车票是中午 12 点的，所以早上我们睡到了自然醒，起床后大家简单地收拾了一下这几天要带的行李物品便朝汽车站方向出发了。坐上班车，下午 3 点左右我们便来到了察雅县。察雅，在藏语中是“岩窝”的意思，传说在 17 世纪，黄教教主住在本地岩窝中，建立了察雅寺，最后演化为现在的察雅县（图 17）。在古代时期，察雅县为特提斯海的一部分，位于西藏东部、横断山脉北段、昌都地区东南部。北连昌都县，东邻贡觉县，南与芒康县、左贡县接壤，西与八宿县毗邻。南北距离 216 km，东西距离 182 km，面积 8413 km^2，辖 3 个镇、9 个乡，县驻地烟多镇，距昌都 88 km。察雅县地处横断山脉北段，按地貌分区，属藏东高山河谷地区、三江流域高山深谷区、三江北部河谷亚区。察雅县位于三江（金沙江、澜沧江、怒江）弧形构造中段，构造形迹总体是向北突出的弧形褶皱带。县内山脉属唐古拉山的东延部分，西有他念他翁山，东有宁静山，其间有澜沧江峡谷。

到察雅县的路并不是很难走，基本上都是柏油马路，我们还经过了年拉山隧道，该隧道也是不久之前才竣工的。察雅县城并不是很大，县城的人口也不多，整个县城被一条公路分成了两块，公路的尽头是一颗古树，之后便没有了路，察雅县政府

图 17：察雅县城及周边风貌

大楼是设计院的索朗所长设计的。我们住在了察雅宾馆，这里除了该宾馆其他的宾馆全是藏族人开的。我们订了两个房间，还是之前的分配，刚开始我并不能适应纯藏式风格的宾馆，谁也不能想到后来我不仅适应了这种宾馆，并且还在寺院里住了很长时间，当然，这都是后面几年发生的事情。稍微休整之后，我们便到察雅建设局找到了江局长，跟局长说明了我们的调研工作计划之后，局长很热情地帮我们联系了香堆镇和荣周乡的书记。晚上我们找了一家小饭店吃了饭之后就回到宾馆休息了，坐了几个小时的车后有点疲劳。

9 月 16 日（察雅香堆镇及扎西庄园）

在西藏去乡村调研并不是很方便，有些地方没有班车，只能搭顺风车或租赁车辆，而从察雅县到香堆镇就没有班车，我们只能包车去香堆，包车的价格有些贵，倒不是因为路途遥远，只是因为一方面去的人少，另一方面路不好走没人愿意去。谈好价格后，我们便租了一辆四驱皮卡车。从察雅县到香堆镇可就没有之前那么好的马路了，全是土路，但是风景很美。由于这几天下雨，在路过一个弯道的时候，我们发现路被雨水冲成了一道深沟，当我们都感到沮丧的时候，只见我们的藏族司机轻松挂上了皮卡车的四驱模式，车子很容易就脱困了，这也是我第一次感受到了四驱车的魅力。大概走了一半路的时候，司机师傅有些累了，建议我们休息一下，然后师傅把车子停到了路边一处宽敞的地方，大家找到了一团青草地晒太阳聊天。西藏的景色真的是美不胜收，只要你肯发现，随处都能看到美景，加上这边的天空

格外晴朗透蓝，使人能够看得更远，就这样静静地坐着，闻着青草发出的清香，看着远处的山尖与白云，时间仿佛一下静止了。一路上我们看到了很多美景，这不禁让我们感叹自然的魅力。途中我们还穿越了一条宽度为 10 m 左右的季节性河道，因为是季节性河道，并没有专门对其进行人工铺砌，往来的车辆要到路对面，都要经过这条河，冬天的时候这条河是干枯的，夏天雨水多的时候便成为河流，而且水流较为湍急，当车子开到河中心的时候，我们摇下车窗，将手伸到车外便可以轻松地摸到河水。汽车驶过河流之后，我们继续走了一段路，发现一片漂亮的枫树林。这片枫树林好似沙漠中的绿洲一样，树上长满了厚厚的枫叶，太阳西落的余晖洒在了树叶和缝隙之间，一时呈现出一幅生动的自然艺术画，透过大脑皮层直触内心灵魂，大家顿时有了拍摄的欲望，急忙让司机师傅停车，各自端起相机找寻刚才停留在大脑里面的模糊景象，拍摄了有 10 分钟左右，我们便继续往香堆镇赶路（图 18）。

经过四个多小时的颠簸之后，我们顺利地来到了香堆镇。香堆镇地处西藏自治区昌都地区察雅县境内东南部，距县城 80 余 km，周围与宗沙、阿孜、巴日、荣周等乡毗邻，北部与贡觉县相邻。镇驻地旺布村，四面环山，麦曲河由东向西从村前通过。古代，香堆是茶马古道上的重要交通驿站，自唐朝茶马古道通商互市开始，现在香堆镇所处的区域附近便是往来马帮的休息之地，这里南邻麦曲河，北依旺宗山，山河之间为大片的平坦地，便于大面积地搭建帐篷，麦曲河为马帮的马骡提供了充足的饮用水，商人利用帐篷的形式建立流动驿站，时间长了便建造房屋形成固定的驿站接待来往的马帮，这便是香堆早期村落的雏形。明代是香堆发展的高峰期，自明朝政府建立之初，川藏茶马古道的南线便是西藏各个封建主向明朝政府进贡的专门路线，此后被明朝政府定为贡道。这一时代新建的房屋大多集中在旺宗山脚下，新房屋结合原先建造的商铺、民居，组合出了较为规整的方格网型村落，山脚下的村落中心位置商铺林立，民居则分布在村落的边缘区域，村落中户与户之间有道路相通。香堆因茶马古道而繁荣的时间主要是从明朝建立之初至清乾隆时期，乾隆皇帝之后，清朝政府直接下令停止使用茶马古道用于茶马互市。之后，虽然有马帮修改了茶马古道滇藏段线路，清政府允许继续贩卖茶叶和盐巴到藏族聚居区，但是这条茶马古道已经不再经过香堆。

进入镇子之前会看到一处修建在山上的寺庙，寺庙的金顶在阳光的照耀下闪闪发光，这也是西藏村落的一个特点，未见村落先见寺庙，一个村子的寺庙有多宏伟壮丽，就从客观上可以反映这个区域的经济水平和人民的收入情况，因为居住在这

图 18：察雅至香堆镇沿途

个地方的村民会将绝大多数的收入无条件地投入到寺庙的修建中去，若是经济收入不是很理想，则可以到寺庙做义工，这样和捐钱的效果是一样的。车子拐了个弯便径直向村里驶去了，到了村子我们先找住的地方，村子并不是很大，但充满了生活的气息，整个村子是围绕一个寺庙分散布置的，寺庙在村子最中心的位置，在村子中可以见到寺庙的白塔，白塔是这边最高的建筑，其他的建筑均不得高过白塔。在村子里随处可以见到来寺庙转经的村民，转经就像是每天都要做的一件事情，已经成为他们生活的一部分了，一般这里的村民会在吃晚饭前后三五成群地过来这边转经。

图 19：香堆镇整体风貌照片

图 20：香堆镇

来到这边，我们见到了一位岁数较大的女僧尼在边走边吟诵一些有曲调的经文，像是在唱歌但又没有唱歌的意韵，这种声音蜿蜒曲折，洞穿心灵，声音的旋律余音长久，萦绕在我的脑海不能散去，再加上这边独特的高原环境和民风习俗，更使我顿时茫然地感到自己来到了一个本不属于自己的世界，这个世界是如此宁静与神秘（图 19、图 20）。后来读了法国学者石泰安先生的《西藏的文明》，我了解到这是一种文化的传播方式，就像古希腊的《荷马史诗》一样，通过民间流传的短歌来传递信息与知识。我们将行李从车上拿下来，司机师傅便往回赶路了，他能在天黑前到家就已经不错。我们一开始找了一家宾馆，进入房间一眼就可以看出宾馆已经空闲多年，地面和床铺上都已经落满了灰尘，而且内部陈设就像 20 世纪七八十年代的医院一样，给人一种汗毛竖立的感觉，整个宾馆除了我们四人没有人居住，于是我们就准备换一家宾馆。费尽周折后我们住在了常春宾馆的一个四人间（也就是一小食宿旅店），宾馆还附带餐馆的功能，但面积均不是很大，也不是很干净，但是有人气。这边建筑的门修建得十分低矮，我和梁威走过时经常会发出头骨与木梁相撞的闷响，不挨打就不长记性，不撞得满脑袋大包就学不会弯腰，后来我们进门之前已经习惯了先弓下腰来，将撞到头的概率降到最低。

安顿好住处，我们及时拜访了香堆镇罗书记，书记与我们见面并简单地给我们介绍了一下这边的情况。书记的办公地点以前在一座庄园内，但现存建筑遗存十分老旧与质朴。我们给书记汇报了此行的目的后，罗书记邀请扎西同志随同并协助我们的工作。扎西是一位纯粹的藏族小伙子，上到初中就弃学了，但和我们用汉语进行沟通是可以的，他现在住在乡医院里。现在天空已挂暮色，我们记了扎西的手机号码并约定明天电话联系。晚上，我们在住地吃过晚饭，本来想出去溜达一下，同时适应一下这边的环境，没承想这边几乎天天断电，所以我们也没出去，跟老板要了一根蜡烛就准备休息了。

9月17日（扎西庄园）

经过一晚的修整，体力已完全复原，一早起来大家就找到扎西，让他带我们去昨天的政府驻地进行测绘与调研。我们了解到该建筑原本是扎西庄园，由原来香堆镇最有权势和经济实力的大地主扎西平措所建造，整个庄园始建于 1870 年，建造历时三年，于 1873 年修建完毕，距今已经有 148 年的历史了。经扎西介绍，当时庄园的设计图纸是由长期在外游历的扎西平措本人亲自设计，整个建筑内隐约有汉式建筑元素的身影。我们估计当时扎西平措曾经到过汉地，并对当地建筑形式产生兴趣，在庄园建造时多少融入了汉地建筑样式。

扎西庄园建筑主要平面呈长方形，北侧有凸出地块，整个建筑面阔 17.05 m，进深 21.5 m，总建筑面积 1099.7 m^2，属于当地的大体量民居建筑（图 21）。一层空间内共有 99 根柱径为 20 cm 的柱子，柱子采用纵 11、横 9 均匀布置，纵向柱距 1.9 m，横向柱距 2.0 m，柱数取双九的至高无上之数，以此讨个口彩。室内通过两纵一横的土墙将一层空间划分成三个区域，分别是：位于入口处的交通组织区域、东侧草料存储区域和西侧牲口棚区域。为了保证一层空间内的空气流通，在牲口棚和草料存储室内的南墙共开设了五扇小窗，一层中央区域上方还开有长 3.8 m、宽 1.6 m 的天井，以保证牲口棚内有足够的新鲜空气，使得牲畜不会因空气不流通而生病甚至死亡。整个建筑入口设置在一层南墙中央位置，门宽 1.8 m、高 1.9 m，为单开门。

二层空间中央位置上方开设长 7.8 m、宽 3.52 m 的天井，各种功能用房围绕天井布置。这一层主要布置的房间有客厅、卧室、厨房、粮食储藏室和厕所。从楼梯上到二层，正对的便是客厅的入口，整个客厅设有两个入口，分别位于楼梯正对方向和一层楼梯间东侧。客厅布置在二层南侧，室内建筑使用面积 74.52 m^2，呈“L”形，

图 21：扎西庄园建筑照片

内部柱子分布与一层相同。从客厅的规模来看，原来的主人在当地的地位相当显赫，时常要接待众多来自周边的地主、喇嘛，客厅是他们讨论当地事务的主要场所。客厅面南开设有六个窗户，其中拥有三个窗扇的大窗位于一层大门上方，大窗宽 2.1 m、高 2 m，下部用 1.2 m 高的木板遮挡，上开窗洞，用黑色香布遮挡。除大窗外另有四扇小窗以大窗为中心在两侧对称开设，窗宽 0.8 m、高 1.5 m。在客厅西侧距内墙 2.5 m 处还开有一个两窗扇的窗户，同大窗一样，其下部用木板遮挡，上部改用玻璃遮挡。客厅设有一个用于日常烧酥油茶的炉灶，室内没有设置排烟孔，全靠窗户自然排烟。

三层是家中主人的活动空间，分别布置了主人卧室、家人卧室、僧侣卧室、经堂和小花园。由二层厨房门前的楼梯上到三层，首先看到的是供僧侣居住的卧室。三层南侧中央布置经堂，经堂两侧是供僧侣居住的房间，由此可见原来的主人对佛教是相当重视的，时常会请僧人来家中讲经说法。而家人所使用的卧室则全部分布在北侧，中间为主人卧室，两侧为普通卧室，主人卧室与东北角的卧室之间的夹道通往三层厕所。西南角僧侣卧室与西北角卧室之间设有一个小型院落，供主人平时养花养草之用。

9月18—19日（香堆寺向康大殿、荣周之家）

这几天在扎西的陪同下，我们一起测绘了香堆寺及香堆寺向康大殿。我们进入香堆镇之前看到的寺庙是新修建的香堆寺，到镇子之后所看到的寺庙便是之前的香堆寺，由于寺庙的香火十分旺盛，旧寺庙已经不能满足前来学习经文的僧侣和过来朝拜的人群，所以活佛择吉日在山上选了一块风水绝佳之宝地，开始修建新寺庙，新寺庙的设计也是昌都设计院做的方案。

香堆寺的老寺庙历史比较久远，最为知名的是向康大殿，该殿有尊“自生”弥勒佛菩萨像，所以很多人会前来朝拜。关于这座古刹的来历，有两种说法，一说《青史》中称“七觉士”之一的贝罗杂那曾来过该殿，据说，大殿早在赤松德赞时代就存在；当地人的又一说法，相传文成公主进藏时埋下了一个伏藏，若干年后，地里长出一尊石佛，被农民犁地时发现，认定那就是自生弥勒佛，并把自己的披风披在这尊佛上，以后，格鲁派的创始人宗喀巴、昌都寺创建者喜绕松布以及四、五、七、十世达赖和七世班禅等都去过该寺朝拜。一千多年来，察雅各教派寺庙历经沧桑，有的早已变成废墟，有的几经毁建，唯独向康大殿被历来统治者所保护，清末四川总督赵尔丰攻打察雅时也唯有向康寺未遭劫难，清乾隆皇帝于四十八年（1783）御赐“犁净地”

匾额一方，由寺方悬挂于门下，其左右两侧还有两块镌刻有汉字的石碑，寺内还有清皇帝御赐的铜钟，至今仍悬挂于大殿内。

现存的香堆寺大殿遗址从残留的夯土墙可以推断其原来采用了“回”字形平面设计，殿内殿外空间均可供宗教信徒转寺和念经。虽然香堆寺原大殿在“文革”期间遭到了毁灭性的破坏（图 22），但是从遗留下来的高大厚实夯土墙依然可以推想出其当年的高大雄伟。香堆寺大殿内同样采用了“回”字形来建设，但是其“回”字形空间多达三层，自入口右侧有直达二层的楼梯。大殿一层内最外层空间采用满堂柱式，纵横皆 10 排，总计 100 根柱子。其中位于中部的 42 根柱子直接升到二层屋顶平面，为寺庙提供阳光。一层大殿内的“回”字形空间为原先香堆寺大殿所遗存部分，该部分建筑地基有所垫高，整个建筑采用夯土墙承重，墙厚达到 1.0 m 之多。一层空间将二三层空间整个围合起来，在其周边形成一个宽 1.7 m 的回廊，使得信徒们能围绕二层空间进行转寺和念经。

考察完毕，我们接着对向康大殿进行调研（图 23）。向康大殿建筑内有专门的供信徒转经的转经道路，转经道内的光线比较弱，这也是寺庙建筑的主要特点之一。我个人还是比较喜欢进寺庙的，因为在寺庙里总是能感受到一些宁静。西藏寺庙的主要特点就是墙体是红色的，屋顶是金色的，有财力的寺庙将屋顶用金粉粉刷，财力稍弱的寺庙则用黄铜替代，等日后有了钱财再将屋顶涂以金粉。

向康大殿是香堆镇现今最古老、保存最完整的宗教建筑。据说向康大殿建造至今已经有 1200 年的历史，但根据公元 9 世纪时期香堆镇区域的宗教势力和建造工艺来看，当地还不具备建造拥有今日这般规模的大殿的实力。这主要是因为当时的宁玛派在当地只是刚刚站稳脚跟，还没有足够的号召力和实力去大兴土木建造大型寺庙殿堂。现今向康大殿的主体规模应该是建造于公元 13 世纪后半叶，公元 1275 年时自元大都返回萨迦的萨迦派法王八思巴途经香堆镇，碰巧赶上自生强巴佛出土。八思巴将自生佛像供奉在今向康大殿所在位置的小寺庙中，并将自己的外袍披在了佛像身上。自生佛像的出现和法王八思巴的亲自供奉加强了香堆地区的宗教气息。当地的小寺庙通过这一契机谋得了发展的机会，在宗教势力和经济实力都得到充分的发展后，小寺庙才具备有修建大殿的能力。

向康大殿外墙长 21.2 m，宽 13.4 m，建筑外墙厚 40 cm。整个建筑仅有一层，层高最高处是供有强巴佛的主殿，有 5.2 m 高。大殿主入口设置在建筑主体北侧，与香堆寺大殿大门正对，进入大门是一个宽 2.8 m、长 12.6 m 的狭长院落。院落东侧

图 22：毁于“文革”时期的香堆寺老寺庙

靠近入口处的房间是供看护寺庙的僧侣晚上居住的，院落底部东侧房间用来供奉酥油灯。向康大殿主殿部分外立面采用了传统藏传佛教建筑的设计手法，整个立面自上而下分为六层。最上层是突出于屋顶的金顶；其下是用阿嘎土做成的屋顶，屋顶四周屋檐位置做成散水坡状，起到为屋顶排水的作用；屋顶下凸出于墙体的椽头部分被漆成了蓝色，椽下有连接成线的白色圆点装饰图案；椽头之下是边玛草组成的边玛墙，墙体被漆成赭石色，上无装饰图案；边玛墙下再设置一层出挑的蓝色椽头和白色圆形图案，将建筑上下层墙体划分开来；剩下的墙体部分通体粉刷成白色。在代表纯洁的白色墙体映衬下，屋顶的金顶更加光彩夺目，起到统领视线的作用。

向康大殿的建筑设计方式与其他寺庙大殿截然不同，建筑中既没有采用大型“回”字形空间，也没有设置满堂柱式。从结构角度考虑，是因为作为只有一层的殿堂光靠夯土墙已经能满足承重需求，无需再设置更多的柱子。整个大殿空间并不似香堆寺大殿那么宽广，如果设置更多的柱子只会让室内空间显得局促。从宗教角度来看，向康大殿的出现是为了表达佛对人类尚有怜悯的宗教情绪，所以建筑应该更贴近于

图 23：向康大殿照片

常人尺度，而不是通过大体量来展现宗教的神圣感，它主要体现的是佛无时无刻与人同在的宗教情怀。

测绘完向康大殿之后，我们来到了其对面的建筑进行测绘。首先我们发现了这里供酥油灯的房间，打开房间看到里面有一个半米多高的平台，平台上放满了一个个燃着的酥油灯，经过长年累月的烘烤，房间内壁的颜色早已经被熏得黢黑，好在那一团团摇曳的酥油灯火能够让我们看清房间内部的样子。我们来的时候房间内有一位僧人，看到我们进来后示意我们关好房门，因为燃烧着酥油灯的室内是不允许油灯熄灭的，要保持长明。从房间内出来回到向康大殿后我们便听到了朗朗的诵经声，听声音是一个小孩子发出的，当我们寻声进入房间的时候看到了一位年仅十几岁的小僧人在认真地大声朗读佛经，小僧人的师傅则在旁边加以指导。小僧人诵经房间的内侧有一间佛殿，里面供奉了一尊佛像，佛像上有两盏大的酥油灯（图 24），这里念经的僧人自豪地告诉我们这两盏灯其中有一盏是藏王松赞干布时期的，本来是两盏灯，后来分开了，其中一盏留在了布达拉宫，另一盏留在这里。绕着佛像顺时针敬拜了一圈之后，僧人们给远道而来的我们献上了圣水，接受圣水的时候应该双手张开，弯腰并恭敬地等待僧人将盛有圣水的法壶微微倾斜，将圣水倒入双手之中，然后要将圣水小口地用嘴嘬着喝。据这里的僧人介绍，这尊佛像的下面是一处天然的泉眼，我们所喝的甘甜圣水便是从下面的泉眼处取出来的，据说喝了这些圣水能够得到佛祖的长期加持。在向康大殿内，除了自生佛像是一宝外，还有两个镇殿之宝。一个是供奉在强巴佛前的金制酥油灯，另一个便是我们刚才喝的自生佛像脚下的泉水，香堆镇的民众每天都会挑着水桶来这里取圣水回家，希望将福气带给全家人。

时间来到中午，得知扎西有些事情不能陪同我们进行下午的调研工作，所以中午吃过饭后，我们独自对香堆镇周边民居进行相关的调研（图 25），爬山拍摄了鸟瞰图。在西藏其实最费体力的就是爬山和测绘这两项最基础的工作，但如果想要拍摄鸟瞰图就必须要爬山，这也成为我们之后的一种习惯。我们一行四人不一会儿便爬到了山上其中一座小山坡的顶上，这个高度拍摄整个村子是绝对够用了。在山坡顶上我们发现了一个经幡阵，其中间有一根很高的木柱子，柱子上挂满了各种经幡，柱子四周用绳子固定住，绳子上面也同样挂满了经幡，绳子四周堆砌着人工雕刻的玛尼石，玛尼石上刻有佛教的真言及经典，虽然我们不能完全看懂，但还是能够看懂佛教的六字真言的。站在高处向下看整个村子，其特点便一目了然。香堆镇坐落于群山环绕之中，北枕旺宗山，南有麦曲河自东向西流过。全镇地理位置最高处坐落着当地的藏医学院宗教建筑群，自藏医学院至山脚下的区域，沿等高线依次分布着香堆寺、香堆寺分院和地主庄园。整个山坡上的建筑群以香堆寺大殿为中心，呈放射性在旺宗山南坡自上而下铺展开来，整体布局呈扇形。藏医学院、香堆寺、香堆寺分院和地主庄园分别布置在该扇形区域内的四个环形地带中，其间通过小道相互连接。旺宗山山脚下地势平坦，向康大殿坐落在香堆寺正下方的山脚边，它是全镇的第二个中心点，地势平坦区域的民居和商铺都围绕向康大殿而修建。大殿四周有东西、南北走向道路各两条，其中南北向道路中一条通往现在的香堆镇镇政府，另一条是香堆寺的上山道路。东西向道路较长，一直延伸至全镇的东西两头，作为全镇的主要干道使用。东西向干道的两边建造有成排民居，民居门前有小道引领各家各户至主干道，这些小道基本平行于向康大殿外的南北向道路。整个香堆镇通过两条东西向主干道和多条门前小道连接出一个方格网状的村落布局形态。

从全镇的布局来看，香堆镇属于中心型古村落与方格网状村落的杂糅。位于镇中心的向康大殿在村落发展之初就具备了成为全镇中心点的基本要素，周边的建筑都是围绕向康大殿而展开。但是当村落规模扩大后，大面积的扩张造成了村落内的交通不便，居民门前小道的修建使原本以向康大殿为中心的中心型村落发展成了今天的方格网状村落。山坡上的香堆寺作为全镇的另一个中心点，由于影响力不及向康大殿，故而对村落布局的影响仅局限于山坡之上的范围。两种不同形式的布局方式天衣无缝地组合，造就了今日香堆镇布局的特点。

整个村子的中心就是我们之前猜测的向康大殿，向康大殿四周是一条道路，此道既是村里的主干道也是转经道，沿着道路四周才是村民的居室，可见寺庙在村民心中的重要性。绘制图纸与拍摄照片完成之后我们便准备下山，然后对其中一些有历史价值的老房子进行测绘与调研。这边有价值的房子大多是以前的地主遗留下来的房子，现在都被用作保障房，住在这里的居民没有财力对房子进行保养和维护，所以我们看到的房子虽然在形制和规模上很壮观，但其内部大都残损与破败，让人不觉有些惋惜，但是也只有这样的房子才值得研究，因为新修建的房子早就已经与原来房间的样式大相径庭了。

“荣周之家”原是香堆镇最大地主家的庄园（图 26），大约修建于 1861 年，距今已经有 150 年的历史了，是目前香堆镇现存最老的民居。“文革”期间地主全家遭到批斗，后来房屋被政府没收，地主一家便离开了香堆镇。此后这个地主庄园一直给当地无房的农民居住，为了方便称呼这些类似福利院的建筑，便以周边乡村的名字来对它们进行命名，这便是“荣周之家”名称的由来，除此之外镇中还有“左通大院”等。由于在“文革”之中荣周之家遭到破坏，加上年久失修，现在的庄园三层东侧部分已经不复存在，整栋建筑中仅剩下 8 间房屋可用。整个庄园共有三户人家共同使用，共计有 14 人居住。

荣周之家面南背北，建筑主要平面呈长方形，北侧有凸出地块。整个建筑高 8.5 m，面宽 18.9 m，进深达 16.6 m，建筑面积共计 941.2 m^2。一层空间内共有 42 根柱径 20 cm 的柱子，以 3 m 左右的柱距均匀布置，东西方向有柱贴墙设置，南北侧墙体边则不设柱。房屋北侧凸出的部分独立于建筑主体之外，是上层厕所的粪坑。香堆镇采用半农半牧的生产模式，所以一层空间一般都设置为牲口棚和草料储藏室，这一点作为地主庄园的荣周之家也不例外。在一层自东向西的第三排柱子处建有纵向的夯土墙，夯土墙东侧是草料储藏室，西侧为牲口棚。由于现在住在此处的居民大多贫困，家中已经无牲口可养，所以一层空间也就基本废弃不用。

测绘完之后我们便来到了农家的田地，看到了这边种的青稞早已熟透。青稞的样子与我们种的小麦很像，但青稞是紫红色的皮子，我们种的小麦则是金黄色的皮

图 24：向康大殿内佛像及僧人

图 25：香堆镇周边民居及人文风貌

子。西藏的天气总是变化无常，过了一会儿天气骤变，下起了大雨，我们回到了宾馆，听宾馆的老板介绍，在村子的东边有一条河，下雨的时候能够见到彩虹，出于兴奋我们决定冒雨去碰一下运气，结果竟然真的看到了彩虹（图 25 左三）。一抹很大的彩虹横跨在两座山峰之间，加上刚下完雨山体显现出的那种透彻感，使我足足看了两分钟，我人生中第一次亲眼看到彩虹，而且是如此完整的彩虹。这种场景真的让人震撼，大家什么话都没说便端着相机各自找角度去了。

图 26：荣周之家

9月20日（从香堆镇赴荣周乡）

早晨起来我们便收拾好行李，向罗书记以及扎西辞行，感谢他们对我们这次调研工作的支持，我们下一站准备到荣周乡进行测绘。因为香堆镇比较偏僻，所以我们没能包到车子，听饭店老板讲这里有一些跑长途的解放大卡，今天我们比较幸运，正好赶上中午会有一辆大卡从这边出发，届时我们可以搭顺风车，于是上午只好坐在饭店等待即将要出发的车子。中午吃过饭，车子准备出发了，因为车内只能坐两个人，所以我们决意让两位学长坐到车内，我和梁威则站在了车后面的车兜上。大车子车兜上边有用钢筋焊接的框架，我和梁威正好就抓着这些钢筋作为支撑，不然大车一转弯我们就有被甩出去的危险，在西藏行车永远不能马虎（图 27）。在中途的时候我们的车子停了下来，起初我们并不知道发生了什么事情，下车后才看到是有一辆摩托车翻进了半山腰，骑车的人现在还下落不明，司机师傅和在场的村民交谈了一会儿，喊我们帮忙把摩托车用绳子拉上来后，我们就继续赶路了。大概下午的时候车子把我们带到了路口，我们下车与司机师傅辞行，就沿着村子里的路来到了乡里。乡政府所在地附近的建筑也不是很多，除了一处比较像样的小学，其他都是小商铺。到了乡政府我们被告知乡长出去开会了，接待我们的是书记和副乡长。得知我们的调研目的后，书记让副乡长这几天陪同我们调研，然后将我们安排在了乡政府的招待所，因为这个时候基本上没有工作组过来视察，所以就我们四个人住在招待所。招待所其实就是乡政府后面的一排小房间，在这边值班的工作人员也要住在这里。

晚上我们和副乡长及政府工作人员在他们的办公室吃饭，饭菜都是这边的“大厨”做的，菜并不是很多，但我们吃起来很可口，所谓的“大厨”其实就是这边值班的一位工作人员，轮到谁值班，谁就会负责当值期间的伙食和卫生，不分级别的高低，十分公平。因为赶了一天的路，我们大家都比较疲累，所以饭后大家寒暄了几句，并和副乡长约定好明天出发的时间后，便回到住处休息了。西藏县以下的办公室基本上都有很多功能，既可以办公又可以当作食堂兼旅馆，并没有很明显的功能区分，这样可以为国家节省下大部分的资金。

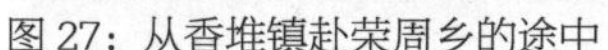

图 27：从香堆镇赴荣周乡的途中

9 月 21—24 日（荣周乡调研）

荣周乡副乡长名叫巴桑，个头不高十分好客，听他讲之前他在山东济南念过书并且前两年还去北京培训过，所以和我们交谈并没有任何语言上的障碍。早晨巴桑乡长亲自做糌粑给我们吃，这是我来西藏第一次吃糌粑，而且还是副乡长级别的人做的，所以感觉非常棒。糌粑其实就是用磨成粉的青稞面和着酥油和奶渣，然后倒入少量酥油茶，用手慢慢地将其捏成一个像鸭蛋大小的面团。因为我是山东人，经常吃馒头等比较干硬一点的面食，所以糌粑对我来说还是能吃得习惯的，而其他几

图 28：荣周乡调研

位是江苏的，经常以米饭等软食为主，刚开始吃糌粑的时候比较难以下咽并且会刺着嗓子，要就着酥油茶才得以吃下。糌粑是没有什么味道的，但是能够充饥，吃完后很长时间都不会觉得饿，所以这也是高原人必备的居家旅行主食。我们在副乡长巴桑的陪同下来到了一处房屋进行测绘，这里以前是一户地主家（图 28），房子整体以夯土墙为主，属于传统的藏式建筑，主体建筑为四层，且在一层四周用土墙围成庭院，院子分为两层，一层是牲畜的圈栏，二层平台才是房间的主入口，进入房间内有通往二层的楼梯，房间内一层被用来作仓库，存放着喂养牲畜的草料。二层开始才是村民的房屋，这些跟我们在中国建筑史中学的没有太大的区别。这里居住的是一家四个兄弟，他们白天出去干活，晚上才回家，我们这次过来是乡长提前跟他们联系的，人家专程在家里等我们，让我们也感觉有些不好意思，毕竟耽误了他们的生产劳作。

下午我们又到了村子另一处时间比较久远的民居进行了测绘（图 29）。其间，我们经过了一片农田，有村民在赶着牦牛耕地，很有生活气息，用现在的话来讲是十分接地气。下午我们继续对荣周乡的一些比较有特色和历史价值的民居进行了系统的调研与测绘，结束后我们一起回到镇政府吃晚饭。这几天几乎天天测绘，我们

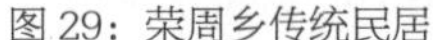
图 29：荣周乡传统民居

也都累了，回宿舍大家也没有以往的兴奋劲，便各自休息。

9月22—24日（荣周乡调研）

9月22日这天是我们内地的八月十五中秋节，这是一个举家团圆的节日，对我们来说也是一个特别有意义的节日，因为这是我们在西藏过的第一个中秋节，而在西藏是不过这种节日的。上午继续进行测绘工作，我们测绘了一个老房子，房间里面住了一大家人，其中年纪最长的是一位老太太，据乡长说这位老太太也是整个乡里面的老寿星，老人虽然知道我们的到来，但是由于眼睛已经得了严重的白内障，并不能看到我们，可是从面容中能够看出老人的慈祥与温和。测绘的时候我们也看到了打制酥油茶所用到的大木桶，木桶的高度为1 m左右，里面有一个木锤，将酥油和奶按照一定的配比放在里面用力打制就制成了酥油茶的原料。现在由于生活节奏的加快，很多居住在大城市的藏族人已经不用这种原始的打制工具了，取而代之的是电动打酥油的机器。毕竟科技的进步是不可逆的，就像我们以前用柴火烧水，后来用煤气烧水，再后来就是现在的电热水壶。但是我最喜欢喝的还是以前用蜂窝煤炉子烧的水，有一种不一样的感觉，或许这能够勾起我人生中某段时间的回忆吧。晚上我们在一起吃饭，看央视的晚会，听着凤凰传奇的《荷塘月色》的同时，只能通过圆圆的月亮来寄托对家人的思念，我不禁在心中感叹：可惜，这个中秋节，我们这里只有月色和思念了。回到宿舍我们开始分月饼吃，月饼是我们之前在察雅县城买的，质量和口感就不去谈了，它此时所代表的含义远比这些有意义。23日我们继续测绘，然后计划回察雅县的时间。听副乡长说这边没有班车，这也是我们意料之中的事情，乡长告诉我们回县城要到村头的商店旁边等过路的车子。

24日，我们跟乡长告别之后徒步来到了村头的商店，商店是只有一层的夯土房，我们买了点水然后便在这边等过路的车子，其间有骑摩托车路过的藏族汉子，因为藏族同胞非常喜欢音乐，他们的生活离不了音乐，所以基本上骑摩托车的人都会在车子后边安装上一个大的音响，开起车来将音响的声音放到最大，十分拉风。大概等了2个小时，终于来了一辆国产的战旗汽车，车主对车子进行了改装，后面加了一个车兜，我们将其拦下然后询问是否能载一程，车主不同意，后来石沛然学长跟车主议了一下价格，双方均满意后我们便上车了。因为车子是要到县城送货的，而且里面也有人坐，只能容得下一个人坐在车内，我们一致推举石沛然学长坐在车内，我们三个人坐在外面的车兜内。因为走的是土路，车子在开的过程中会卷起很多灰尘，幸好有防尘口罩。大家把能带的都带上了，一路上颠簸着回到了县城。到了县城我们三个人都在相互取笑，因为一个个就像刚从泥堆里面滚打过一样，十分狼狈。到了县城，我们依然住在了察雅宾馆。我们决定明天返回昌都。

9 月 25—26 日（返回察雅县）

25 日上午我们在当地找了间浴室洗了个澡，洗完澡后学长在网上查了一下回南京的车票和住的旅店。听说要回去了大家也十分高兴，毕竟这边的工作我们也是尽心力地去完成了。下午，我们便坐上了去昌都的车子。在察雅到昌都的途中，我们顺便到吉塘镇进行了测绘与调研，吉塘（图 30）处处都有溪流汩汩的声音，可以说是一个水镇，土地肥沃，牛羊健壮，但有些地方是沼泽，一不小心便会踩出一个大坑来。这里的泉水实在是太清澈了，一兴奋我和梁威便接着泉水洗了洗头，感觉非常清爽。因为我们来吉塘之前没有联系这边的工作人员，所以我们也只能对吉塘这边的建筑进行了拍摄，没有人引荐我们是不能随便到藏族人家里进行测绘的，因为这样十分不礼貌。拍得差不多的时候我们也都累了，今天的天气比较晴朗，大家找了一处山

图 30：吉塘镇传统民居

坡坐了下来，吃吃零食，晒晒太阳，充分感受这里的慢生活。休息差不多的时候我们便起身往村口走，准备赶回昌都县城了。

9月27日（察雅返昌都）

任何事情都是要有对比的，也就是要有一个参照物。刚从南京来昌都的时候感觉昌都又小又破，经过这段时间的下乡考察，我们回到昌都的时候就感觉自己来到了久违的大城市一样，刚好是傍晚的时间返回，看着灯火明亮的昌都，着实有些让人惊喜。回到昌都陪同学长买了回程的票，才发现学长这次回去南京的事情没跟导师沟通好，导师给我打电话说我们要继续留在昌都，两位学长先回南京，得知这个消息后我和梁威十分失落。事已至此，我们也只能听从导师的安排，我和梁威将继续留在这边，为明年的调研工作打好基础，今年来西藏的其他同门都已经回去了，只剩下我们两个人不免有些孤单。

9月28日（送学长回南京）

学长买的早晨从昌都到四川的汽车票，然后从四川乘坐火车回南京。我们清晨5点钟起床后，帮学长拎着回去的行李，把他们送到了汽车站，一路上大家相对无言，长时间的磨合大家已经心领神会。车站里来去的行人如织，学长上大巴后我们目送他们所乘坐的汽车缓缓从车站启程，心中很是羡慕。因为时间尚早，加上早晨的昌都格外寂静，天还未亮，除了赶路的人大街上几乎空落落的，而且早晨还非常冷，靠着朦胧的黄色路灯我们回到了住所，休息了一会儿之后，便开始了正常的工作。今年的10月1日是昌都解放60周年庆典的日子，听说很多大明星要过来这边的体育馆献歌，据说韩红也要来，不过我们是没有资格参与的，这边早就开始戒严了。

9月29—30日（设计院画图）

在导师的联系下我们继续在院里工作，30日晚上我们接到蔡勇主任通知，让我们10月4日跟随院长和毛工一起去芒康县进行调研，主要是对芒康县曲孜卡附近的一处温泉疗养中心项目进行勘查与设计。虽然这几天是放假期间，但是因为到处戒严，我们也不能随便乱跑，设计院还给我们所有工作人员发了工作证以备使用。我们这几天除了吃饭几乎都待在宿舍里，就等待着大庆的到来。

10 月 1—3 日（昌都城市调研）

因为马上就要到昌都解放 60 周年大庆了，我们十一就放 3 天假期，放假前蔡勇主任告诉我们 4 号要和院长一起到芒康县曲孜卡进行一个温泉疗养中心项目的勘察与设计工作，让我们做好准备。我们这几天对昌都周边的建筑进行了相关的调研工作。

10 月 4—6 日（芒康曲孜卡调研）

4 号终于到了，早晨我们在院里等院长的到来。经过这几天的相处我们对院长有了更深层的了解，我们的感情也得到了加深，院长来了之后我们便驱车向曲孜卡出发。路上由于有军区的车辆路过，其他的车子都停在旁边等待，大概等了 2 个小时我们才开始继续出发，下午的时候我们到了曲孜卡。到达之后我们跟随着毛工测量了地形，并且得到了当地建设局领导的热情款待，晚上院长的同学请我们吃饭，其间还请当地的藏族服务员给我们献歌献酒，他们把三瓶啤酒倒入一个装饰精美的大碗中，在姑娘们唱歌的过程中要将大碗里的酒分四次喝完，最后一次要将酒全部喝掉，这是我第一次见到此场景。听毛工讲这边的藏族人在结婚的时候都是用这种容器喝酒的，这也是招待尊贵客人的一种礼节，可见藏族人的酒量很好，一般的聚会每一个藏族男人身旁都要搬一箱酒放在旁边，当然藏族也有不喝酒的人，并不是每个人都能够喝那么多。

曲孜卡温泉位于芒康县曲孜卡乡境内，距芒康县城 90 km，地处澜沧江西岸的达美拥雪山大峡谷中，海拔 2300 m，气候温和，林木扶疏，花团锦簇，瓜果飘香。这里有大小泉眼百余处，其流量大小和温度各不相同，有的不足 30℃，有的达到当地的沸点。其大小不一的温泉从山麓溢出，远看云雾缥缈，茫茫一片，淡若轻纱薄雾，浓似烟霭缥缈，一派奇特景观；近观涓涓泉流犹如条条玉色飘带，泉眼冒出的小小气泡宛如颗颗闪亮的珍珠，颇为壮观。这里的温泉含有硫黄等物质，对皮肤病、关节炎有显著疗效，浴后令人精神饱满，心旷神怡。目前这里建有旅游度假村、电信宾馆和康盛宾馆，已成为藏东融疗养、沐浴、休闲、旅游为一体的旅游胜地，一年四季游客不断（图 31）。

来到这里当然不能错过这里的温泉了，我和梁威还没来西藏的时候，院长带师兄他们来过一次，院长要和师兄比赛游泳，结果师兄不会水，这次我们倒是和院长好好地赛了一次。因为我们所在的池子是露天的，当我仰泳的时候不经意间就能看到天上的银河，温泉中的热水，澜沧江汩汩的水声，天上的银河和泡在水中的我，

图 31：芒康曲孜卡温泉疗养中心

一切都是那么自然，这种自然馈赠的景色真是太优美了。因为来的人比较少，整个温泉就我们几个人，有一种包场的感觉，总体感觉是不错的。晚上就睡在了澜沧江边的宾馆，微醺的状态和着澜沧江水自然的流淌声，仿佛自己在神界。

10 月 7—13 日（曲孜卡温泉设计）

回来这几日主要是做曲孜卡温泉中心设计的陪标方案，主要设计者是院里的所长索朗，院长对我们的工作也比较满意。

10月14—22日（画芒康小学）

曲孜卡的项目由所长接手后，蔡勇主任给我们安排了芒康县所有小学的设计与规划工作，有近30所。由于时间紧任务重，这几日我们加班熬夜画图，最终还是把项目给拿下了。

10月23—24日（迎接昌都大庆）

23日是昌都解放60周年的日子，这一天整个昌都城都十分热闹（图32）。我们虽然不能进入体育馆看表演，但是像其他没有进入体育馆的藏族群众一样，在体育场外面扎堆观看。表演是很多单位和企业共同演出的，每个单位出一个节目，并且分成了不同的方队，每一个方队都统一着装，除了军队武警官兵穿的是军装，其他表演的队伍大都以藏装为主，强巴林寺的喇嘛们也被邀请来参加表演，其中有一个又高又壮的大喇嘛，脸上胡子蓬乱，手拿利剑，身穿金黄色的藏袍，经询问得知，这种喇嘛叫铁棒喇嘛，专门管制寺院的安全及法度，若是有僧人触犯寺庙的戒律，那么他们就要对触犯法度的僧人进行惩戒。在民间，他们给人们的印象是能保佑孩子平安健康及有一个好学业。这几天天气一直不是很好，但是大庆这天竟然晴朗，不由让人觉得神清气爽。大庆对我和梁威来讲就是跟着看热闹，人家表演的意思是啥我们也不清楚，反正觉得就是很热闹。

由于不能进入体育场观看，我们只能在周边拍拍照片以作纪念。24日起床我们便来到了山上开始拍昌都的鸟瞰图，并且对路过的村庄进行了拍摄。

10月25—30日

这几天跟导师通了电话，在接到导师同意我们返程的通知后，我们向院里的有关领导辞行，并且与当地地委书记程越老师进行了电话汇报。

10月30日—11月5日（返程）

我们于10月30日早晨11点从昌都汽车站出发，开始了回程的旅途。11月2日早晨我们抵达成都，在成都休整一天便坐上了成都到南京的火车，并于5日凌晨一点半顺利抵达南京车站。我们就这样悄悄地回来了，就像所有人一样，没有人知道你干了什么。

图 32：昌都大庆

第二部分

2011年调研

调研人员：

徐海涛

高登峰

梁　威

戚瀚文

5月17日（南京出发）

今天就要第二次进藏了，回想起去年进藏的种种往事，就像电影碎片一样在脑海中浮现，虽然模糊，但依稀可见。藏族同胞热情奔放的性格使我的内心又一次澎湃了起来，尽管得知进藏的具体时间比较仓促（导师的一贯作风——雷厉风行），但是我们（梁威、海涛、登峰）还是收拾好各自的行囊，准时在丁家桥楼下碰面。大约在晚上九点半，我们从丁家桥校区打车前往南京火车站，这时候我们还穿短袖，梁威带着一个大的登山包外加一个阿迪小包，我跟海涛也是一人一个登山包，最拉风的是高登峰，此兄背了一个相当大的军用登山包，如果再配他一个军用钢帽，一个生动大头兵的形象油然而生。潘同学把我们送上了去火车站的出租车，并且跟我们在丁家桥校门口合影留念。由于登峰背的装备比较多再加上他不是很小心，等我们到达候车室的时候才发现他的手臂已经被登山包划破了，于是我拿出我的急救包给登峰进行了简单的消毒包扎工作（没想到会这么早就用到），晚上 10 点 22 分正点出发离开南京，踏上了去往圣城拉萨的旅途。

5月18日（南京出发）

由于我们坐的硬座，刚开始的时候大家还能吃得消，时间久了大家脸上起初兴奋的表情也就随着时间的飞转而消散。夜间车上的人还是比较多，我们也只能靠在座位上打盹，时而被剧烈晃动的火车或擦肩而过急速飞驰列车的声响而惊醒。列车上餐厅工作人员为了让你到餐厅就餐，想出很多的招数，比如下午一点半的时候他们才从餐厅推出装满盒饭的快餐，我们没能等到这个时候，大家便集体去餐车就餐了，令我们欣慰的是餐车上做的饭菜还是很合我们口味的。因为睡眠不足，可以说今天一天都是在混沌的状态中度过的，T164 这辆车不给补卧铺，这令我们非常不悦。晚上实在是太困，我们便拿出睡袋铺在了两排座位之间的地面睡觉，虽然这种感觉极不舒服，但能躺下已经很满足。

5月19日（初到拉萨）

就这样在地上迷糊地睡了一夜，可能是夜里睡觉的时候身上忘记盖被子了，我早晨醒来之后感觉身体很不适，喉咙干涩，没撑到中午便感冒了。大概到了晚上 7 点 20 分的时候，我们到达了魂牵梦绕的雪域圣城——拉萨。我们此次班车的路线是从上海始发，途经无锡、南京、蚌埠、徐州、郑州、西安、兰州、西宁、格尔木、那曲，最后到达终点站拉萨。给汪老师打电话汇报之后，我们打车来到了新华宾馆（距离布达拉宫很近），宾馆的五层设有一个观景平台，从平台上能够很好地看到布达拉宫的美丽景色。吃过晚饭有人提议出去走走，领略一下布达拉宫夜晚的风采，我由于正处于感冒期间，所以就没参与此次活动。大家虽然有不同程度的高原反应，但我观察问题都不是很大，看来大家的身体都还不错。

5月20日（拉萨—日喀则）

早晨起床后我们一起吃了早饭，饭后大家兴冲冲地提着各自的“长枪短炮”冲到了布达拉宫广场对布达拉宫进行全方位的拍摄。早晨的布达拉宫生机盎然，很多虔诚的朝圣者从藏族聚居区不同的地方涌到了他们心中共同的圣地进行朝拜与转经活动，这种纯洁的精神使我的内心深处又一次受到了洗礼，蓝天、白云，还有虔诚的信徒构成了一幅具有典型西藏特色的画面。正在我们准备去八廓街的时候拉巴次仁局长（文物局）给我打来了电话说他已从日喀则来到了拉萨，我们电话里约好了在新华宾馆见面，于是四人便收了相机朝宾馆赶去。当我们回到宾馆时正巧拉巴次仁局长的车子也到了，拉巴次仁局长是一个典型的藏族汉子，高大的身材加之黑黝黝的皮肤，还有那一头卷曲的短发映射出一个藏族干部的坚韧与刚强。经过简单的介绍之后，我们便跟着拉巴次仁局长的车子离开了拉萨，前往我们此行的第一个目的地——日喀则。

日喀则（图1）藏语称“喜喝次”，意为“如意庄园”，位于拉萨以西250 km的年楚河和雅鲁藏布江汇合处，海拔3800 m，总人口近10万，是西藏第二大城市，有500多年的历史，是我国的历史文化名城之一。日喀则是历代班禅额尔德尼的驻锡地，享有盛名的扎什伦布寺、萨迦寺、白居寺、夏鲁寺等众多寺庙，构成了浓郁的宗教文化（图2）。

14世纪中期，大司徒绛曲坚赞战胜萨迦王朝建立了帕竹王朝，得到元、明皇室庇护，取消万户制度，设立十三个大宗，最后一个宗叫“溪卡桑珠孜”，意为“如愿以偿”，简称“溪卡孜”，也是该市保留至今的藏语发音，表示大司徒统治全藏的雄心已如愿以偿了。之后，又在山上修建宗政府，并在宗政府周围逐渐盖起了一些房屋，形成了日喀则最初的城市形态。

在帕竹王朝建立后约300年，噶玛噶举派的辛霞次旦多吉用武力统一了后藏的

六个宗，取代了帕竹政权，建立了藏巴地方政权，他将溪卡桑珠孜改名为“颇章桑珠孜”，对日喀则进行了大规模的扩建，并在城西修建了一座供民众游玩的林卡。在噶玛王朝统治西藏的24年间，日喀则成了当时的政治、经济中心，被誉为“首城”。20世纪初，西藏噶厦政府把日喀则提升为“基宗”，下设多个宗和多个独立溪卡；14世纪中叶，宗喀巴在西藏创立黄教，收徒传教，其中的两个徒弟，他们的转世就是后来统治西藏的达赖和班禅。自五世达赖以后，西藏加强政教合一，达赖和班禅这两个前、后藏的宗教首领，在政治、经济上也对所辖地区实行统治。这样，逐步形成了前后藏势力范围的划分。后来在英帝国主义的挑唆下，班禅与达赖失和，更是形成各据一方的局面。于是，日喀则也成为班禅的统治中心。

日喀则的城市由宗山建筑、扎什伦布寺、民居建筑等构成，具体布局是将宗山建筑建在河谷平地北边的山头上，民居建在宗山南面平坦的河谷里，扎什伦布寺则建在城西的尼玛山脚下。城中的宗山城堡和城西扎什伦布寺分别构成了日喀则的政治中心和宗教中心，主城区则是成片的白色民居建筑群，藏族群众称之为“雪”。

由于西藏实行政教合体制，寺庙与宗堡作为城市的两个核心，分别代表了僧侣

图1：日喀则

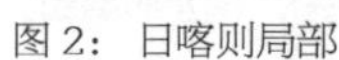

图2：日喀则局部

统治阶级与地方贵族统治阶级。随着格鲁派的发展，僧侣集团逐渐掌握地方实权，寺庙在城市中的地位逐渐提高，促进了城市向寺庙方向的发展。喇嘛教著名的宗教仪式如展佛、转经、转山以及朝圣活动，带来了教徒的聚集，人口的流动性增加，原本较为固定的生活区域也被打破，大片的民居建筑开始围绕寺庙形成。在日喀则便形成了宗山脚下沿着年楚河发展形成的带状城区和围绕扎什伦布寺发展形成的西城区，形成了双极的城市格局。

我们于当地下午 5 点 10 分左右来到了日喀则，拉巴次仁局长在刚坚宾馆（该宾馆距离扎什伦布寺很近）给我们安排了住宿，这次负责接待我们的是扎什伦布寺古建公司的总工刘晴，还有财务西绕旦增。简单休整过后，刘工和西绕旦增带我们去周老二川菜馆简单地吃了便饭，饭后我们便回宾馆休息了。

5 月 21 日（日喀则扎什伦布寺）

今天起床后，我明显感觉感冒有好转的迹象，洗脸照镜子后发现自己的嘴唇明显发紫，再看看同行的四人，大家嘴唇也都紫得厉害，这是高反的表现，因为我们现在还处于高反的适应期里，所以还要再慢慢适应一段时间。我们早饭是在一家指定的藏族餐厅吃的，餐厅供应馒头、咸菜、白粥等，登峰因为高反比较难受，就没来和我们一起吃早饭。吃过早饭我们在餐厅讨论后，决定今天在日喀则附近随便走走。给登峰送过早饭后，我们来到了扎什伦布寺东边的步行街，在人来人往中，穿梭于各式各样的店铺之间，交谈之下意外发现这里的店铺主人大多是山东人，深入了解之后才知道，日喀则这边的援建工作大部分是山东对口支援的。

下午我在宿舍休息，另外三个年轻人继续出去逛街，晚上我们跟刘工还有西绕旦增一起在周老二川菜馆吃的饭，其间刘工通知我们明天要跟寺庙的领导们见面，主要探讨一下下一步的工作问题。关于扎什伦布寺的兴建有这样传说：根敦珠巴前往响朵格培山闭关时，梦见尼玛山的山顶端坐着宗喀巴大师，半山腰坐着他的受戒恩师慧狮子，他自己则坐在山下，这时听见慧狮子对他密语：宗喀巴大师为我授记甚多。根敦珠巴在博东寺时，一天清晨，见到一名女子对他说："那里有你的寺庙，有寺就有众生。"根敦珠巴询问寺庙究竟如何、叫什么名字时，女人两手当胸，作莲花合掌说了两句密语就不见了。根敦珠巴领悟到这是空行母在对他授记。当时慧狮子常往返于桑主寺与纳唐寺，每到扎什伦布寺所在地方就指着说：我心中常感觉僧成（根敦珠巴法名）在这里说法。根据这些因缘，根敦珠巴知道在这里建寺很好，

图 3：扎什伦布寺

图 4： 扎什伦布寺外部环境

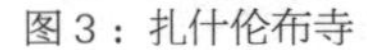

后来以班觉桑布（当时的大贵族）为施主，奠定了寺基。在建寺时，又在空中听到女人的声音说："寺庙应当叫扎什伦布。"根敦珠巴抬头看所建寺庙的后靠山，正是以前在响朵格培山所梦见的山，便了知此寺以后必定兴旺。

扎什伦布寺（图 3）坐落在巍峨的尼玛山，其东南方向是开阔的年楚河河谷平原，西面是一座百米高的与尼玛山相连的小丘，整个寺庙抱山环水，完全符合藏族聚居区寺庙的选址习俗与自然环境的要求。扎什伦布寺坐北朝南，依山而建，建筑群基本构成了城市的最高天际线，其西北方向的群山也构成了整个寺庙的背景，将寺庙高大的佛殿建筑衬托得更加雄伟壮丽，将自然的宏伟与宗教的崇高紧密结合起来，满足了广大僧俗的精神需求，取得了良好的外部空间效果（图 4）。

5 月 22 日（扎什伦布寺测绘）

上午我们和刘工来到了扎什伦布寺古建公司，在公司办公室等领导开会。经过介绍，我们结识了寺庙派来协助我们工作的人员。第一位是多加拉老师（文物局前任局长），在学术上有很深的造诣，他主要负责整理我们这次测绘工作的文字资料；强巴（扎什伦布寺僧人），20 出头的小伙子，扎寺古建公司的员工，现在配合我们做好测绘工作，主要任务是翻译；第二位是次仁（扎什伦布寺僧人），寺庙治保组成员，负责寺庙的治安与管理，这次被抽调上来配合我们的测绘工作；第三位是扎西旺拉（治保组组长），平时比较忙，只在开会时有过碰面，其他时间主要是在管理治保组这一块；第四位是格桑（文物组成员），长得比较帅气，也是被抽调上来协助我们调研的。会议由多加拉老师主持，内容主要是对这次的主要工作做了详细的说明。在会议快结束时，大家相互留了联系方式。之后，由强巴他们带领我们对扎什伦布寺进行了简单的参观。首先参观的是强巴佛殿，这里有世界上最高的室内强巴佛的铜雕像，佛像的莲花座加上佛身总体高度能达到30多m。然后我们参观了四世班禅大师灵堂、十世班禅大师灵堂、五至九世班禅大师灵堂、密宗扎仓、展佛台等寺庙主要的单体建筑。此间我们也了解到了不少与佛教有关的知识，并对建筑中的彩画有了初步的认识和了解。我们还了解到了他们这里的一项建筑技术——打阿嘎。阿嘎土是藏族聚居区特有的一种土，扎什伦布寺的阿嘎土主要来源于他们的护法神山尼日神山，其土质为半土半石，制作时需要工匠们先夯打五次，然后再打磨找平，最后施冷底子油两道，这样整个地面面层就会非常坚固耐用。阿嘎土表面效果就像我们的水磨石一样，不过由于用酥油不停地打磨，所以看起来要比水磨石更加温润。

扎什伦布寺全称“扎什伦布拜吉德钦却勒纳巴杰瓦林”，意为“吉祥须弥山寺”，1447年，宗喀巴最小的弟子、后来被追溯为一世达赖喇嘛的根敦珠巴，在当时的后藏大贵族曲雄郎巴、索朗白桑和琼杰巴以及索朗班觉的资助下，兴建扎什伦布寺。开始寺院定名为“岗坚典培”，意为雪域兴佛寺，后被根敦珠巴改成了现在的名字。公元1447年藏历九月，扎什伦布寺正式动工，一年后，第一座佛殿释迦牟尼殿建成。至公元1459年，已建成大小佛堂5座，供奉佛像12尊，僧侣近200人。根敦珠巴圆寂后，又陆续修建了密宗佛殿、大经院、展佛台、大小佛殿。而后，建立了夏孜、吉康、托桑林3个显宗扎仓和26个米村，住寺僧侣2000余人，其来源遍及后藏、阿里地区，以及境外的尼泊尔、克什米尔地区。清朝驻藏大臣和琳曾经写诗赞美道“塔铃风动韵东丁，一派生机静空生。山吐湿云痴作雨，水吞活石怒为声。”

扎什伦布寺坐落在西藏自治区日喀则市（藏语意为如意的庄园）尼玛山，依山傍水，占地面积约为23万m^2，建筑面积近15万m^2，有墙垣围绕，并在围墙外侧设置转经道供信徒祈绕（图5）。寺庙由佛殿、经堂等组成主建筑群，大多为数层的高大建筑。建筑的墙体均用石块砌成，依势而生，基础直插山岩。佛殿与经堂逶迤于山麓之间，重楼叠宇、气势磅礴，琼楼金阙、庄严凝重。它们与前方排列有序的底层平顶僧舍红白相对，交互辉映，组成了一组既具有浓郁藏族特色，又融入汉族风格的古建筑群。扎什伦布寺为四世班禅之后历代班禅驻锡

图5：转经道

之地，它与拉萨的甘丹寺、色拉寺、哲蚌寺合称西藏藏传佛教格鲁派的“四大名刹”。加上青海的塔尔寺和甘肃的拉卜楞寺并称为格鲁派的“六大寺”。

5 月 23 日（扎什伦布寺测绘）

早晨，吃过早饭后我们便开始了扎什伦布寺的测绘与调研工作。扎什伦布寺整体建筑群坐落于尼玛山的半山坡上，坐北朝南，除了大门周边的几处建筑地基比较平缓之外，其他的建筑都是依山而建，这给测绘工作带来了比较大的挑战。因为寺庙的僧人上午基本上都要做功课，大部分的僧舍上午都关着门，所以刚开始的时候测绘效率不是很高。为了能够加快进度，我们决定下午提前一个小时测绘，有了强巴他们的帮助与沟通，我们的测绘进度有所加快。

在高原工作遇到的首要难题就是缺氧，我们也不例外，走平路倒是没有多大的问题，但是我们要测绘的建筑都在半山坡上，而且建筑的楼梯都比较陡峭，所以我们每走一步都很吃力，感觉要比平时累很多。每当我们累的时候，就想到了老师寄予我们的期望，还有能给寺庙尽上自己一份微薄之力的心意，心里就有了一股支撑继续工作下去的力量，这种力量一直是引导我们测绘的动力。

5 月 24 日（扎什伦布寺测绘）

这几天一直都在实地测绘，没有把测绘的图纸输入到电脑里面，所以今天我们决定去寺庙古建公司画图。我们上午画图的时候刘工通知我们下午要进行测绘工作，吃过中饭大家在宿舍休息了一会，然后背上测绘工具开始工作。我们分为两组，我和梁威一组，高登峰和海涛一组。我们这一组对哈东米仓进行了测绘。哈东米仓整体规模比较完整，体量比较大，形制比较高级，主要由主楼和回廊配楼两大部分组成。这里初建于第四世班禅时期，也就是公元 17 世纪。曾是蒙古族僧人集会和生活区，现在除了主殿是寺庙经书库，其他建筑都改造成了僧舍。由于建筑比较大，我初步估计要 2~3 天时间才能够完成测绘工作。

晚上我们还是在周老二店吃的晚饭，今晚我们吃雅鲁藏布江鱼，雅鲁藏布江鱼口感细腻滑嫩，肉质鲜美而且没有鳞片，营养价值比较高。刘工提议喝点小酒（此公天天喝，但仅小酌），所以我们也就一人一瓶啤酒陪刘工喝了点。

5 月 25—26 日（测绘哈东米仓）

25 日早晨依旧去固定的餐厅吃过早饭，便开始了测绘工作，我们这几天的工作量比较大，我也能明显地从大家的脸上看出疲态。中午我们在办公室简单地开了个小会，大家把这几天测绘工作的进展进行了一下总结汇报，最后我们定了一下测绘进程，会议就结束了。

下午我们继续进行测绘，哈东米仓（图 6）的地垄非常复杂，而且人在里面不能直起身子走路，碰头是经常的事情，感觉一进到地垄里面就像来到了另一个陌生的环境，阴森恐怖，四周除了手电散射出来的光几乎没有一点光亮，里面的空气似乎道被尘封了“几个世纪”，有些地面被尘土堆积成了一块块软泥滩，人踩上去会有一种头皮发麻的感觉。尽管条件如此，但我们还是克服了这些困难，尽量减少测绘的误差。

26 日早晨吃过早饭我们便继续进行测绘工作，上午我们把哈东的其他房间测绘了一下。哈东米仓比较大，空间也相对复杂，在测绘的时候还是费了不少时间的（图 7~ 图 10）。同时，接到导师汪老师的电话，说学校的事情比较繁忙，要推迟几天才能过来。上午我们把哈东米仓测绘完毕，也算啃完了一块硬骨头。

下午我们在测绘的时候，接到通知说拉巴次仁局长要来寺庙这边和我们开个会，

图 6：哈东米仓

时间先定在下午 5 点，大概 5 点 20 分的时候，拉巴次仁局长来到了古建公司，我们的会议地点定在了寺庙里的民宗局，参会人员有寺庙的主要领导及下属，以及扎什伦布寺古建公司经理、刘工、西绕旦增，还有我们。经过拉巴次仁局长简单的介绍和寺庙主任的发言，我们了解了测绘的具体时间和这次测绘的工作量，刘工也对我们这段时间测绘工作的进展进行了好评，这可以看出寺庙领导对我们的工作还是比较满意的。会后，扎什伦布寺民宗局主任给我们献上了洁白的哈达，这是我第一次接受哈达，当时心里非常兴奋，这既是对我们工作的鼓舞，也是支撑我们工作的精神动力。

图 7：哈东米仓建筑局部

图 8：哈东米仓建筑屋顶

图 9：哈东米仓建筑门窗造型

图 10：哈东米仓建筑梁柱结构

5 月 27 日（测绘罗布拉康）

早晨还是老样子，吃过早饭后我们去寺庙进行测绘。午饭古建公司安排我们吃藏餐，虽然我和梁威是第二次进藏，但是我们没吃过藏餐，所以大家还是很兴奋的。藏餐有整只羊头，还有羊排之类的，本来我们是要喝酥油茶的，但是赶上停电没能喝成，只能喝甜茶，老实讲甜茶其实比酥油茶好喝些。

下午我们继续进行测绘工作，我和梁威下午测的罗布拉康，测完之后我们回到扎什伦布寺古建公司办公室画图，因为最近日喀则在修路，经常会停电，而寺庙的电网是单独接的，所以我们近期一直在寺庙办公室画图。我先画的哈东米仓，哈东比较大，我先后三次去哈东米仓进行了数据整理工作。晚上还是老样子，大家吃完晚饭后就去了步行街散步。

5 月 28 日（测绘桑洛康村）

早晨起来吃过早饭，我们来到扎什伦布寺继续工作，上午画图，下午我和梁威去测绘桑洛康村（图 11）。经过这几天的测绘与磨合，我和梁威的测绘速度明显加快，很快就把桑洛康村测绘完毕。晚上刘工比较兴奋，给我们讲了很多他的故事，等吃完饭也就 10 点多了。

图 11：桑洛康村

5 月 29—30 日（测绘加康巴）

吃过早饭后我们去寺庙继续测绘，今天我和梁威测绘的加康巴（图 12）。本来以为体量不是很大，到那边才发现加康巴非常大，而且空间穿插比较复杂，初步估计要几天的时间才能测绘完毕。下午，我们测绘的时候偶然发现密宗学院的高僧（诵经时的领经者）居住在此，于是我们便拿出自己在这边胡乱买的东西让高僧帮我们开光，这次开光很正式，密宗学院的高僧拿出了一个专门开光用的小盘子，把我们的物品放入盘子中，高僧一边诵经，一边用一种草沾上水在盘子周边散布，大概过了五分钟的样子诵经结束，高僧拿出早已备好的青稞撒入开光用的盘子中，然后把物品归还给我们。虽然说我们的物品都不是很值钱，但是经高僧开光之后物品的价值就不能用金钱来衡量了。

早晨起来，我们依旧在指定的早餐店吃早餐。老实讲再好的饭菜也不能天天吃，这家店的早餐虽然不错，但我们都快吃腻了。早饭后我们去扎什伦布寺继续测绘。快到中午的时候，我把大家伙的身份证收了起来，准备去办通行证。下午我们继续测绘，终于快把加康巴测完了（图 12、图 13）。大概快 5 点的时候，我们集体去了日喀则边防支队办理边防证明，开过证明后大家比较开心，就等汪老师过来和我们一起去珠峰了。晚上吃过晚饭我们借商店老板家的篮球去球场打了一会儿篮球，高原上的体力消耗确实很大，跑不了几下就开始气喘吁吁了。

图 12：加康巴

图 13：加康巴室内装饰及布置

5 月 31 日（扎什伦布寺测绘）

大家早上吃过早饭便去寺庙继续进行测绘工作，扎什伦布寺是后藏格鲁派第一大寺庙，所以前来朝拜与旅游的人们络绎不绝，有组团来的，有自发来的，还有很多外国朋友的身影穿梭于寺庙之中，可谓香火极旺。因为大家对我们的工作比较好奇，所以我们测绘的时候也会引来很多不明真相的群众围观。下午我们继续进行测绘，不过大部分的门都打不开，所以有些地方也只能量一个大概的尺寸。当我们快要测绘完毕的时候，听到外面传来了阵阵低沉的长号声和隆隆的鼓声，好奇的我们便出去观望，得知今天有密宗学院的一个佛事活动，具体什么活动强巴他们也说不上来，因为他们还没有到达修炼密宗这个级别。我们见很多古修拉从扎什伦布寺东边出发，他们整齐地站成两排慢慢向前推进，中间有一老者持香，老者之后就是鼓队，再之后就是吹长号的古修拉，号非常长，要一个人在前面提着号的头部，另一个人提着号柄并且负责吹号，号队之后是恰队，令我们眼前一亮的是走在队伍最后面的古修拉是给我们开过光的那位大师，他也看到了我们，大家相视一笑便算作打过招呼了。队伍走出扎什伦布寺大门，来到了扎什伦布寺广场，绕着香炉围成一圈，香炉前有早已准备好的一堆稻草，最后经过诵经与一系列的程序，老者用香点燃了稻草堆，然后他们好像又把正在燃烧的锅摔碎了，由于这时已经挤满了人，所以我看得也不是很清楚，好在我用相机把这个活动给拍摄了下来。在西藏人人信教，这次活动也让我见识到了藏族人民的虔诚，在活动期间，很多信徒聚集了过来，这导致了将近三分钟的交通瘫痪。

6月1日（林卡节）

今天是六一，在日喀则这边正好赶上林卡节，林卡节就相当于一个狂欢节日，很多藏族同胞聚集在一起，大家席地而坐吃饭喝酒。在寺庙广场和步行街有很多摆摊的商贩，所摆出的物品琳琅满目，整个寺庙热闹非凡。即便外面再热闹，我们还是要去古建公司画图的，因为工作量实在是很大，不抓紧每一分一秒的时间就可能赶不上计划了。因为协助我们工作的古修拉都要过林卡节，故下午我们就只能画图。晚上我们去周老二小店吃饭，结果没想到他们也去耍坝子了，我们就重新找了一家小店，饭后大家去网吧上了一会儿网，然后各自回宾馆休息。

6月2日（扎什伦布寺测绘）

早晨起床后我们便继续在寺庙里画图，现在我们的工作比较有规律，基本上大家测绘一段时间后就开始画一段时间的图。中午我们吃过饭后便回宾馆休息，下午还是继续到古建公司画图，吃过晚饭大家要么一起打打球，要么就沿着步行街溜达一圈，锻炼一下身体。

6月3日（扎什伦布寺测绘）

这几天寺庙办公室的钥匙一直在我们这边，因为刘工早上要去办公室拿资料进行汇报，所以我们和刘工约好在藏餐馆见面并把钥匙交与刘工，然后上午在办公室帮刘工画了画他的图，这是一个塔的施工图，画得比较简单，但是已经能满足刘工的要求了。下午，我们在宾馆继续画我们的测绘图纸。

6月4日（扎什伦布寺测绘、腹泻看医生）

今天我们继续进行测绘工作，由于这几天一直在同一家餐馆吃饭，他们家的饭菜放的油非常多，吃起来油腻，大家吃得都不是很舒服。早晨我感觉肚子非常不舒服，一直拉肚子，上午测绘时就去了很多趟厕所，于是中午休息的时候，强巴带我到扎什伦布寺医院进行了检查，给我检查的人是古建公司旺久拉经理的弟弟，旺久拉经理是扎什伦布寺的高僧，专门负责扎什伦布寺及其周边附属寺庙的建筑工程，而他的弟弟则是扎什伦布寺医院的医生，藏医院也是开设在扎什伦布寺里面的，前来看病的大多是藏族人，而且队伍排得很长，由于僧人在这里是备受尊敬的，强巴就勉强地带我插了个队。经初步诊断我是得了肠炎，医生给我开了些藏药让我吃一段时间看看。中午我没去吃饭，在宾馆休息。下午我们继续测绘，晚上本来准备换一家饭店吃饭，结果要换的那家饭店正在内部装修，要等一段时间才能装修好，故我们还是在周老二饭店吃的晚饭，大家现在基本上点的都是清淡的饭菜，这样才能勉强吃下。

6月5日（扎什伦布寺测绘）

今天我们休息，上午吃过早饭，我和梁威到医院操场去打了一会篮球，中午我们和西绕旦增吃的藏餐，这家藏餐馆开在步行街北侧，人比较多。这里藏餐馆的饭菜已经和别的餐馆没什么两样了，只不过在内部装饰上能够满足藏族人精神上的需求，我们也对这里的藏餐有点失望。汪老师 6 号要从内地来我们这里，保守估计可能 10 号左右到日喀则，然后我们一起去珠峰看一下。因为这次进藏主要的事情是进行各自论文的调研工作，所以大家都在猜测各自开题的题目是什么。

6月6日（扎什伦布寺测绘、日喀则过端午）

今天是端午节，因为在藏族聚居区这种节日对藏族人来讲并没什么特殊的意义，所以我们今天还是继续测绘。今天我和梁威测绘的建筑比较复杂，每一层都不一样，而且体量很大，因而费了不少时间和精力在这个建筑群上面。晚上西绕旦增陪我们过端午节，他还让周老二店的老板买了粽子。我之前以为他们不会太把端午节放在心上，于是下午在晚饭前也出去买了些粽子，准备晚上大家一起吃，没承想买重了，不过大家的战斗力还是蛮不错的，把两份粽子都消灭掉了。毕竟是节日，晚上西绕旦增提议大家喝酒庆祝一下，因为高兴，大家也都喝了点酒。

6月7日（扎什伦布寺测绘、迎接导师）

今天早上大家吃过早饭便去寺里继续测绘，我们上午还是去测绘加康巴，下午我们测绘文物组，也就是格桑工作的地方。大概到了下午5点的时候，汪老师和我们教研室其他同门来到了日喀则，由于老师他们这次是坐飞机直接过来的，所以会有一些高原反应，听了我们简单的工作汇报之后，就到宾馆休息了。晚上7点我们在胖子涮火锅吃的饭，由文物局局长拉巴次仁为我们老师接风。因为寺庙的工作人员除了刘工基本上都是不沾烟酒的信徒，故寺庙方派刘工来进行接洽工作。晚上吃得很丰盛，吃过饭后，导师让我明天去拉萨接两位学妹，她们是人生第一次进藏，这次跟老师过来主要是体验一下藏族聚居区的风土人情，为将来的调研工作打好基础。

6月8—9日（拉萨接学妹）

上午我们和导师在指定的藏餐馆吃过早饭后，便随同导师来到扎什伦布寺古建公司，导师前几年来过扎什伦布寺，所以对这里的建筑和风格比较了解，这次主要是对我们的工作进行检查与指导。在公司和扎什伦布寺古建公司的主要负责人谈了大概一个小时的工作事宜，导师便让我们带他到我们测绘的几处建筑实地对我们的工作进行检查。导师看过我们的测绘图之后，对我们的具体工作提出了相应的建议，能看出导师对我们的工作还是比较满意的。快到中午的时候，我便打车去日喀则长途客运站买了今天去拉萨的汽车票，经过大约8个小时的车程，于晚上7点多来到了拉萨，没承想这时学妹已经到拉萨了，幸好我在日喀则已经提前把宾馆订好了，因而避免了很多不必要的麻烦。晚上我和学妹吃过晚饭便带她们到布达拉宫前面的广场转了一下，看到她们没有很大的高原反应，我的心里也比较踏实，给导师打电话作了简短的汇报后，导师让她们尽量要休息好，毕竟刚来到西藏，不要太兴奋。

早晨起床后，我们买了点吃的准备在车上吃。学妹也买到了15号回南京的火车票。今天一天基本上都是在汽车上度过的，到了晚上9点我们才回到日喀则，跟导师吃过晚饭，大家就回刚坚宾馆休息了。

6月10日（准备去珠峰）

今天上午我们主要陪同学妹逛了一下扎什伦布寺，并把我们了解到的知识对她们进行讲解，然后我便去给她们办理去珠峰的通行证，通行证首先要用人单位填好单子，然后交由领导进行批示，最后要本人去边防检查站亲自拿通行证。晚上大家吃过饭后，便去超市买了些生活用品，为明天去珠峰做准备。兴奋与喜悦的表情在大家的脸上自然地流露出来，我也很是激动，因为明天就要看到向往已久的珠峰了。

6月11日 晴（去珠峰）

我们早晨6点钟准时起床出发，因为人数比较多，所以古建公司派来了两辆车子，一辆是古建公司自己的丰田4500，另一辆车子是拉巴次仁局长的长丰猎豹汽车。我经过这两次进藏，发现在西藏能够跑得开的车子除了上述两种外，还有日本的三菱帕杰罗，再就是我们国家的自主品牌长城汽车和吉普战旗了，只有这类车子才能在藏族聚居区这种艰苦的环境下行驶。大概到了上午9点多，我们的车子开到了拉孜，在导师的建议下大家停下车来吃早饭，我们吃的是馒头、鸡蛋和粥，吃过早饭大家上车继续赶路。因为路途比较远，再加上我们要当天赶回来，所以时间比较紧张。路上的风景美不胜收，西藏的美景实在是让人陶醉。大概又走了一段时间，我们到达了措嘉拉山，老师让师傅停车休息一下，然后我们便拿出相机来拍照留念，拍完照片后大家继续朝本次的目的地前进。大概快中午的时候我们来到了定日，买过票不久，我们的车便开到了边防哨所，大家下车到哨所里依次登记填表后，我们的车队继续向珠峰进发。过了哨所之后的路全部是土路，比较颠簸，灰沙较大，司机师傅也不能把车开得很快，我们的车驶过的地方总能卷起一道长长的沙浪，从远处看我们的车队就像两头在荒野中赛跑的猛兽一般，咆哮着掠过每一寸它能接触到的土地。大概到了下午2点多，大家终于到了本次的终点站——绒布寺，再往前走就要到珠峰大本营了，没有登山证是不准进的。我们从远处就能看到珠峰，它巍峨地耸立在喜马拉雅山脉之上，经历几世纪风霜雨雪的洗礼，像一个巨人一样傲然地面对世间一切的轮回因果。由于绒布寺的海拔比较高，我走路的时候就感觉身上背了一个40斤左右的登山包一样吃力，在珠峰脚下拍照合影留念后我们就上车开始返程了。由于今天大家起来得比较早，再加上要来珠峰比较兴奋，所以回程路上大家都睡意浓浓，大概快到晚上9点钟的时候，我们的车子终于回到了刚坚宾馆。总的来说，今天过得很充实。

6月12—20日（扎什伦布寺测绘）

12号起床后，我们一起送走了导师一行人，然后就回寺庙继续测绘工作，基本一直到25号都是持续着这样的一种状态。

6月21—25日（江孜白居寺和宗山宗堡）

白居寺位于江孜县城西北宗山脚下，海拔3900 m，始建于1427年，其内最为著名的就是菩提塔。

“宗”作为建筑名称出现最早是在吐蕃王朝时期，当时仅仅是城堡、营寨之类的建筑物，是一种有别于普通民居的特殊建筑。直到帕竹政权时期，“宗”才作为西藏地方行政组织基本的单位名称出现，相当于内地的县。“宗”是藏语的音译，意为“碉堡”“营寨”。《西藏志》中译为“纵”：“凡所谓纵者，系傍山碉堡，乃其头目碟巴据险守隘之所，俱是官署。”魏原所著《圣武记·西藏后记》中记载：“全藏所辖六十八城……所谓城者，则官舍民居堑山建碉之谓。”《大清一统志·西藏》中记载：“凡有官舍民居之处，于山上造楼居，依山为堑，即谓之城。”这里的“城”，就是我们所说的“宗”。元明时期称为“宗”，到了清朝时期称为“营”。

江孜曾经是古代苏毗部落的都城，囊日松赞降伏了苏毗之后，江孜便成了贵族的封地。江孜地处萨迦、后藏经亚东通往不丹的路上，而且地沃物丰，因此成为商旅往来的交通要道，并逐渐发展成为沟通前后藏的重要通衢，成为西藏的一大重镇。吐蕃王朝覆灭后，进入群雄割据的时代，江孜一带被赞普后裔法王白阔赞占领。白阔赞见江孜地形奇特：东坡恰似羊驮着米，南坡状如狮子腾空，西坡铺着洁白绸幔一样的年楚河，北坡像是霍尔儿童敬礼的模样。他认为江孜具有吉祥之兆，于是在江孜修建王宫。14世纪萨迦王朝的郎钦帕巴白在宗山上重建宫殿，宫殿建成后被称为“杰卡尔孜”。藏语中“杰”是王的意思，“卡尔”是宫堡的意思，“孜”是殊胜的意思。“杰卡尔孜”简称杰孜，后逐渐演变为江孜，并以此命名古城。

江孜宗山抗英遗址位于日喀则江孜县正中心，占地面积120 080 m^2，现存古建筑面积7066.98 m^2，外围墙长度为1179.5 m。站在宗山上，年楚河平原一览无遗，宗山当之无愧地承担着江孜守护人的角色。山的表面为坚硬的水晶岩，建筑的根基非常稳固。江孜宗建筑占据了整个山头，民居和寺庙围绕宗山分散布置。宗山西侧是一片陡峭的悬崖，有如刀削斧凿一般。在另外几面，也都是陡峭的山坡，很难攀爬。江孜宗在四周都建立了围墙，墙基多设在悬崖边上。墙体全部由石块砌成，厚约 1m。围墙高度随着山体的高低起伏和地势险要而变化，在非常险要的地方不设置围墙。墙体主要是直接建立在山壁上，往往和山形成一体。在相对平缓的地段加高围墙，连同基础部分往往达到 5 m 高。有些地方甚至建立了两道围墙。围墙中间每隔一段就建立一个小碉楼，增强了宗山的防御性。所以要想通过非正常的途径进入宗山，几乎是不可能的。

江孜宗山建筑群本身也体现了防御的功能。宗山建筑众多，城垣重叠，明碉暗堡遍布，暗道纵横，形成了一个严密的防御系统。在建筑之间，有着很多相互穿插的通道。这些通道往往非常狭窄，有的地方仅容一人通过，可谓一夫当关，万夫莫开。通道多连接高低不一的建筑，所以很多通道迂回曲折、非常陡峻。有的地方的通道坡度甚至超过 60° 。这在很大程度上加强了宗山的防御功能，不熟悉地形的外来人往往会身陷其中，不知所措。1904 年，江孜的军民依据宗山的险要地形和防御工程设施，利用最简陋的火枪土炮和大刀弓箭，和当时世界上最强大的英国侵略军队展开了殊死的搏斗。英军利用当时最先进的大炮轰炸了 3 个月，才将宗山一角炸开。西藏勇士们弹尽粮绝，跳崖殉国，英军才进入通往拉萨的道路。这场战斗充分体现出宗山的军事意义和防御价值。为了纪念江孜保卫战，1961 年国务院确定江孜宗山城堡为国家重点文物保护单位。如今的宗山设有陈列馆，展示当年我国西藏人民抗击英军所使用的自制火枪、大炮以及剑、盾等武器。1994 年，江孜被列为全国爱国主义教育基地，通过江孜宗山抗英遗址上的抗英炮台、抗英展厅、勇士跳崖处、原西藏地方政府的议事厅、原西藏地方政府江孜宗差税厅、地牢等实物的陈列与展示来增强人们的爱国主义意识和热情。

6 月 26 日（学姐来测绘）

今天牛婷婷学姐带领四位学弟来我们这里帮忙测绘，因为我们的主要工作是做好论文的调研工作，学弟们过来参与测绘工作可以很好地节省时间，提高工作效率。下午，学姐给我打电话说他们到了，于是我便打车到车站去接他们，因为他们先到的拉萨，所以在途中已经基本上适应高原反应了，除了王蒙桥学弟有一点不适之外，其他几人的状态都比较好。牛婷婷学姐之前几年也是来过日喀则这边做过调研的，因此对这边的工作了如指掌，导师让学姐过来的主要目的是指导我们工作上的不足与缺陷，以及把测绘工作更加认真仔细地做好。我们晚上在江湖味道（以后一直换在这家店吃）吃的晚饭。晚饭后我们聚在宾馆玩三国杀，好久都没有这么多人在一起玩了，大家也是非常高兴。

6月27日（扎什伦布寺测绘）

早晨吃过早饭，一行人便去扎什伦布寺开一个碰头会议，会后我们带领学姐她们在寺庙周围简单地参观了一下，并把我们已经测好的建筑还有与建筑有关的相关信息向学姐作了详细的汇报。参观完毕后，我们便把在电脑里画的图纸交与学姐检查，学姐从我们的图中看出不少问题，也给我们提出了很多宝贵的意见，这对以后我们的画图工作有很好的帮助。

6月28日 晴（扎什伦布寺测绘、宫瑟）

今天要进行测量工作了，学姐把我们8人分成了4个小组，我们4个人分别带1名学弟进行测绘工作，我和周永华一组，梁威和沈亚军一组，我们四人被分配到宫瑟进行测绘；高登峰和王蒙桥一组去了宫瑟后边的僧舍；徐海涛和徐二帅一组则是被分配去了密宗学院。宫瑟（图14~图16）地形非常复杂，仅地宫就有好几层。学姐详细地给我们做了关于测绘方面的示范，这让我们接下来的工作顺畅了很多。

图14：宫瑟

图 15：宫瑟屋顶装饰

图 16：宫瑟内部装饰

6 月 29 日—7 月 21 日（扎什伦布寺测绘）

这一段时间一直在测绘与画图，其间导师带着宗晓萌学姐还有庞一村、徐瑶两位学妹来过一次，这次导师主要是要和宗晓萌学姐去阿里地区进行深入的调研，阿

里属于牧区，条件比日喀则不知要苦上多少倍，而我和梁威也要到昌都进行调研了，海涛和高登峰则因为论文方向要继续留守日喀则扎什伦布寺这边。

7月22—24日（拉昌路上）

我们从拉萨到昌都的路上先是在林芝的八一县住了一晚，之后又在昌都的八宿县住了一晚，在7月24日，我们终于到达了此次调研的目的地——昌都。林芝不愧有“西藏小江南”的美称，密林丛生，环境优雅，行走于其间能够充分地感受大自然的美。在昌都安顿下来之后，我给设计院泽仁江措院长打了电话，约院长周一上班时见一面。再次来到昌都心里有一种说不清的情感，我们吃过饭后便到曾经常去的地方转了转，时间恍如隔世，去年的种种场景都在脑海中翻涌了出来。去年我们住的是设计院给我们安排的房子，虽然不算大，但有一个落脚的地方总会让人感到心里踏实，而今年我们就像游离于尘世中的微尘一样，没有边界，随风飘摇，也不知道这样漂泊的日子何时而终。

7月25日（昌都）

早晨起床，一身的疲惫都随着昌都的第一缕阳光而烟消云散。洗刷完毕后，我们便到去年常去的那家早餐店吃早餐，我们的早餐比较有规律，一般吃包子、鸡蛋和米粥。今年老板做的包子远不如去年的好吃，去年包子馅是用肉丁做的，而今年就换成肉碎了，让我们感到欣慰的是粥的味道还是那么地道。

吃过早饭我们便来到了设计院，跟大家打过招呼之后，我们便在院长的办公室外面等院长，大概过了半个多小时，院长来到了院里，因为周一来院里找院长办事的人非常多，院长见到我们后和我们聊了片刻，便告诉我们他上午要去开一个会议，让我们下午再过来找他，于是上午我们便先离开了设计院，去了昌都新华书店，想看看有没有适合我们这次论文调研的书籍。下午见到院长后，和院长详细地讲述了一下我们这次来的主要任务和目的之后，院长也非常支持我们的工作，正巧赶上院里在赶一个安置房的设计，由于缺乏人手，院长先让我们在院里帮忙做了几天的方案设计，我们也很认真地帮助院里做分配给我们的各项任务。

7月26日（昌都画图）

早晨起床后，我们吃过早饭，便按时来到设计院画图，这次我们主要协助严飞做安置区的方案设计。严飞给我们安排好任务：我们三个人每人出两个方案。上午快下班的时候方案基本上画完了，下午本打算给院长看一下方案，然后想请院长帮我们联系一下丁青那边的建设局局长，结果院长下午开会，我们也只能等到明天再去院长办公室了。

7月27日（昌都见院长）

上午我们把方案给院长看过，院长比较满意，由于院长上午很忙，他让我们下午再来办公室找他，到时他再帮我们联系一下丁青那边的建设局局长。下午我们见到了院长，院长给丁青建设局局长打电话安排了一下，然后把丁青建设局杨局长的电话给了我们。告别院长后，我们直接到长途车站去买票，结果人家还是下班了，无奈的我们只能明天早起到车站买票了。

7月28日（昌都准备）

早晨起来没顾上吃饭我们就直接去车站买票，然后去朋友那里把我们不需要带的行李物品寄存在他们那里，下午我们在宾馆休息。想到马上就要在海拔4800m的地方调研一个多月，我的心里是没有底的，不知道能不能吃得消，这也是对我们身体的一个挑战，闲暇之余我们就开始查询丁青县的有关情况。

丁青县位于昌都地区西部，东接类乌齐县，西与那曲的巴青、索县接壤，南边与边坝、洛隆县毗邻，北接青海省玉树州。总面积11 547 km^2，2000年全县人口60 616人。丁青是藏语的音译，意为大台地或上部广阔区，旧译为定青、顶青。县城所在地丁青镇海拔3880 m，历史上曾多次变更隶属关系。丁青县属半农半牧区，这正好为苯教的发展提供了理想的平台，所以丁青县的苯教寺庙比较多，2000年，县境内有寺庙和宗教活动点59个，其中苯教寺庙34座，其中最为著名的苯教寺庙有位于觉恩乡的孜珠寺，位于丁青县附近的雍仲巴热寺、丁青寺、果贡寺等，这些寺庙的规模形制都不是很大。丁青在唐代隶属吐蕃管辖，至元朝时归路宣慰使司都元帅府所管辖，到了明朝时丁青归蒙古王东宫管理，在清朝时归清政府统一管理，在1751年归清驻藏大臣直接管理，20世纪初才由西藏政府接手管理。20世纪中叶，人民政府将丁青、色扎、尺牍三县合并，成立丁青县，县政府位于丁青镇，并隶属昌都地区。

丁青县地形东南低，西北高。有布加、拉则、噶日等山峰，最高峰布加岗日，海拔 6328 m，终年有积雪、冰川。南部有怒江，北部有澜沧江支流。属高原温带季风气候，日照充足，空气稀薄，日温差大，年温差小，平均气温 3.1℃，年降水 639 mm，无霜期 48.9 天。

丁青县的矿产丰富，主要以煤矿、石膏以及砂金等为主。丁青县特产的丁青象牙玉在玉石界也极负盛名。丁青县为半牧半农区，且以牧区为主。其野生动植物资源就有上百种，主要有獐、黄羊、马鹿、水獭、旱獭、狐狸、野牦牛、野驴、虫草、知母、贝母、党参、红景天等，可谓物产丰美，人杰地灵。

丁青原有六十多个族（部落），后来划分二十五个族给青海玉树，余下的三十五个族逐渐演变为四十二族。蒙古王东宫武藏死后，其妻将索宗地区的三族献给达赖喇嘛，剩下的族称霍尔三十九族。霍尔三十九族的“霍尔”在藏语里指“蒙古”。因为藏北的东北部居住着三十九个部落，这三十九个部落结成联盟，联盟的头领为蒙古族人，所以人们把他的管辖区域统称为“霍尔”。三十九族的地域范围为今天那曲的聂荣、巴青、比如县和昌都的丁青县境内。据《西藏本教简史》书中记载，“吐蕃时期这个地区是松巴千户辖区。元朝第九代皇帝米墨的亲兄弟古如欧鲁太子带着六名随行人员进发后藏时，路经今藏北巴青县本索乡境内时，遇见当地猎人，并跟随猎人来到了附近的村子里。七名蒙古人在那里停留了一段时间后，当地人发现这七名蒙古人武艺超群，别有气质。当地百姓干脆就请这七名蒙古人留下来跟他们一起生活。古如欧鲁太子本人也娶了一个当地牧女为妻。这样第一批蒙古人在藏北落户。而且他们把古如欧鲁太子奉为部落首领，宝木曲定为部落首府（今巴青和索县之间的一个地方）。其他六名随行人员也跟当地牧女成亲扎根于藏北。据说这些蒙古人的后代至今仍可以在巴青一代的牧民村子中找到。古如欧鲁太子也叫尔德觉拉，他正是后来霍尔三十九族总管——霍尔基恰家族的族源，距今已有六百多年的家族史。从古如欧鲁太子当选为部落首领直到第七代首领霍尔达拉，整个部落没有什么太大的发展，只是藏北许多部落中的普通一员。在第七代首领霍尔达拉期间，该部落开始向外扩张，最初征服了东边的囊谦部落（今青海玉树境内），随后用武力逐渐征服周围的所有弱小部落。到了第九代首领拉加达时该部落均有各自的首领，所以，三十九族其实是一个部落联盟。他的兄弟继承了哥哥的权位后，成为第一任三十九族部落总管——霍尔基恰。他把霍尔府迁都到江亭岗（今巴青乡政府所在地）。三十九族中势力较强的部落有巴青的叶塔、奔塔、竹曲、波雪，比如的那秀，聂荣的索德、阿扎、扎玛等”。

自元代以来，各个朝代均对霍尔三十九族各部落有过明显的管制制度，赐奉过不同的官位。明朝时期，霍尔部落隶属青海，是青海二十五个“德穆齐”中的一个，霍尔基恰被赐奉为太吉官衔。该部落联盟每三年向青海缴纳马匹税。该税按百户一匹计算，如果没有马匹就拿白银替缴。从此，在霍尔三十九族内部也施行缴纳差税制度。清雍正年间，进一步加强行政管理，把原来青海省管辖的七十九个部落分成三大块，分别由青海、四川和西藏来管理。德穆齐等四十个部落划归青海管辖，三十七个部落划归四川管辖，在西藏建立了驻藏大臣制度之后，三十九族正式划归驻藏大臣衙门直接管辖。清政府制定了比较详细的管制制度。各个管辖区内百户以上的奉有百户长，不足百户者奉为百降，如果下辖几百户则奉为大百户长或总百户长，而且下设若干个百降，依此类推。基恰下辖三个千户，每个千户下设若干个百户、百降等职。第十三任霍尔基恰拉康丹加奉为总百户长，下属六十九个百降。由于三十九族上受清政府的大力支持，再加上内部势力不断壮大，其疆域日益扩张。第十五任霍尔基恰才旺加于公元 1822 年奉为霍尔千户长。这段时间是三十九族霍尔部落最鼎盛时期。公元 1855 年，廓尔喀（尼泊尔）入侵西藏时，霍尔三十九族曾派兵一千名援助藏军击败入侵者。霍尔基恰下辖有三十八座大小苯教寺庙，其中最有权威的寺庙有路布寺、丁青寺、巴仓寺等。1940 年西藏政府又将三十九族地区分别划为丁青、色扎、尺牍、巴青、索宗、比如、聂荣、嘉黎、沙丁、边坝等十个宗，实行宗本制度，宗本直接由拉萨委派。1950 年解放，1951 年 8 月成立昌都地区人民解放委员会，驻三十九族地区第一办事处（亦称中华人民共和国三十九族地区人民解放委员会）。1959 年 4 月撤销第一办事处，4 月将丁青、色扎、尺牍三宗合并建立丁青县，县府驻丁青镇。

丁青县的主要景点有：

（1）孜珠寺

位于觉恩乡的孜珠山上。距丁青县城 45 km，是丁青县比较知名的苯教寺庙。

“孜珠”意为 6 座山峰，宗教上象征着六度波罗蜜。这里异峰突起，挺拔险峻，怪石嶙峋，禅洞叠叠。孜珠寺是康区一带现存规模最大、教徒最多、苯教仪轨保存最完整的寺庙之一，孜珠寺的苯教禅院可系统地讲述苯教经典、传授包括神秘而古老的苯教各种修习方法。该寺有4个不同内容的学经学院。第一学院藏语叫“谢扎”，意为讲经院；第二学院叫“朱扎”，意为修行院；第三学院叫“贡扎”，意为禅修院；第四学院叫“仓巴”，意为闭关修行。

（2）乃查莫玛尼堆

位于丁青县的绒多乡。距丁青县东南30 km。藏语意为“花色圣地”，是西藏最大、最有名的玛尼堆之一。相传文成公主赴藏联姻行至此处，因向神像顶礼的时辰已到，对面的草坪上显现出11尊人体大小的佛像，公主立即向佛献上供品，并顶礼祈祷。此刻天空出现了许多七色彩虹，公主便将此命名为“花色圣地”，并将一块刻有六字真言的石块放置在地上，插上经幡。从此，信徒经过这里，都要奉上刻有佛言、佛像的石块，世代相袭，形成这里巨大的嘛呢石堆。

（3）布托湖·布托温泉

布托湖位于丁青县城北约25 km处，它的两个湖泊犹如镶嵌在布托卡草原的两颗明珠，波光粼粼，闪闪发光。布托湖是澜沧江支流色曲河的两个平行排列的高山湖泊，海拔4560 m至4600 m，两湖相隔5 km，布托措青湖面积约9 km^2，布托措穷湖位于布托措青湖的东面，面积6 km^2。布托湖的水来源于附近雪峰林立的冰川，湖四面的地势为高谷盆地，地势开阔，牧草丰盛，是丁青县一带最为难得的夏季牧场。每当夏季来临，宽阔的草场丰美，牧民的帐篷斑斑点点散落在草原上，肥壮的牦牛和雪白的绵羊繁星般点缀其间，高原牧场风光十足，奇特的自然景观亦具寻幽探奇之趣。布托湖也是黑颈鹤、黄鸭等的栖息地。

7月29日（昌都—丁青）

早晨起床后，我和梁威吃过早饭便去了长途汽车站，等了大概15分钟的样子，昌都到丁青的大巴就开始启程了，中午我们途经类乌齐，车子可能出现故障，停在类乌齐修理，于是我俩便在类乌齐吃了午饭。类乌齐整体感觉要比昌都好，群山环绕着县城，山上布满了翠绿的芳草，整个县城给人一种安静祥和的氛围。在类乌齐等了将近两个多小时，我们乘坐的大巴终于被修好，大概在下午2点多钟，我们从类乌齐出发。本来我们打算要先到丁青县见一下杨局长，不承想我们途经觉恩乡（我们此次的目的地），于是决定在觉恩乡下车。下车后我们跟杨局长作了沟通，杨局长帮我们联系了觉恩乡的乡长，乡长给我们安排了住宿的地方，虽然条件差了点（没有水也没有电），但能有一个落脚的地方对我们来说就已经很不错了。吃过晚饭我们联系了一下去孜珠寺的车子，车费要 800 元。

7 月 30 日（孜珠寺调研）

早晨依旧像往常一样，吃过早饭，便去李乡长那里闲聊了一会儿。因为我们和司机师傅约好了下午 2 点半左右出发，所以我们上午就一直待在李乡长那里，乡长给我们讲了一下这边的风俗与人情世故，为我们以后的工作提供了不少帮助。吃过午饭后我们便坐上了去孜珠寺的车子，到了之后便与杨局联系，因为寺庙都是由当地民宗局管理，所以杨局要先跟民宗局的领导取得联系，然后再由民宗局这边跟寺庙领导联系。经过了一番周折之后，我们终于跟寺庙这边的总管取得了联系，总管给我们介绍了一下这边的堪布。这边一共有四位堪布，分别是扎仓学院堪布——嘎桑丁增、辨明学院堪布——登巴、内明学院堪布——罗布雍仲、禅修学院堪布——次成吉热。现在除扎仓学院堪布在北京外，其他几位堪布都在寺庙里。经过简单的询问之后，堪布们给我们介绍了一位助手，他的名字叫祖西，是一位 17 岁左右的藏族小伙子，家乡在左贡，今年内名学院刚刚毕业。我们的住宿是由寺庙帮忙解决的，但寺庙不管伙食，这里没有自来水，吃水要从 2 km 以外的水井那里背水喝，电也不是很稳定（在以后的日子里几乎天天断电），好在我们上山之前在觉恩乡的商店买了几根蜡烛。

孜珠寺坐落于西藏的东部，丁青县沙贡乡著名的神山孜珠山上，海拔 4800m 以上，是康区一带规模最大、教徒最多，仪轨保存最完整的寺庙之一，也是西藏海拔最高的寺院之一（图 17）。它始建于公元前 4 世纪，是 2400 年前由第二代藏王穆

图 17：孜珠寺远景

图 18：孜珠寺近景

图 19：风景

图 20：盘山路

赤赞普修建而成的。孜珠寺六座山峰上到处都是大殿、经堂（图 18），僧人数最多达 2000 多人。在藏族聚居区，苯教有四大神山之说，主要有阿里地区的冈底斯山、林芝地区的本日神山、昌都的孜珠山和玉龙的梅里雪山。据典籍记载，孜珠寺是度母菩萨的道场，六座山峰代表度母菩萨用慈悲和智慧度化六道众生，帮助他们从烦恼中走向解脱之路，也代表菩萨六度万行中的忍辱、持戒、布施、神密、精进、般若以及对人生的贪、痴、慢、疑、妒的对治之道。

苯教是佛祖顿巴西绕在象雄、克什米尔、西藏和尼泊尔传播的具有显宗、密宗、大圆满等圆融无二的佛法，佛祖顿巴西绕在传播佛法时曾在此山传法，给予巨大的加持。并且发愿孜珠山会对苯教佛法有着深远的影响，在弘扬佛法中会有许多利益众生的大成就者出现。

此后历代在此修行的僧人中，出现了 380 位大成就者，并留下了他们的遗迹，如真巴南卡大师、次仁沃增大师、罗丹宁布大师、桑杰林巴大师等，以及他们修行的山洞。同时，孜珠山也有代表六道轮回的绕山隧道，许多藏族群众不远千里长途跋涉来到这里朝拜。孜珠寺经历了 43 代活佛仍然保存着历代的各种器物，比如金子无量之室、大明皇帝所赠送之钵、次仁沃增大师的脚印、6000 年前罗丹宁布大师通过神力手握之石、顿巴西绕留下来的左旋海螺、300 年前孜珠寺祖师桑杰林巴通过神力手握之石等。孜珠山上独特优美的草原上，6~7 月份开满五颜六色的花草，是观光旅游的好地方（图 19）。

孜珠寺现由第 43 代活佛丁真俄色主持，他是活佛制度中古老血统的传承，普贤如来的黄、白、黑、花四圣贤中黄圣贤的继承者。活佛 10 岁时被认定为孜珠寺的创建者，13 岁坐床，在寺院里勤奋苦修，20 多年来他为孜珠寺的发展作出了许多贡献，特别是主持修建了从山下到寺院长达 13 km 的盘山路（图 20）。他还在寺院设立了很多修行佛法的学校，培养了一批批有知识、有理想、有佛法修养的僧师。他认为寺院是传播佛教文化与修行的场所，应该保留千年传承的苯教文化与精神，认为今后寺院发展规划上面要以培养能传承苯教普度众生的人才为重。他培养的人才要输送到各个村落去，为那里的人们带去精神上的解脱。

孜珠寺整个寺庙依山而建，气势磅礴，深山上面挂满了经幡，风吹动经幡呼呼作响，让我们从精神上感受到人们对神山的敬畏之情，山巅云海之上，有几只雄鹰展翅翱翔于九霄，更给整个寺庙增加了几分威严。山上虔诚转山的藏族信徒时而给我们送来微笑，时而用藏语给我们送来吉祥，我们也只能用几句简单的藏语回敬。我们和祖西约定好明天先简单地在寺庙周边转一下，这样能够让我们对寺庙有一个很好的了解与把控。

7月31日（孜珠寺转山）

早晨起床后，祖西带领我们沿着转山路开始逆时针转山，苯教和格鲁派有区别，从转山上能看出区别之一。昨晚我们在扎仓学院的会议室睡的，没承想以后都是在这里睡觉，偶尔还要在比这里更艰苦的地方睡觉，而且山上的条件要比我们想的糟糕很多，没有水洗脸刷牙，更没有地方洗澡，也没有商店。因为准备的不够充分，我们带的物资并不多，现在吃饭已经成为我们的难题了，本想在寺院蹭僧人的伙食，但是发现寺院的条件也很艰苦，因为寺院较高，寺里会专门派一个格西来管理寺里的生计物资，每隔一周或两周会有一辆车往返于寺院与县城之间，去采购僧人生活所需物品，由于我们是计划外的，所以并没有多余的食物，我们也不忍心再去麻烦他们，就这样我们节俭地吃着带来的物品，上山后还没吃上过一顿饱饭，心里暗自着急。

虽然条件艰苦，但是能够对康区最有影响力的苯教寺庙进行深入了解也是我们的荣幸。祖西是寺里为数不多汉语讲得不错的僧人，在转山的途中不时地给我们讲解各种神话传说。孜珠寺的交通主要分为两大部分，第一部分为连接山上与山下的交通道路，该路是连接寺庙的主要道路，蜿蜒曲折，从山下一直连通至寺院。这条路是最近几年在孜珠寺第43代活佛的带领下，广大僧众化缘积攒出来的财力修建的，它其实就是一条简易的土路，蜿蜒盘旋地从山底一直连接到山顶，一到雨天，这条路就更加泥泞与危险。其他的路都是这条主路的分支，随着建筑高程的不同而将建筑与主路连接。在修建这条路之前，山下的朝拜者想要上山要么选择骑马，要么就请山上的僧人到山下来接。

第二部分道路为转山路。在孜珠山上，随处可见身着藏族传统服饰的信徒，围绕着孜珠神山左转（逆时针），口中还在小声地念着经文，这就是在转山。他们通过周而复始的转山来消除自己的业障，并借此来为自己的亲朋积累福报。每年都会有很多信徒在藏历特定的日子里自发地到神山所在之处围绕神山转山，佛教徒的转山路线为右转（顺时针），苯教徒的转山路线为左转，转山至今已成了藏族群众生活中一个不可分割的部分，笔者在调研期间就遇到无数的信徒不辞劳苦步行或驱车来孜珠寺转经。这样的做法，可能最早源于印度，源于通过对塔的环绕进行朝拜活动的佛教礼仪。据笔者了解，孜珠寺有三条转山路：第一条转山路为上环路，从第一峰与第二峰的垭口开始，经过第二峰与第三峰的垭口，然后沿着僧舍回到出发点，这条路的路径主要是围绕第二峰转山，周长2km；第二条转山路是中环转山路，

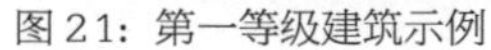

图 21：第一等级建筑示例

图 22：第三等级建筑示例

即围绕六道山峰转山，这条转山路的周长为 8km；第三条转山路为下环路，周长为 20 km，转一圈基本要耗费一天的时间。

然后我们又去参观了真巴南卡大师和次仁沃增大师修行的行辕、辨明学院、扎仓学院、内明学院等的殿式建筑。在寺庙建筑里，根据建筑使用功能的不同可以将建筑分为几个等级，一般以佛殿、大殿等人流较多的空间为第一等级建筑，僧舍等其他人流相对稳定的建筑为第二等级建筑。孜珠寺的建筑规模并不是非常恢宏，但它在昌都地区苯教寺庙中的地位是最高的，它下面管辖 14 座分寺，也有自身的建筑等级特点，从寺庙对面的山坡上远眺寺庙，建筑群整体有一种向上的动势，并沿着山势的高差成横向分散布局。整个孜珠寺的建筑可以概括为两个等级：第一等级的建筑（图 21）为以红色外墙及金顶为显著特点的拉康大殿、禅修学院、内明学院以及扎仓学院、辨明学院等建筑。这些建筑是构架整个孜珠寺教育体系的支柱，也是寺庙建筑空间最大的建筑。这些建筑大都修建在山上地势相对平坦，且与交通道路相临近的位置，这样方便僧人平时的宗教活动和信徒们的朝拜。第二及第三等级建筑（图 22）是以僧舍为主的居住性建筑，这些建筑大都以白色墙面为主，建筑层数为 1 ~ 2 层，土木结构，为藏式传统建造手法，室内基本无太多装饰，没有院落组成，平面布局比较简单，建筑选址顺应山势走向，分布比较灵活。最典型的僧舍为孜珠寺最西面的僧舍，该僧舍充分体现了山地建筑的特色。僧舍用料虽然简单，但选择修建在如此复杂的环境中证明了在这里居住的僧人利用自然、改造自然的能力。

从祖西的讲解中我们了解到，现在的孜珠寺的苯教是新苯与旧苯的融合，至于什么是新苯什么是旧苯，祖西也说不出来。今天我们主要是对孜珠寺有一个简单的了解，明后天就要进行测绘工作了，工作会比较辛苦。祖西在内名学院刚刚毕业，要回家休假期，过几天就要回去了，这无形之中对我们的测绘工作带来了很多难度，

不过对此事我们还是持乐观态度的。快到下午的时候我们来到了正在寺庙施工的工程队这边，工程队的大部分工人都是从四川来的，正巧今天队里的工头也在，我们就和工头聊了起来，在得知我们没有地方吃饭的情况后，工头说我们可以和队里的工人一起吃饭，但有两个条件，一是大家赚钱都很辛苦，伙食费要自己交；二是吃饭的时间是固定的，不按时来吃饭就没得饭吃。这对我们来说真的是一个好消息，因为明天终于能够吃上热饭了。没想到，上午还在为吃饭而发愁的我们，运气竟然这么好。

8月1—3日（孜珠寺调研）

今天是八一建军节，我们早晨起床后来到工地，用工地从山下抽上来的水洗刷完之后（每天如此）便开始进行测绘工作。祖西今天回家了，他给我们介绍了他的一个同学，名字叫次成罗丁，该同学现在在丁青县城，什么时候赶回来还是个未知数，所以我们今天也只能先测绘一些能够得到允许进入的房间，并且重新转山来了解寺庙。孜珠寺在发展初期是没有建筑存在的，来寺庙修行的僧人都在孜珠寺的山洞里进行修炼，这些洞穴建筑至今依然存在于孜珠山上。到了后期，孜珠寺的僧人才开始在山上修建寺庙，起初这些寺庙建筑都是由一栋或几栋建筑构成，其中心是能够满足他们日常修行用的大殿。待寺院发展到一定形制后，逐渐开始分支细化，形成若干个内部的建筑组群——扎仓，而每个扎仓建筑群的组织是以扎仓大殿为中心发散展开的。每个扎仓是一个完整的组织，又以每个扎仓为单位按照一定的拓扑关系发展形成了现在的寺庙布局。由于地形的限制，孜珠寺建筑中没有院落围合的复杂建筑，并且孜珠寺的发展形制也没有格鲁派主要寺庙那么恢宏大气，在建筑装饰与室内彩画上亦是如此。

在岁月的漫长进程中，孜珠寺的建筑群体布局逐渐产生了自身的特点，它不可能像其他修建在平地上的寺庙一样能够形成“细胞核”式的点式向心布局形式，而是由于山地的特殊性形成了呈长条形带状分布的自由发散布局形式（图 23）。所有等级高的建筑大都排列在同一高程平面上，并且处于孜珠寺建筑群的最高处。所有僧舍无论属于哪个学院都汇集成一片，沿着山上仅有的可利用的空间零散地分布在以高等级建筑为核心的山坡处。这星星点点的如罗盘一样随意布置的僧舍恰巧从建筑美学的角度为孜珠寺建筑平添了一种活力，充分展现了山地建筑的魅力。也是因为建筑用地的局限性，孜珠寺并不能够在建筑群体布置上有很完整的规划，这样就会使孜珠寺失去某种“威严”感，正因为孜珠寺没有这层威严感，才能够以一个比较“谦虚”的姿态呈现在所有虔诚的朝拜者面前。

这几天我们一直都在等次成罗丁回来，中饭和晚饭都是在工地上和工友们一起吃的，虽然吃的是大锅饭，但是能够在这样的环境下有口热饭吃已经很知足了。来到这边明显地感觉到寺院方不是很配合，一件事情总要拖上好多天才能办完，我们的心中也比较焦虑，因为时间在分分钟地过去，而我们的新翻译次成罗丁还是没有回到寺庙。山上海拔很高，天气好的时候，我们登山远眺，各种风光尽收眼底，天气不好的时候，下雨是很正常的事情，有的时候还夹杂着冰雹，我们在山上一般都穿秋装，因为山上阴雨的时候真的好冷。

8月4日（孜珠寺测绘辨明学院）

今天早晨起床后给次成罗丁打了个电话，得知他终于回到寺庙了，我们约定了一个时间碰面。见面后我们简单地聊了一下，次成罗丁是初中毕业后来寺庙这边做僧人的，因此普通的交流并没有任何问题，但是涉及一些宗教的专用术语和知识的时候，他也就比较含糊。他上午要上课，所以只能下午陪我们测量，这样我们上午就决定先画一下这几天测绘的图纸。山上这边电压不是很稳定，时常断电，因为没带适配器，所以我也不敢轻易地开电脑。次成罗丁也才17岁出头的样子，小孩子比较贪玩，所以我们测绘工作也不是很顺利，再加上这几天几乎天天都在下雨，也给我们的测绘工作带来了许多的麻烦，因为这边的建筑基本上都在山上，下雨山路比较湿滑，不是很好走。孜珠寺有专门学习经文的学院，即辨明学院（图24）。我们今天对辨明学院进行了测绘。在辨明学院修行的僧人一般要在这里学习12年左右，

图２３：孜珠寺长条形布局

图２４：辨明学院

图 25：辨经处

之后要通过考试取得格西学位（相当于大学本科），之后可以选择在院里任职，或者去其他分院里担任堪布这一职位。辨明学院的学习是一个漫长而艰苦的过程，在这里学习的僧人每天都要学习经文，在不断的学习中慢慢积累自己的知识，这需要僧人具有极大的毅力才能坚持下来。辨明学院现任堪布是登巴。

辨明学院有自己的经堂和辨经场所，整体平面呈长方形，大门开在南面，由这里进去就是辨经场地（室内辨经）（图 25），在正对大门右侧，也就是建筑的西南方向有两扇雕刻精美的大门，打开大门便是辨明学院的经堂。此经堂比较新，地面铺装地板，墙面粉刷红漆，柱子与柱头上都有精美的雕刻。建筑的东侧另辟一门（图 26），这里主要是僧人休息和上课的地方，分为上下两层，一进门就能看到在门的左手边有一较陡的木制楼梯直通二层，整体空间成回字形，回字形的中间是天井，主要用来解决采光的问题，周边由僧舍环绕（图 27）。

辨明学院位于孜珠寺第二峰，南面为还未建成的钢筋混凝土建筑，该建筑为食堂与办公为主的三层用房；东面与主路连接；西面为未建成的钢筋混凝土三层佛殿。辨明学院占地面积 831 m^2，建筑面积为 1517 m^2。辨明学院整体为两层，高度为 6.9 m，建筑平面并不规整。辨明学院一层功能主要以经堂、辩经室和僧舍为主，二层主要是以僧舍为主。辨明学院的出入口分为南入口与东入口两个。南面主入口为经堂与辩经室的出入口，一层经堂与辩经室的室内地面比同层僧舍的室内地面要低 1.2 m，孜珠寺的辩经室之所以会设置在室内是由用地方面的局限性造成的。辩经室面积 113 m^2，开九进二，开间 23 m，进深 4.8 m，内部由 20 根柱子支撑。辩经室西南面

图26：经堂入口

图27：天井

为进入经堂的大门，经堂面积 249 m^2，开六进六，由 25 根方柱支撑，经堂尽端两进为供奉苯教佛像的佛台，因为佛像的尺度一般比较大，而且佛台也要有一定的高度，一般在 1.2~1.5 m 之间，一层高度很难满足要求，为了解决高度问题，在设计上最后两进柱子直接连通至二层屋顶，这样既解决了佛像放置的问题，又可以利用上层侧面连接二层内廊的窗户，增加经堂的室内自然采光，并解决通风问题。

辨明学院东门为僧舍的出入口。僧舍面积 466 m^2，进入大门便能看到位于大门左侧的连接二层平面的藏式楼梯，该楼梯为木质楼梯，净宽 1.3 m，楼梯右侧为进入一层平面的廊道。一层僧舍整体呈“回”字形，回字形内圈为中庭，外圈为僧舍。中庭由 16 根柱子围成，中庭顶盖采用小跨度网架结构，网架上面再铺一层 PVE 薄膜，这样既能够减轻屋顶重量，又能够满足室内采光的需要。僧舍平面布局为方形或长方形，一层僧舍 12 间，每间僧舍大概有 2~3 名僧人居住。辨明学院二层主要由僧舍、厨房和书房组成，其中僧舍分为普通僧人僧舍、格西僧舍和堪布僧舍。普通僧舍只能够满足日常修习之用，室内面积一般为 16 m^2 左右，且为一间多人居住；格西僧舍为一单套室，室内面积为 32 m^2，且分为内外两间，内间为休息室，面积为 10 m^2，外间为起居室，面积为 22 m^2；堪布僧舍更加舒适，面积为 75 m^2，设有专门的接待室，面积为 35 m^2，主要是接待前来孜珠山上请堪布进行佛事活动的当地居民。如果有上级的工作组来寺庙检查工作，那就要到扎仓学院二楼专门的接待室进行各项工作。辨明学院二层厨房比较小，面积为 19.6 m^2，该厨房是专门为格西与堪布设立的。辨明学院书房面积为 64 m^2，主要存放苯教的典籍与教义。

辨明学院建筑主体颜色由白、红、蓝、黄这四种颜色构成，白色大面积地用于墙体，红色应用于女儿墙及梁柱处（图 28），蓝色用于窗框处（图 29），黄色应用于屋顶金轮处（图 30）。辨明学院辩经室与经堂内部装饰华丽，笔者在调研期间，碰上经堂内部正在锻造佛像。经堂四周墙壁绘有苯教寓意的佛像及壁画，现在苯教寺庙内部墙面有两种做法，第一种就像辨明学院这样请来当地的画师将墙壁画满彩画；第二种做法是将墙壁四周用印有苯教佛像经典的贴画将墙壁贴满，这种做法一般应用于规模比较小的寺庙。随着历史的更迭交错，有些寺庙墙壁上的贴画已经泛黄。辩经室内部铺木质地板，地板上面再铺一层红色的地毯，僧人进入辩经室之前都要将鞋子脱在门外，并且将鞋子整齐地摆好。辨明学院窗套颜色为蓝色，其内部窗框为木质传统窗框做法，但窗户没有藏式传统建筑的窗楣处理。红色的女儿墙使用传统的边玛草墙制作，女儿墙边角处放置象征寺庙建筑的金色经幢（图 31）。

图 28：辨明学院墙体

图 29：辨明学院窗户

图 30：屋顶金轮

图 31：屋顶经幢

傍晚的时候下起了大雨，起初雨下得比较小，再后来逐渐大了起来。山上海拔很高缺氧严重，加上下雨的时候山上的雾气很重，缺氧情况更严重，后来随着雾气的加重和狂风的卷席就下起了豆大的冰雹，我是第一次经历这种极端的天气，但是这边的工友们就明显感觉平静很多。我们在工地吃过饭就回到住处看书和画图，山上每周只有三天有电，如果风大还会经常断电，所以我们十分珍惜有电的时光，抓紧时间画图。

8 月 5 日（孜珠寺调研）

早晨起床后，我们到工地洗刷，之后在住处画图。快到中午的时候，辨明学院的堪布登巴让次成罗丁喊我们过去为我们讲解一下苯教的基本教义与佛法，之前我们对苯教的了解也不是很多，所以我们也只能提一些浅层的问题。因为堪布不会汉语，所以我们交流的时候都是由次成罗丁负责翻译工作。次成罗丁来寺庙只不过才一年，故有些问题他也不是很清楚，总的来讲这次的交流不是很理想。快结束的时候，堪布告知我们今天下午中央台有摄制组来寺庙这边拍摄短片，我们住的地方要暂时腾出来给他们用，并且次成罗丁也要先过去配合他们的工作，也就是说在摄制组拍摄短片的这几天，我们又要自己来解决测绘的问题了。

堪布后来把我们安排到了山上的一个僧舍里。我们住在僧舍的厨房，并且是三个人睡（其中一个是藏族人），这里要解释一下，在这里除了僧人每人有一张单人床外，我们都是睡在藏式沙发上的。晚上更让人难以入睡，首先是我们睡袋上盖的被子很潮湿，而且很脏，气味更是难闻，虽然有睡袋，但我这次带的是抓绒睡袋，根本起不了太大的作用，没过多久我便被跳蚤咬了，到了深夜老鼠在我们周围乱转，有的时候在头顶房梁上面，时不时地把房梁上的石子沙砾掉落到我们身上，由于很长时间没见到人的缘故，更有甚者直接跳落到我们身上，总之这一夜我们基本上就没怎么睡。

8月6日（短暂下山）

今天起床之后，我们就把昨天住过的房子进行了测绘。测绘完毕后，我们带上相机到孜珠寺对面的山上对寺庙进行拍摄，我们的翻译7号要休息，所以测绘工作又要靠我们自己想办法。中午吃饭的时候，听工头讲下午有车子去沙场拉沙，要是我们下山的话，可以把我们送到桑多电站那里，然后我们再在桑多电站等去丁青县的车子。因为我们也有半个多月没有洗过澡了，商量后决定吃过中饭就跟拉沙的大车下山，因为工头他们也要下山，所以我们只能站在车的斗子里，用双手抓紧车边。山路很险，到桑多电站时，我才发现我的左手已经磨出了一个血泡。在电站等了一会儿，我们便拦到了去县城的车子，一番讨价还价后，便朝着县城驶去。下午到了县城后，我们找了一家旅馆，这家旅馆是工头介绍的，环境不错。我们下面的工作就是洗澡、洗衣服，把一切能洗的都洗了一遍。晚上躺在床上的一瞬间，我感到非常舒服，可能是很长时间没睡到这么柔软的床了吧，没几分钟就酣然入睡了。

8月7日（丁青寺调研）

早晨起来吃过饭，我们便从宾馆徒步来到了丁青寺。丁青寺（图32）整体建筑也是建在山坡上，规模比较大。丁青寺位于昌都地区丁青县城关镇西北800m处，是由琼波·西绕江村创建于公元1061年，主供佛为本·顿巴辛饶，属于藏传佛教本波教寺庙。该寺庙鼎盛时期在寺僧人多达150人，“文革”时期寺庙内的大部分文物被毁，1985年经丁青县人民政府批准修复并为其颁发了《宗教活动场所登记证》。该寺定编僧人为60名，寺庙民管会由1名主任、2名副主任、2名委员组成，下设佛事组、治保组、政治学习组、文物保护组、财务管理组等5个职能小组。该寺的经济来源除平时僧人外出化缘和群众布施外，还在县城内有出租房，寺庙收入较为可观，“以寺养寺”能力较强。在活佛旺雍仲丹白坚赞主持时，寺庙曾遭藏兵火焚，其后重建，现存主体建筑由大殿（图33）、欧孜拉康组成，为土石结构、藏式平顶，占地面积约6万m^2。大殿面向东南，高2层，经堂开九进七，其中4长柱托起天窗，主供108座塔，木质，高0.4 m，又供灵塔4座，木质，高约3 m。壁画绘苯教护法神、

图 32：丁青寺

图 33：丁青寺大殿

坛城等。二层设珠拉康 2 个。欧孜拉康位于大殿北侧，门向东，高 2 层。底层主供西绕朗杰，另供灵塔 6 座，二层设历任住持卧室，寺庙里的文物主要为一幅唐卡。

可能是我们运气比较好，我们在寺庙遇到了从四川来这里学习佛法的根甲顶增，他会说汉语，现在在丁青寺内明学院修行学习，他的汉语讲得不错。我们去的时候恰巧赶上他们的一个大如来法会，于是我们便用相机拍摄了法会的大部分过程，我们也了解到，苯教有八字、九字、十三字真言，苯教没有六字真言。从根甲顶增那里我们了解到，之前丁青寺建造在山上，不知道什么原因有一段时间整个寺庙搬迁到山下的村庄，之后又搬回了山上，由于丁青寺的活佛去那曲地区传播佛法，现在不在寺庙里，所以具体有关这部分的历史我们了解得也不是很详细。我们后来在根甲顶增的陪同下，对他的老师进行了一些采访，也有不少的发现，比如同样是内明学院，孜珠寺只要修行 3 年，而丁青寺要修行 4 年，多的那一年丁青寺的僧人是要进行闭关修炼的。丁青寺这边可以帮助亡者念渡亡经。

从根甲顶增那里了解到丁青寺的发展大致分为两个时期：第一个时期是寺庙建在丁青村内，丁青村内的寺庙现已弃用（图 34）。第二个发展时期就是形成了现在的丁青寺，由于各种历史原因寺庙整体搬迁到了距离丁青村不远的一座山坡上面，且一直发展到如今。丁青寺可谓依山而建，山地建筑的特点比较明显，坐北朝南，由南向北顺应山坡走势逐渐升高。寺庙建筑较规整，在距寺庙北 200m 处有一个堆满了苯教经文的玛尼石堆，石堆东侧是一条直通寺庙的主路（图 35），寺庙建筑以该路为中心呈东西向发散布置。寺庙大部分建筑为土木结构，建筑层数多为 2 ~ 3 层。寺庙内部装饰华丽（图 36）。现在主持寺庙的活佛为丁青寺第 27 代活佛俄色金巴·江措罗布，丁青寺的教育制度主要分为四个学院，即扎仓学院、辨明学院、内明学院与禅修学院。笔者在丁青寺调研期间正逢寺庙里举行“普明大如来”法会（图 37），为期一周。在此期间，寺里的僧众用糌粑制成的祭品来进行供奉，法会于最后一天中午结束。

告别了根甲顶增之后，我们下山直接到了他们所说的那个村子。进入村子不一会，一座规模比较雄伟的生土建筑遗址展现在我们的面前，高大的墙垣，厚重的墙壁，三角形的窗洞，无一处不是在提醒我们它的重要性。该建筑的外墙为生土夯筑，外墙立面很高，在一层墙洞上开三角形窗洞，洞内有木质的三角形窗套，该三角形窗的用途为防御之用，这在藏族聚居区的其他地方尤其是藏东的三岩地区最为突出，因为开窗洞口很小，故建筑之外的人看不到建筑内部人的活动，而建筑之内的人却能清楚地看到外面的一举一动。刚开始我们以为该建筑为当地贵族建筑遗址，等我们进入建筑的内部我们才发现，不论从内部空间，还是从建筑装饰上来看，它都像是一座寺庙建筑的遗址，从梁柱的雕刻还有门窗装饰以及建筑形式上来看，我们可以推测当时这座寺庙一定是非常宏伟富丽。它的前面是一圈成 U 字形排列的二层房

图 34：丁青村内的丁青寺

图 35：寺庙主路

图 36：丁青寺内部装饰

图 37：法会

图 38：旧丁青寺遗址

屋，估计是僧侣们休息的地方，房屋自然地围成了一个中心广场，广场应该是僧侣们辩经的地方。广场之后就是经堂和大殿了，虽然现在只剩下残垣断壁，但从那些雕刻精美的建筑细部中，不难推测它辉煌时候的荣耀，顿时感觉这应该就是我们要找寻的旧丁青寺遗址（图 38）。

今天工作强度很大，我们全天都是徒步行进的，幸运的是我们的调研很成功，虽然很累但是成果满满。从村里走回县城已经很晚了，回县城后我们便找地方吃饭，之后我们就回旅馆休息了。

8 月 8 日（丁青返孜珠寺）

今天主要就是从丁青县城往孜珠寺赶路，我们早晨吃过早饭便包车去了桑多电站，在那里等上山的车子，我们跟次成罗丁约好了明天测绘。

8 月 9 日（孜珠寺调研）

今天我们主要对山上那座层数最高的僧舍建筑进行测绘，这座建筑整体依山而

建，建筑材料主要是泥浆和木材，有些地方用藤条编织起龙骨，然后附上泥浆。我们在测绘的时候发现山上有很多洞穴，听次成罗丁讲这些洞穴以前是僧人们的修行洞，也就是说很久以前寺里的僧人都是在洞穴居住的，后来才发展为现在的山地建筑。据次成罗丁口述，近几年有一位苯教大师在山洞修行了 14 年之久，在修行期间很少吃喝，最后修得正果。次成罗丁讲起初他也不相信这个事情，但是在他小的时候，家乡有一次大旱，乡里人请这位高僧来求雨，结果不一会雨便从天而降，这件事情使次成罗丁相信了修炼的重要性。当然我们是相信科学的，对这件事情还是持怀疑态度。我们测绘工作基本上都是在山上进行的，从住处到测绘的地方都要爬山，加上这边的海拔很高，因此我们一天也测绘不了多少建筑，毕竟体力有限，况且正常人能适应的最高海拔也就在 5000 m 左右，要想上更高的海拔，必须经过特殊的训练才可以，所以登珠峰的人必须要到珠峰学校进行专项的体能强化培训，不然会有生命危险。

8 月 10—11 日（孜珠寺采访佳美活佛）

这几天我们一直在测绘，当测绘到加美活佛（42 代活佛）住所的时候，我们从加美活佛那里了解到不少相关的苯教知识（图 39）。加美活佛首先是一位高僧转世的活佛，25 岁之前在乡里担任会计一职，25 岁之后到寺庙里出家，现年 56 岁。据他讲，他上山的那段时期赶上“文革”的烽火卷席整个藏族聚居区，在这段时期里，不光是寺庙建筑遭受到了严重的破坏，就连丁青县城的某些村庄也未能幸免，孜珠寺现存的建筑基本上都是他们在“文革”后重新修建的，修建寺庙的经费主要来自广大的信徒。加美活佛还讲述了莲花生大师的传说，莲花生大师的父亲真巴南卡和他的母亲因为种种原因最后分道扬镳，因为他的母亲是印度人，所以就带着年幼的莲花生大师回到了印度，父亲真巴南卡大师带着他的哥哥次仁沃增在西藏这边修行，因为他的父母都是修行之人，所以都有一定的法力，那自然他和他的哥哥在出生的时候就能继承这种力量，有一天他的母亲应邀去参加一次比较大的法会活动，因为带着莲花生大师不是很方便，于是想把他交由他人暂为抚养，但他们居住的地方人烟实在太少，出于无奈，他的母亲只好带着莲花生大师一起去法会，就在他们行进的路上，他的母亲偶然发现湖边有一处盛开的莲花，于是灵机一动，便把莲花生大师放到了莲花里，自己飞速赶往法会现场。就这样过了几天之后，印度的一位国王在散步的时候偶然经过此湖，听到有孩子啼哭的声音，便寻着声音而来，最终发现

图 39：加美活佛住所

了在莲花里的莲花生大师，就并把他抱回了王宫，因为不知道小孩子的名字，所以就根据发现他的地方，给他取名为“莲花生”。因为当时王宫里有很多法师，他们说这个不知来历的孩子可能会给整个国家带来灾祸，集体抗议并要处置他，国王出于无奈，只能向法师们低头，于是他们把莲花生大师放在了火堆里准备烧死他，不料当把大师放到火堆的时候，火堆里熊熊燃烧的火焰立刻熄灭，然后他们又把大师放到了盛满沸水的锅中，但当把大师放入锅中的时候，沸腾的水马上变得冷却，不论锅底加多大的火焰，水始终烧不开，经过这两件事情之后，人们开始逐渐地崇拜起莲花生大师，认为他是上天送来的救苦救难的菩萨，这所有的一切都是佛的旨意，后来国王就收养了莲花生大师，并把他送到了当时名望最高的高僧那里研习佛法教义。莲花生大师长大后便开始宣扬佛法，并且为佛教传入藏族聚居区作出了杰出的贡献。

8月12—14日（孜珠寺匝尕）

这几天，巧遇四川艺术学院教授唐·格桑益希前来孜珠寺调研。唐教授主要是针对孜珠寺的匝尕进行了一系列的研究，唐教授在其《藏族美术史》中对匝尕的说法是："孜各利画卡是一种宗教绘画的微型袖珍画片，一般长宽 10 至 20 cm（图40）。最常见的是条幅形，也有方形。因其小，故不能用锦缎装裱，仅在画边四周绘以红色或红黄两色的边框。匝尕画多描绘各种神灵、佛、菩萨、护法的独幅肖像，有立姿、坐姿等造型。有时也画一些诸如佛塔、吉祥图徽之类的神器、法器或宗教图案。孜各利画因其画幅较小，故画风技艺精细入微，绘制技法如同唐卡，敷色鲜艳浓烈，线条勾勒精到，描金勾银的技艺更使画面锦上添花。孜各利画多作为寺或家中供奉、观赏收藏珍品，以作讲解佛经意义之图示。在形式上，类似于我国汉地小品画；在表现题材上，类似于唐卡；在表现技巧上，类似于阿拉伯细密画。"匝尕不同于一般的唐卡，我们可以把匝尕理解为缩小了的唐卡，但它又不是唐卡，匝尕的形制要比唐卡小，一般的尺寸为 60 mm × 80 mm，以方形、圆形、条幅形和圆形居多，笔者在孜珠寺看到的匝尕以方形为主。在使用上，匝尕多为苦修僧人使用居多，且成套出现，携带方便，流动性强。而唐卡主要以供养及装饰功能为主，一般固定在居室内的某一特定地点，流动性差；在保存方式上，匝尕大都保存在用锦缎装裱精致的噶乌盒里，更容易存放，一般将匝尕先用红布包好，然后再将包好的匝尕放

图 40：孜珠寺匝尕示意

入特制的夹经板内，这样匝尕就不会因为存放不当而遭到人为的毁坏。孜珠寺的匝尕就是用此方法保存的。而唐卡一般都被卷起来保存。

匝尕是一种具备独特功能的微小型宗教绘画。它一般流传于修行的僧人内部，反映的是僧人修习密宗的各种法度，且不示众传播，仅由师傅传授给弟子。苯教匝尕从不同的侧面反映了某一时期藏族人民的审美标准和宗教归属。匝尕就是这一观修过程中的重要参照与观想对象，其内容是苯教所有理论最具象的表达。我国目前对匝尕的研究还属于初级阶段，这有它的局限性，因为能够将匝尕看明白的一般都是苯教的大德高僧，我们普通学者也只能从它的形制尺寸以及美学特点上来加以分析，但匝尕在美术界已经引起了一些有识之士的重视，他们已经开始从美术学的角度出发并对其艺术价值进行研究，由此匝尕的价值将逐渐被开发出来，为藏族文化的发展作贡献。

8月15—16日（孜珠寺扎仓学院）

由于在孜珠寺大部分时间都睡在这里，所以这里肯定要仔细地测量一下才行，扎仓的意思是“僧院”，扎仓是藏传佛教寺院里僧众学习的学校，孜珠寺针对丁青

图41：扎仓学院

地区老百姓生活清苦、教育落后的状况，把佛法专修系统中初级的文化和宗教课程集中到一个独立的教学机构，称作扎仓学院；中高级课程另设内明学校传授。僧众在扎仓学校的学期取决于僧人的文化基础。一般僧人通常需要在扎仓学院学习2到6年。扎仓学院现任堪布是嘎桑丁增。

图42 连廊北侧摆设

扎仓学院（图41）分为上下两层，坐北朝南，开五进六，建筑占地面积323 m^2，建筑面积586 m^2，建筑高度12 m。建筑背靠孜珠神山第二峰，南面与宽为4 m主路连接，前面没有广场，西面与拉康大殿相邻，建筑大门处设有九级踏步，一般建筑的入口处为三级踏步，满足一般的防潮需要即可，而扎仓学院选择九级踏步是因为整个扎仓学院修建在半山坡上，为了能够让室内地坪在进深方面处于同一水平高度，故处于下坡处建筑入口的地方要把高度升高。

进入扎仓学院，可以明显看到由一道门将一层平面区分为前后两个空间，第一个空间为缓冲空间，该间的进深为6.3 m，层高为4 m，由四根漆成红色的柱子并排撑起，柱子之间的间距为3.3 m，柱头处绘有精美的彩画，地面为简单的水泥地，四周墙体为彩绘的苯教经典故事，通往二层的L形楼梯布置在最西端。第二进空间为经堂，进深为12.7 m，开间与第一进空间相同，为16 m，整个经堂由10根柱子分为五开间四进深，柱子呈“口”字形围合，口字形内部为2层通高中庭，且直接连通至屋顶，高9.5 m，口字形外部与墙体形成回字形交通空间的连廊，建筑高度为4 m，连廊最北边摆放苯教的坛城和三尊苯教佛祖像（图42）。因为经堂现在还处于内部装修期间，故一般不开放，每天都有僧人在固定的时间段内前来念经打坐。

扎仓学院的二层主要以办公及接待为主，往来于孜珠寺的工作组一般都在此开会工作。办公室开间为9.3m，进深6m，层高为3m。办公室为无柱空间，内部装饰没有经堂华丽，为水泥地面。办公室北面为佛龛室，佛龛室内部供奉很多苯教佛像，每逢藏历节日的时候，会有很多专门前来朝拜供奉的信徒。

扎仓学院主体为钢筋混凝土框架结构，梁下墙体采用空心砖堆砌，这样相对传统的夯土墙建筑来讲，可以减少墙体的厚度和施工的周期。扎仓学院立面墙体无明显收分，外墙采用饰面砖贴面。门窗材料均为现代材料，大门为铁门，窗户为铝合金窗。可以说扎仓学院的建筑已经完全采用了现代建筑的营建手段，对木材的需求大量减少。这种将现代建筑技术应用于寺庙建筑之中的手法在笔者走访过的苯教寺庙中普遍流行。既然采用了现代建筑的手段来进行营造，那么怎样来体现寺庙建筑的特点呢？这就要从建筑的装饰来分析。

扎仓学院经堂内部装饰非常精美，地面由木板铺装，经堂内墙壁的装饰与首层第一进空间相同，都是由藏地传统的颜料直接在墙面上绘制而成的带有苯教典籍及故事的彩画。除了墙壁直接用彩绘处理，经堂内部其他装饰都是木工活，在这里工作的木匠首先要对柱子和梁的尺寸进行截面测量，然后再根据测量的尺寸将木材雕

图 43：柱头装饰

刻成各种苯教图案将柱子及梁进行包裹，在包裹的时候要对柱子及梁进行清理，然后用胶将雕刻好的板材固定于柱子或梁础，最后一道工序是对雕刻的图案及佛像进行彩绘工作，整个工序看似简单，但实际操作过程中会时常考究工匠的耐心，据在这里工作的藏族木匠师傅介绍，他和他弟弟在山上已经工作了 3 年之久（图 43）。

扎仓学院的窗户外框采用木材包框，木框内装铝合金窗户，窗户外悬挂传统藏式窗帘，这样对铝合金窗户的遮盖使人们难以看出不协调感。建筑顶部处理仿照藏式传统寺庙屋顶做法，将女儿墙粉刷成红色，然后加上寺庙建筑特有的金色屋顶及经幢。

8 月 17—18 日（孜珠寺内明学院）

当孜珠寺的僧人在扎仓学院结业后，他可以选择到内明学院（图 44）深造。内明学院除了教授佛学之外，还有历史、星相、地理、哲学、诗学、医学，这种结构全面的系统教育帮助专修者建立更加全面扎实的认知基础，便于在对苯教佛法的研习中取得更好的成果。

僧人在内明学院一般要学习 3~4 年的时间，第一年主要学习“前行”，前行分为外加行和内加行，之后要修行“瀑龙”，然后再继续修行“寻心”；第二年主要修行大圆满；第三年和第四年主要学习“扎龙”[1]。

内明学院主要修行“扎龙”，主要是为了能够控制自身的呼吸节奏，通过不断的修习使自己闭气的时间延长。扎龙一般分为三个阶段，第一个阶段通过控制自己的呼吸能够闭气四十至五十秒为宜；第二个阶段要先闭气，然后在闭气的过程中身体要不断地练习各种苯教动作，这个过程是非常痛苦的；第三个阶段便是考核，考核期一般选在藏历正月最为寒冷的时候，在考核期间，所有考生都被关在内明学院的大殿内，他们盘腿而坐，运用自己所学的知识来调节呼吸的节奏和频率，这个过程要保持一周，在此期间内不得进食。一周过后他们将赤裸上身，身上披一块事先准备好的干布，他们要做的就是运用自己的内力将干布变湿（一般很少僧人能够完成此项考核），然后将再次赤裸上身来到室外，考官将用于考核的湿布披在他们身上，他们要运用自身所产生的热量使湿布变干。据说有的僧人能连续使七块湿布变干。因为扎龙比较难学，所以每年参加并通过考核的僧人只有几个。

内明学院位于孜珠寺第一峰以南，从扎仓学院步行至此大概需要 15 分钟的时间。

1 “扎龙”是一种气功，孜珠寺内明学院开设此课程。

图 44：内明学院

图 45：内明学院外景

建筑占地面积 225.6 m^2，建筑面积为 379 m^2。内明学院在选址上，远离建筑主体，整体建筑平面呈 U 字形排布，建筑主体两层，高 7.2 m，东西有高一层的厢房连接，两边有围墙环绕，建筑主体前是正方形广场，广场中间有一香炉，香炉前由一道矮

墙连接东西围墙，矮墙修建在山坡处，站在广场有极佳的视野（图 45、图 46）。

内明学院首层平面以经堂为中心展开，经堂面积 63 m^2。经堂两边为僧舍，分为东西两对称部分，东西僧舍相互不连通，有单独的出入口。为了突出经堂的重要性，僧舍平面按照两开间为一个单元，每个单元逐次向后缩进 1 m，经堂首层高度为 3.4 m，两边僧舍高度为 2.8 m，共 6 间僧舍，开间为 2.4 m。东西僧舍的楼梯设置在靠近经堂的两侧。二层平面形制与首层平面基本相似，都是以经堂为中心展开的，只是僧舍的布局在平面上发生了些许变化。

内明学院的建筑采用传统的藏式夯土墙建筑手法，这种建筑的特点是采用藏地特有的建筑材料进行建造，极具地域性特点。在建造时首先要对建筑材料进行选择，一般的建筑外墙材料为素土和砾石，素土和砾石砌筑的墙体为承重墙，建筑内部的结构由木梁柱来支撑，整个建筑的荷载由外墙与梁柱共同承载。素土墙有两种制作方法，第一种是将素土通过模板等工具制作成夯土墙，夯土墙的厚度比较大，一般可以做到 0.8~1.5 m，并且按照建筑的层数逐层收分，收分尺寸一般没有具体规定，按照施工人员目测为准。这里值得注意的是，收分的时候只有外墙进行收分，建筑的内墙是不进行收分的。夯土墙的基础部分填充尺寸较大的砾石作为垫层，这样既可以在夯筑的过程中使基础不会因为荷载过大而产生变形，又可以通过不断的夯筑增加建筑整体的稳定性。在遇到门窗的时候，根据门窗建造的时间来确定安装顺序，因为门窗也是由木材制作的，故加工也需要很长时间，如果门窗的制作晚于建筑，那么就要先确定门窗洞口的尺寸，对门窗位置进行预留，然后用一根木过梁担在洞口两边墙体上，其下安装门窗，过梁长度要宽于洞口尺寸，待门窗做好后继续进行夯筑；如果门窗在建筑主体夯筑时早已做好，那么就把成套的门窗安装在门窗洞口处，再用夯土等材料进行填充压实。通常第一种做法在窗洞交接处没有第二种做法密实。

素土的第二种用法是将素土做成砌块砖，这种做法在实际操作过程中相对简单，在建造主体时只需要将事先准备好的砌块砖一层层砌好即可。砌块的尺寸是标准的模数化，尺寸为 0.15 m × 0.2 m × 0.4 m，故使用素土砌块砖砌成的墙体一般没有收分。素土砌块的优点是节省施工时间，不足之处是整体性和稳定性差，一般等级比较高的建筑不会选择此方法。

相对于夯土墙建筑而言，砾石砌筑的建筑在昌都地区同样有一定的影响力，一般以民居建筑较多，寺庙建筑不是很常见，下面就简单介绍一下砾石建筑的特点。相对于夯土墙，砾石砌筑的建筑墙体抗雨水冲刷能力要有明显优势，施工程序相对

图 46：内明学院建筑局部

图 47：内明学院屋顶装饰

要简单很多，且建造周期短，但取材比较困难。砾石石块的厚度一般为 0.6m，砌筑手法比较灵活，有的将原始材料进行打磨成型之后再进行堆砌，有的将未经任何处理的砾石直接堆砌。而在用方形砾石砌筑房屋时，先将处理好的较大的砾石进行垒砌，这种砌筑方法和汉地砖砌体结构的砌筑有些类似，不同的是，砌筑用的砾石均尺寸规则各异，在砌筑过程中需要进行仔细挑选，进而保证建筑整体具有较高的稳定性。

木材的应用在藏式传统建筑中非常普遍，包括建筑的门、窗与梁柱等构件都是由木材加工而成的。木构架是支撑建筑内部的主要结构体系，柱子一般分为圆柱与方柱两种，且方柱比较常用。在内明学院内部，僧舍大都采用圆柱，经堂一律用方柱，并且方柱自下而上逐渐收分，这种手法类似于汉地建筑梭柱的方法。柱子由下而上分为柱身、柱头、替木和长弓，藏式建筑柱子一层柱子的柱础处理与汉地柱础的处理方式不同，它是做法是将柱础石直接与地面齐平。柱子上方承载主梁，在与墙体交接的地方，主梁的一端梁头插入墙体内，另一端搭在柱子的长弓中间处，然后再与另一根主梁拼接。主梁的上方为密肋梁，密肋梁上再铺楼板，就这样由柱子、主梁、密肋梁这三大要素构成了藏式传统建筑的内部结构体系。这种建筑体系制被沿用至今。

苯教的三重宇宙观将世界用颜色来象征：白色象征太空，黄色象征空气，红色代表地面，蓝色或黑色代表地下。这种色彩后来被应用于建筑装饰上，并在人们心中慢慢地形成了一种思维定式，如白色代表纯洁与慈祥，黄色代表兴旺和繁盛，红色代表权力，黑色代表威猛，蓝色代表神秘。内明学院建筑外立面的颜色主要由红、白和黄三种颜色构成。突出的经堂整体粉刷为红色，东西僧舍及附属房间统一粉刷为乳白色，建筑的女儿墙采用红色粉刷，内明学院建筑的女儿墙是直接用夯土墙夯筑的，并没有使用边玛草墙。女儿墙之上就是经堂的金黄色大屋顶，与之配合的是屋顶前面的金黄色法轮与经幢（图 47）。建筑立面的门窗除了经堂的窗户采用的是铝合金材料外，其余的窗户都是木制窗扇，但建造的年代都不长。内明学院一层地面采用木板铺砌，僧舍内部设施比较简单，僧舍的墙面为乳白色。经堂装饰比较精美，经堂整体颜色为红色，梁柱雕刻精美，经堂的顶部用三合板平铺。内明学院二层装饰与一层相似，屋顶为素土夯实。

8 月 19—20 日（孜珠寺禅修学院）

禅修学院是通过禅坐观修，把之前所学所思“修”出来，使之逐渐融入自己的生活，变成自己的必然组成部分。禅修是佛法修行最为深奥的部分，尤其孜珠寺修行的大圆满传承，普通人难以理解和想象。禅修是没有止境的，它是僧人们修行终生的功课，它的目标是证得涅槃空性。

禅修学院（图 48、图 49）位于孜珠寺第三峰山腰处，整体建筑顺应山势，坐北朝南，东边紧邻第一条转山路，南面视野开阔，西面与佳美活佛住所毗邻，北面依靠孜珠神山。从建筑的角度来分析，禅修学院在上述几个学院中最能体现山地建筑的特色。

禅修学院占地面积 192 m^2，总建筑面积 415 m^2。建筑分为上下两层，一层分为东西两个经堂，在使用上主要以西面经堂为主。西面经堂主要由 6 根柱子支撑，使用面积为 60 m^2，东面经堂由 4 根柱子支撑，经堂内北面墙体为自然山体。禅修学院东西两经堂由中间的交通空间分隔，通往二层的楼梯设置在最北面且比较简陋。进入二层会发现二层的北面墙壁是未曾做过任何修饰的自然山体（图 50），禅修学院二层主要以居住与会客为主要功能。

图 48：禅修学院

图 49：禅修学院建筑局部

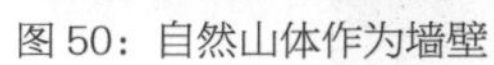

图 50：自然山体作为墙壁

禅修学院主要建筑材料为藏式传统夯土墙与木质柱梁，窗户为现代材料的铝合金窗户（图 51），建筑室内连接山体的部分没有做任何防潮处理，导致二层室内空间潮气很大，建筑连接山体处的梁柱搭接手法比较随意，只能满足基本的结构功能，东西两侧主要墙体与山体交界处直接用夯土压实。禅修学院的屋顶层采用现代防水

图 51： 窗户

图 52：禅修学院屋顶

图 53：室内装饰

卷材做防水处理（图 52），这种做法与扎仓学院的屋顶防水处理相同。传统藏式寺庙屋顶的防水处理为在梁上面铺设飞子木，飞子木上面铺设 5 cm 厚的栈木，栈木上面再铺设 8 cm 厚的鹅卵石，鹅卵石上铺 4 cm 厚的黄泥土，黄泥土上再铺设 23 cm 厚的阿嘎土，阿嘎土上面涂清油保护面层，并且每年至少要对屋顶做一次涂油保护。

禅修学院整体颜色由红、黄、白三种颜色构成，南面墙体整面粉刷为红色，在建筑收头处理上，采用一道粉刷为白色的颜色色块将红色的女儿墙与墙体分开。东西两面墙体粉刷为白色。建筑一层内部地面铺设木板，经堂内柱梁整体均粉刷为红色，然后采用传统处理手法将柱子与梁进行彩绘，经堂屋面吊顶为刻有苯教坛城图案的木头方块拼贴而成。禅修学院二层建筑的装饰与一层基本相似（图 53）。

8 月 21—23 日（孜珠寺洞窟和修行洞）

这几天我们在寺庙里继续进行测绘工作，并不断地了解有关建筑的相关内容。同时，我们也对山上的洞穴建筑进行了一定程度的测绘，毕竟洞穴建筑在不同程度上代表着寺庙建筑的历史。洞窟类建筑在我国并不陌生，其与佛教的传入是分不开的，且大多是为了满足僧人修行的需要而修建的。在汉地有甘肃的敦煌莫高窟、山西大同的云冈石窟、河南洛阳的龙门石窟和山西太原的天龙山石窟等；在藏族聚居区以藏北阿里地区的札达县与普兰县内石窟建筑群尤为著名。在远古时期，人们还没有能力进行建筑工作，于是寺庙周边山体自然形成的洞穴就很好地成了僧人们修行与避难的场所，这些洞窟的功能主要以满足僧人修行为主，且大都为自然形成的洞窟，未经太多的人工修饰。这些洞窟分布在孜珠神山的山脚、山腰等处，且沿着山体的高程走势呈不规则分布状态。山洞内部空间基本都会有高差，第一层为出入洞口的交通空间，我们可以形象地理解为入洞玄关，在这一层上堆有日常的生活用品，像做饭用的材料以及干牛粪，有些洞口处我们发现已经有用石头垒成的简单的烧火做饭用的类似灶台功能的土坯，有些洞穴类似此功能的灶台却放在第二层，休息区一般在上面的几层，有的洞穴把灶台与休息区分为两个单独的洞穴，这应该属于后期经过发展之后的洞穴建筑，这些洞穴建筑在第三峰比较集中。我们这几天还对山上的其他洞穴进行了测绘与拍摄工作，比如第三峰的“牦牛洞”就是比较大的修行洞穴，现在用来圈养牦牛，所以称其为牦牛洞，我们还对第六峰上的建筑遗址进行了相关的测绘，但是有关这些建筑遗址以前的用途，我们并没有询问到相关有价值的信息。

孜珠寺的洞窟类建筑可以简单地归纳为两类：第一类为“群居式”洞窟，即有

很多僧人在一起居住生活与修行的洞窟；第二类为“独居式”洞窟，即有成就的大德高僧自行居住与修行的洞窟。

群居式洞窟大都零散地分布在孜珠山的山腰以下，以天然洞穴为主，且未经过太多的人工装饰。此类洞窟多是可以容纳很多僧人在其内部集体修行的。下面就以选址在第四峰山脚下的“牦牛洞”与选址在第三峰半山腰处的洞穴建筑为例做一下简单的分析。在到孜珠寺的山路上，我们可以轻易地发现一处位于路旁的洞窟，该洞窟就是僧人们所讲的“牦牛洞”。此洞之前是僧侣们修行的洞窟，后来随着孜珠寺的不断发展，寺内僧侣们都搬到山上修建的学院或僧舍中居住，该洞窟就自然无人问津。近几年此洞被藏族群众用作夜间圈养牦牛的地方，它的名字由此而来。该洞窟的平面布局整体呈半圆形，入口处宽度为 26 m，进深为 29 m，入口处高 14 m，洞口面向南边，且洞内宽度由南至北逐渐减少，最小宽度为 16 m，洞内高度也随着宽度的变化而降低且呈抛物线形状，洞内地平高度则呈逐渐抬高的趋势。洞窟入口处有用石头围合的简单围墙，洞内连接不同高程台地平面的石踏步也是天然山体形成的，台地的一层是圈养牦牛的地方，其他层是藏族群众生活居住的地方，洞窟的顶部已经被长期在这里居住的藏族群众生火做饭时所产生的浓烟熏成了黑色。

第二个比较有特点的洞窟建筑就是选址在第三峰多层僧舍东边不远处的洞窟，该洞窟规模形制比“牦牛洞”要小，但平面布局与地形走势比较险峻（图 54）。该洞窟从功能上来分析要比“牦牛洞”进步一些，因为前者是所有功能都分布在一个洞窟之内，而后者是由两个相邻但不连接的洞窟组成的。入口对面 4.2m 处有一道长为 2.4m 的石围墙将第一个空间划分为前后两个空间，前面空间为入口处缓冲空间，其后空间才是真正的使用空间，这种处理手法与现代住宅建筑中的“玄关”概念很相似，从这点可以看出当时居住在这里的人已经对私密空间有了一定的认识；洞窟的第二个空间位于第一个空间之上 1.8 m，且继续向洞内延伸，它的平均宽度在 3.1m 左右，该空间的主要特点是在其中部靠近洞壁处建有一小型灶台，功能应该与现在的厨房或餐厅相似，至于为什么选择将灶台安放在高处，笔者也未能得到答案；第三个空间位于第一空间的入口处北面，且与入口处那段分隔入口空间的围墙相接，该空间开间 3.5 m，进深 3.7 m，与第一个空间的高差为 3.8 m，笔者猜测该空间的功能可能与现代建筑中卧室的功能相似，因为古代人们选择住的地方首先要满足夜间躲避野兽的袭击，其次将住所选择在高处也能很好地隔离潮气。

第二个洞窟与第一个洞窟紧密相邻，进入该洞的路非常险峻，此洞洞口开间很小，

图 54：洞窟建筑

仅为 0.9 m，并且有人造的木门框将洞口框住，进入洞内可以看到其平面布局也呈半圆形，开间最宽处为 3.9 m，最高高度为 2.8 m，且高度分布由平面中心向四周逐渐降低，洞窟内不开设窗洞，只能靠入口门洞采光，故笔者分析该洞应该是僧人们闭关修行所用。

我们在采访中了解到，最近几年在孜珠寺曾经有一位僧人在该寺的某处洞窟中闭关修炼了长达 12 年之久，最后修成正果。该僧人的名字叫作南坎坚措，他在 20 岁的时候向寺里提交了苦修的申请，在得到寺庙的允许之后，于 1986 年开始在孜珠山上某洞窟进行苦修，在最初的几年之中，他除了要默想佛法真谛之外，还要修炼上文笔者提到的内明学院必须要学习的气功“扎龙”，在修炼初期他每天只吃一顿糌粑，后来慢慢减少到只吃青稞粒和少量蔬菜。待到身体逐渐地适应了环境之后，南坎坚措开始不食人间烟火，每天只靠吃 7 粒柏树果子维持生命。经过 12 年的苦修，南坎坚措相信自己已经打通了全身的脉络，他不吃东西也不再会有饥饿的感觉了。苦修是西藏所有教派中一种神秘的修炼方式，它要求修炼者要完全与外界隔离，炼苦修的僧人一般都会选择在人迹罕至的深山或荒野之中寻找合适的修炼场所，在孜珠寺就有这样一些供个人修行的洞窟类建筑，即笔者概括的独居式洞窟。

独居式洞窟大都分布在孜珠山靠近山峰的地方，它主要是某些大德高僧闭关修炼的场所。在孜珠寺这类洞窟主要以詹巴南喀大师修行洞、次旺仁增大师修行洞与莲花生大师修行洞为众人所知。独居式洞窟原始的建筑形式与群居式洞窟差不多，只是在建筑形制上要比群居式洞窟小很多，后来独居式建筑的建筑形式发生了变化，即在洞窟的外面修建建筑，使洞窟包含在建筑之内，这样修建的建筑可以用来满足日常的生活需要，洞窟就专门用来进行苦修。笔者在丁青县的昂琮寺调研期间，专门去拜访了寺庙里的一位苦修僧人，据说该僧人已经闭关 14 年之久。

图 55：詹巴南喀大师修行洞

图 56 ：次旺仁增大师修行洞修习室

（1）詹巴南喀大师修行洞

据传说，詹巴南喀大师曾经在孜珠山修行过，后来苯教僧人为了纪念这位上师而修建了詹巴南喀大师修行洞（图 55）。修行洞修建在孜珠寺的最高峰处，进入该修行洞的山路修建在洞窟的北面，且非常陡峭，修行洞的南面是悬崖峭壁，从孜珠寺山坡处远眺，可以明显地看到该修行洞就像悬浮在悬崖之上，非常有视觉冲击力。建筑主体为一层，单开单进，建筑结构由底部的 3 根直接插在山体岩石上的圆木柱子支撑，柱子上面是三根圆木梁，柱子与梁之间由铁钉固定，梁上搭接椽子，椽子之上再搭接楼板及房屋。由于掌管该房间钥匙的僧人在笔者调研期间一直在拉萨，故笔者未能进入该修行洞进行测绘工作。

（2）次旺仁增大师修行洞

次旺仁增大师为詹巴南喀大师的大儿子，次旺仁增大师修行洞在詹巴南喀大师

图 57：莲花生大师修行洞

修行洞东侧，建筑层数为 2 层，开间 7.1 m，进深 4 m。一层主要以仓库为主，分为两间，第一间由三根木柱子支撑，第二间为一个小型的修行洞，现在供奉苯教佛像；二层为厨房与修习室，二层厨房可以明显看到建筑与山的连接，并且厨房由于没有任何排烟设施，而使得厨房周边的墙体由于使用的期限久远已经明显发黑。修习室（图 56）内部墙壁用苯教壁纸贴面，梁上绘制藏式传统云纹彩画，地面用木板做简单铺设，由于该修行洞长时间无人居住，房屋略显得有些冷清，但也正是在这种环境下，才能够使得大师静下心来苦修与思考。

（3）莲花生大师修行洞

莲花生大师是藏传佛教宁玛派的创始人。莲花生大师修行洞（图 57）在次旺仁增大师修行洞的东侧，建筑整体为两层，外墙面为白色，由于没有钥匙，故也未能进行测绘。

8 月 24 日（果贡寺调研）

我们早晨起床后吃过早饭，给杨局长打了电话约定见面，进行一下工作汇报。不过杨局长最近比较忙，加上寺庙里最近发生了不少事情，所以见面后只是简单地汇报了一下工作，随后杨局长帮我们联系了一下民宗局那边的工作人员，方便我们到民宗局了解一下这边苯教寺庙的一些基本信息。到民宗局后，工作人员告诉我们寺庙问题比较敏感，不能给我们太多资料，最后经过协商之后，他们把几个苯教相关寺庙的简介打印给我们。下午我们去了果贡寺，果贡寺整体保存得比较完整，规模不是很大。从果贡寺出来后天色已晚，可以说今天的工作比较充实。

果贡寺（图 58~ 图 60）又名巴登郭吉寺，位于昌都丁青县丁青镇伯仲村西 3 km

图 58：果贡寺

图 59: 果贡寺建筑局部

图 60: 果贡寺装饰

处。寺庙周边环境优美，寺院建于明代，是由果加·益西江村于公元 1408 年创建的。寺庙大殿门向南，高三层，前廊为六柱，经堂为三十柱，其中八长柱托起天窗，主供佛为本·顿巴辛饶，信奉苯教。寺庙建于山顶，寺庙内有一定数量的待鉴定的文物古器，鼎盛时期寺庙僧人达 100 多人，在“文革”时期，寺庙内部文物古器被毁坏，

1985年经定青县人民政府批准修复，寺庙的主要经济来源除僧人平时外出化缘和群众布施外，还在县城内有属于本寺的出租房，有一定的收入，“以寺养寺”能力较强。

果贡寺整体保存得比较完整，规模中等，寺庙占地面积8426 m^2，建筑面积4313 m^2。其中扎仓学院有600多年的历史，为主要大殿，大殿前辩经广场是笔者走访过的丁青县苯教寺庙中最具规模的。果贡寺现有僧人100多，活佛2位，寺庙另有堪布1名，3位格西。在这里修行的僧人一周有六天要进行辨经活动。寺庙准备在三年内修建一座大殿，届时会开展比较大的辩经活动。笔者从调研中发现，现在果贡寺新建建筑大都为钢筋混凝土结构，这说明果贡寺正在慢慢地脱离藏式建筑的传统营建手法，取而代之的是现代建筑手法的植入。

8月25日（雍仲巴热寺调研）

早上起床吃过早饭后，我们便往雍仲巴热寺前行，走到一半的时候，我们发现了一座寺庙，因为路不一样，只能把车停在路边，徒步去那座寺庙。去寺庙了解之后，我们知道这座寺庙的名字叫马戎寺，是一座格鲁派寺庙。寺庙不是很大，但是里面的装饰非常豪华，这从一个方面可以反映出现在格鲁派寺庙的经济实力非常雄厚。简单地拍摄照片后，我们坐车继续前往雍仲巴热寺。该寺坐落在两座山峰之间，整体建筑依山而建，主要大殿是多贡大殿，现有僧人90多人，5位活佛，3位堪布，于每年的藏历十月二十九日举行跳神法会。该寺庙有苯教最大的玛尼石堆，我们也对其进行了拍摄。这里刚好有一位从日喀则过来工作的木匠，名叫图旦，他懂些许汉语，在他的热情帮助下，我们的工作才得以展开，结束的时候我们邀请僧人在雍仲巴热寺门口合影，总的来说今天的收获很丰富（图61、图62）。

雍仲巴热寺位于西藏昌都地区丁青县协雄乡北。此寺庙是由琼波·雍仲平措创建于公元1434年，为苯教寺庙。寺庙由大殿、喔孜康、罗汉殿等组成。大殿门向东南，高三层。经堂开六进六，其中6根长柱托起天窗。主要建筑材料为生土与木材，主供佛为顿巴辛饶、朗杰、扎玛等，壁画彩绘顿巴辛饶传记，二层设甘珠尔殿。“文革”时期寺庙主殿及部分文物古器被毁，1984年经丁青县人民政府批准修复，在寺庙僧尼及信徒的共同努力下，逐步恢复了经堂等重要宗教活动场所。雍仲巴热寺占地面积为4750 m^2，建筑面积为796 m^2，寺庙现有僧人90名。其民管会由1名主任、1名副主任、3名委员等组成，下设佛事组、治保组、政治学习组、文物保护组、财务管理组等5个职能小组。雍仲巴热寺的经济来源主要靠僧人化缘和群众布施所得。

图 61： 雍仲巴热寺

图 62：雍仲巴热寺细部

雍仲巴热寺现存建筑历史不算久远，有些地方还在修缮，寺庙整体的建筑规模比较合理，一进大门便能看到大殿，大殿前广场中央处有一供煨桑用的白塔，是整个广场的中心，据该寺僧人讲该寺有苯教最大的玛尼石堆。我们还参观了这里的女僧人修行处，它是雍仲巴热寺的一个分支机构，平时的供给都是由寺庙里男僧人背上山的。这里还有传说中的詹巴南喀大师的脚印，笔者在调研中也确实看到了这些

脚印，并对其进行了详细的拍摄，但对于这些神话传说，笔者仍持怀疑态度。

总之，雍仲巴热寺的建筑规模并不是很大，建筑用材上为生土墙与木材结合的典型藏式建筑，建筑层数大多为2～3层，建筑年代不是很远，在很多建筑上能够轻易地发现现代材料的应用，比如寺庙窗户很多已经弃用原始的木窗而改为铝合金窗户，这样就会产生一种建筑语言上的矛盾，因为传统建筑之美是从细节上打动人的，而现代建筑则是以一个简洁明快的造型来体现空间的逻辑，把现代建筑的局部构件安放到传统建筑中势必会造成这种逻辑上的混乱，这种“混搭”的矛盾直接由承载它的建筑所体现，从建筑的角度来看该寺庙在建筑方面没有太大的特点。

8月26—27日（敏吉寺调研）

26日休息了一天，27日我们联系上去敏吉寺的车子。敏吉寺主要由一个大殿组成，因为语言不通，我们在敏吉寺只做了相关的拍摄工作，之后便返回县城。

敏吉寺（图63）位于丁青县城关镇茶龙自然村，系清代建筑。该寺庙于公元1842年由朗杰旺杰、美杰古秀两兄弟主持修建，信奉苯教。敏吉寺大殿门向南，建筑整体高2层，前廊无柱，经堂开五进五，主供郎卡旺杰灵塔，镏金铜质，高5.6 m，另供苯教祖师顿巴辛饶小宗造像128尊，藏《甘珠尔》2套、《本·顿巴辛饶传记》及苯教高僧著作。壁画人物为苯教高僧及诸护法神像。二层设甘珠尔殿，该建筑保存尚好，现存文物有唐卡17件，造像5尊。敏吉寺的主要经济来源为僧人化缘和群众的布施。

敏吉寺占地面积6660 m^2，建筑面积3800 m^2，寺庙由大殿、僧舍、经堂等组成，寺庙整体粉刷红色，大殿坐北朝南，大殿前为由僧舍围合而成的小型内庭院（图64）。寺庙主要出入口在西边，该寺的辩经场地也在西边，这是一个新的发现，因

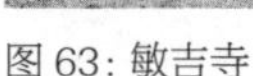

图63: 敏吉寺

图 64：僧舍

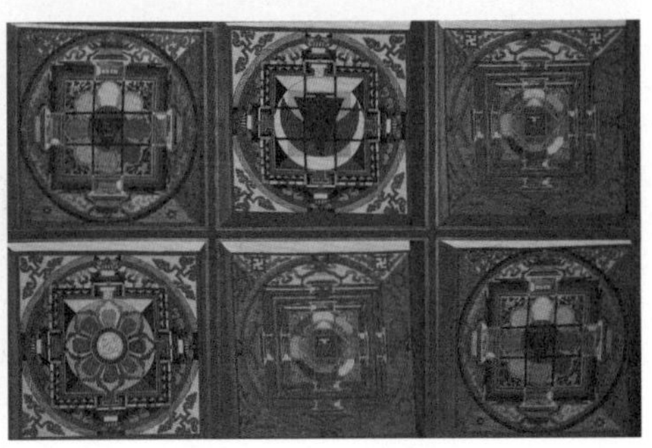

图 65：吊顶坛城绘画

为苯教辩经广场一般都在大殿前，该寺的辩经广场在大殿西面可能由南北地势的局限性造成的。寺庙的彩画也非常精致，尤其是佛堂上空的苯教坛城图案，很能体现苯教的特点（图 65）。

8 月 28 日（昂琮寺调研）

昨天跟导师电话汇报了一下工作进度，导师讲他在阿里的时候遇到了从丁青去阿里的一位僧人，名字叫索朗，导师把他的电话给了我，让我联系一下他。与索朗取得联系后，我们便把去昂琮寺的车子订好。早晨 5 点左右，我们便坐车前往昂琮寺，听司机讲这里的路比较险陡，但是我们到寺庙的时候也没感觉这里的路有多险，可能是这种路对我们来说已经习以为常了吧。上午 10 点多钟我们便来到了昂琮寺，昂琮寺（图 66）坐落在丁青县布塔村日塔乡。我们在村口小学那里等索朗，10 分钟过后，只见一比较强壮的僧人出现在我们面前，经询问他就是索朗。索朗比较热情，驱车带我们来到了寺庙，令我们没有想到的是孜珠寺的佳美活佛也在这边，佳美活

图 66：昂琮寺

佛很热情地和我们打招呼。由于索朗的汉语是自学的，所以有些专业术语他也不能给我们讲明白，但他给我们讲的已经让我们学到了很多知识。到了下午三点半，我们告别了佳美活佛和索朗等人，驱车离开昂琮寺。

8 月 29—31 日（返回昌都）

我们本来的计划是 29 号休息一天，30 号回昌都，但到了 30 号我们去车站坐车的时候，车子坏在了停车场，开不了了，于是把车票给退掉了，准备买 31 号的车票，结果车票已经卖完了。给导师汇报之后，导师让我们 31 号看看能不能包车回昌都。导师讲时间最可贵，后来我们想想导师讲得很对，于是 31 号一早我们便和其他几个路人一起包车回到了昌都。到昌都后我们发现最近正好是雪顿节期间，设计院的工作人员都放假了。我们这次回昌都的主要目的有两个，一是对昌都地区政协副主席图嘎先生进行一些学术访谈，第二就是找院长帮我们联系一下洛隆地区的建设局局长，因为我们访谈结束后要到洛隆进行调研工作。

9月1—3日（昌都采访图嘎主席）

这几天我们一直在昌都，因为院长在拉萨一时间回不来，他也没有现在洛隆建设局局长的电话，所以我们决定自己去洛隆那边进行调研工作。我们在此期间与图嘎主席取得了联系，在采访过程中得知，苯教在建筑上的成就并不是很高，寺庙规模一直不是很大,他们不注重建筑的形式,而是把主要的精力放在了自身的修行方面，因为自从朗达玛灭佛之后，苯教的香火就不是很旺，故之后修行的大师都是选择在比较偏僻的地方进行修行。孜珠寺的历史可以追溯到3000年前，相对而言，后期的果贡寺能够突出苯教的特色。从总体来讲，苯教现在的修行人数呈逐年递减的趋势。图嘎主席推荐我们去嘎玛寺，该寺庙建于1185年，它的特点是结合了汉族和纳西族的建筑特色，屋顶是汉式歇山顶，屋檐是汉式、藏式和纳西族风格结合而成的，主要采用的形象是按照雪狮爪子形状进行设计的；飞檐设计有的采用汉族的样式，那就是龙须形飞檐，有的采用纳西族象鼻形飞檐。图嘎主席给我们介绍了类乌齐的查杰玛大殿，通体三层高，第一层有10 m，在施工方面先用夯土墙打一层基础，二层用砖墙砌筑，三层用藤条编织，这样很好地解决了受力问题，大殿主要由汉族和尼泊尔工匠参与修建。图嘎主席还讲到昌都贡觉县的宁玛派寺庙建筑比较突出，左贡东巴建筑非常有特色，贡觉三岩的民居很有防御性特色，芒康盐井一直采用传统工艺制造食盐，比较有特色，其次就是昌都温达岗村比较有特色，因为这里聚集了很多民间的手工艺匠人。访问结束后，我们便去车站买了明天去洛隆的车票。

9月4日（昌都—洛隆）

早晨我们坐上了去洛隆的车子。洛隆的风景很是不错，有很多国家自然野生动物保护区。走到半路的时候，我们坐的车子抛锚了，只能等司机师傅把车修好，结果车子坏得比较厉害,可能今天就停靠在这里了,我们于是搭上了去马利镇的顺风车。到马利镇住下后赶紧给导师汇报情况,正巧导师讲我们要调研马利镇附近的查根寺、加玉桥、解放军碑、格鲁寺等建筑。于是，我们就先在马利镇进行调研，之后再去洛隆的硕督镇和康沙村进行调研工作。

9月5日（查根寺调研）

早晨起床吃过早饭，我们便出去联系去查根寺的车子，因马利镇是一个小镇，

来往的车辆都是路过车，所以没有愿意包车的师傅。在旅馆老板的帮助下我们准备去租摩托车，因为没骑过摩托车，所以我们在旅馆院子里用老板的摩托车练了练基本的起步，之后再去人家那里租车子，没承想破绽百出，人家看后不肯租车，一是怕车子被我们骑坏，再者是因为山路不好走怕我们出危险，没办法我们只能出钱雇佣师傅带我们去。上午我们到了查根寺，查根寺（图 67）是我见过的苯教寺庙里综合实力最好的寺庙，环境优雅，建筑落落大方，不过这里的建筑所能追溯的历史不是很久远，距今有 700 多年的历史，现在寺庙里有 3 位活佛，现有建筑 15 栋，30 位僧人在此修行，没有格西与堪布，他们一般从早晨 7 点多开始念经，到中午 11 点半吃早饭，下午 2 点继续念习经文，4 点吃午饭，然后从 4 点半一直念经到晚上 8 点，9 点吃晚饭，之后就自行复习经文。离开查根寺后，我们来到了格鲁寺（图 68），寺庙建在山腰处，我们本以为其应该是格鲁派寺庙，经询问与了解过后，才知道格鲁寺是香巴嘎举派寺庙。因为我们对香巴噶举派寺庙的了解甚少，所以也只能进行简单的拍摄工作。晚上我们下山时，让师傅带我们到了加玉桥，现在的加玉桥也只剩下历史的残骸，起初我们根本没有找到遗址，经过仔细寻找之后，才发现了已经残破的桥基，从残损的桥基处我们发现该桥主要是用当地的石块和木料建造而成的，

图 67：查根寺

图 68：格鲁寺

用的木料比较大，可以推测当年这座桥的宏伟。晚上回到旅馆天色已暗淡，由于我们坐的摩托车，路上风沙很大，致使我们身上已经全是灰尘，但想到今天收获如此之厚，心情也能平复很多。同时，我们跟师傅约好明天出发去康沙和硕督。

9 月 6 日（硕督镇调研）

早晨起来我们就坐上摩托车前往洛隆方向了。我们先是要找解放碑，因为这座碑知道的人很少，所以我们找了将近一个小时也没有找到，最后放弃了寻找，继续往康沙镇出发，我们要对康沙镇的宗山进行调研。到了康沙镇，放眼就能看到宗山遗址，它的西方是一座寺庙。我们对宗山和寺庙进行了拍摄工作，因为寺庙正在修建，我们也有幸目睹了这里的僧人制作坛城的一些工序。寺庙是格鲁派的。中午我们在洛隆吃的午饭，饭后我们继续赶路前往硕督镇（图 69），硕督在历史上也叫硕班（般）多，藏语意为“险岔口”。古时候，这里是茶马古道上的重要驿站，也是川藏要道上的重镇之一，旧西藏政府在这里设有硕督宗，此时，这里就开设了粮店；清朝时期，

图 69：硕督镇

这里建立起了硕督府。此时，这里商贾云集，商业贸易十分发达，可以买到内地、印度、拉萨的各类货物，本地最大的几家商人都有自己的马帮。常住人口达五六千人之多，茶馆、酒馆比比皆是。1951 年，解放军十八军 154 团 1 营进军拉萨时曾驻扎在此地。在硕督镇，还有另外一个比较特殊的地方——清代汉墓群，坐落在该镇硕督行政村久工丁山麓。在当地人的带领下，我们来到了这座见证着汉藏民族团结、和睦共处的历史遗迹。也许是由于年代久远的缘故，散落在荒草中的座座墓冢显得有些凄凉。但是，仔细看来，这个墓群的气势犹存，大致保留着当初的规模；墓地保存较为完整，墓群周边已经被当地人围上了铁丝网。硕督镇有较长的古城墙，现在遗迹仍然存在，每 5 公里设有驿站（现仍有遗迹），用烟雾作为信号，通知对方驿站来客人或者官员等。离开硕督镇，我们住在洛隆的一家旅馆，这里距车站较近。

(1) 硕督寺

硕督寺（图 70）位于整个村子的西北方向，地势平坦，沿主干道南侧布置，整个寺庙建筑由大殿及其他附属用房构成，大殿与附属用房围合成一个中间休息广场。寺庙建筑是该村镇最为恢宏的建筑，从远处便可看到金灿灿的寺庙金顶在随着光线的变化而不时闪耀着，凸显了寺庙建筑的神秘感。

图 70：硕督寺

寺庙大殿坐西朝东，整体二层局部三层，建筑一层为玄关与诵经大殿，诵经大殿内供奉有佛教寺庙的本尊神像及《甘珠尔》经文典籍。从一层南边沿藏式楼梯拾级而上便来到了大殿的二层，二层主要以寺庙活佛的居室及僧舍建筑为主，在某些特殊的房间内放有僧人们跳神舞用的各种道具与法器。寺庙三层为神殿，一般只有寺里的高僧才可以入内进行修行与诵经祈福，普通僧人和民众是不可以进入的。三层东面为二层的屋面部分，沿屋面四周筑有西藏特有的边玛草墙，草墙高度约为 1.2 m。

硕督寺建筑群体造型简单，主要建筑立面为典型的藏式“两实一虚”的处理手法，即建筑的左右两边是由夯土墙垒砌的实体建筑，中间部分是以玄关为主的灰空间，这种做法不仅有效地解决了藏式寺庙建筑的通风等问题，而且使得建筑更加生动自然，使其与环境的融合相得益彰。寺庙建筑的主要颜色为红、白和黄，白色为寺庙的墙体部分，红色是寺庙建筑女儿墙处的边玛草墙部分，黄色是用料最少的部分，但却是最为神圣和庄严的，其主要用在寺庙屋顶及法轮、经幢等部分。因为寺庙用地范围较小，没有修建供信徒转经用的转经大殿，故沿诵经大殿墙壁四周修建有一圈黄颜色的转经筒，满足信徒们日常转经需要。

图 71：硕督宗遗址

（2）硕督宗遗址

硕督宗遗址（图 71）是沿山脊所修建的一圈防御性建筑，该建筑是由夯土墙与碎石修建的。硕督宗南边为村镇，北边为自然山体形成的崖壁，整个建筑易守难攻，地势绝佳。

硕督宗建筑是由当地的黄土与碎石修建而成的，整个修建手法采用藏式夯土墙的建筑风格，在夯土墙墙基处填充碎石块，这样会使得墙体更加坚固厚重，起到防御的效果。夯土墙的高度较高，为 1.8 m 左右。其中还有料敌塔，起到防御与预警的效果，料敌塔的高度比墙体要高，其内有宽度仅为 0.8 m 的连廊。硕督宗遗址墙体厚度平均约 1.5 m，其中料敌塔的外层墙体厚度为 2 m 多。在墙体与料敌塔四周开有三角形的窗洞洞口，这是用来还击的洞口。如今硕督宗仅剩下残垣断壁，其墙体因自然雨水冲刷已经残缺不全，但从其残损部件中不难看出当年修建硕督宗时的艰苦场景。

（3）清代墓地

宣统二年（1910），四川总督赵尔丰在川边实行“改土归流”。当赵尔丰的部队征战至现在的那曲时，四川发生内乱，赵尔丰被清政府召回四川。他的部下受命退回到硕督宗政府所在地，在当地形成了与本地居民隔河（达翁河）而居、互通婚姻的格局，并繁衍生息，世代杂居，直至终老。他们的后代遵照他们的遗愿将其安葬在一处，从而形成了今天如此大规模的墓葬群。该墓葬群东西长约 150 m，南北宽约 80 m。从现场遗留的有些风化的墓碑来看，这些清代汉墓的年代大致从清代道光年间延续至民国三十三年，具有一百多年的历史。

后因村民修建房屋，使得墓地分为了两个部分，现有墓葬 169 座，其中西面有墓葬 30 座，东面有 139 座。由于建房破坏，西部墓葬绝大多数已经被夷为平地，仅在地面有凹痕遗迹，坟丘已不复存在。东部墓葬保存相对较好，均残存有石块垒砌的墓丘，少数墓前还立有墓碑。此处墓葬结构特点是在地表向下挖建 1 m 左右的长方形土坑，坑壁砌成长方形墓丘。墓丘一般长 2.4~2.8 m，宽 0.8~1.2 m，墓前高 0.6~1.1 m、墓尾高 0.4 m，皆平底。石块间抹有泥浆，有的墓丘后方砌有半圆形的茔域。墓葬均为南北向。

在 169 座墓葬中发现墓碑 39 块，多系扁平砾石刻制，一般高 0.3 ~0.5 m，宽 0.2 ~0.3 m，碑文均为右起竖写。

小结

今年进藏调研工作比较充实，在此首先要感谢我的导师汪永平先生给了我们能够进入藏族聚居区深入调研的机会，其次要感谢在西藏帮助过我们的各位领导，没有他们的支持，我们的调研工作也不会这么顺利地进行，再次要感谢我的同门梁威，在他的陪同下我们一起克服了种种困难，最终完成了调研工作。

第三部分

2012 年调研

调研人员：

徐二帅

王　浩

戚瀚文

7 月 6—8 日（南京出发）

今年又要踏上进入西藏的旅途了，跟随我来的是比我小两届的学弟王浩。学弟中等身材，个子有一米七五，身体十分健硕。这是他第一次进藏，内心不免有些激动与不安，于是在进藏之前我跟学弟讲了关于进藏需要注意的一些事项和需要准备的材料。晚上 9 点我们两个人相约在丁家桥生活区门口集合，就这样趁着夜幕每人背一个 60L 的登山包消失在了繁华的南京城，还记得多少次我们一行人也是这样悄然地消失在了这灯火阑珊的夜幕之下，没有人知道我们要去向哪里，大概人们也不想过多地去猜测这与他们无关的内容吧，后来随着这些人的陆续毕业，大家也都将这些经历载入了内心，使之成为一段往事。这几年的进藏经历，对我个人来说是磨练，这不但增长了我的见识，也锻炼了我的胆识，使我变得更加沉稳。

但是每次进藏就像我们导师说的那样，都要视为一次新的开始，只有足够尊重西藏，你的安全才能得以保障。对于我个人来讲，已经喜欢上了每年都要进西藏调研的这种感觉，因为每一次进藏的景色都会让我迷恋。因为现在这个季节是进藏旅游的旺季，我们没有买到卧铺车票，但是能够买到硬座去西藏对我们来说也可以了，毕竟有总要比没有强。火车 10 点钟正点从上海方向驶来，我们上车坐定之后便开始聊天，内容天南海北无所不容。第二天大概快到西宁的时候学弟有点不舒服，说是感觉自己的牙齿变得软软的，我对他进行了思想上的开导，毕竟能够战胜恐惧的只有自己本身。7 号晚上我们来到了拉萨，看着这么熟悉的拉萨，我觉得就是来拜访故友一样亲切。收拾好行李我们便找到了一家客栈落脚休息，导师这次给我们约见了他的一位故友彭朗老师，我们要对他进行采访。8 号学弟开始有头疼恶心等高原反应的症状，我便带学弟先去吸氧，不见好转，我们就去了医院输液，按说学弟的身体素质不应该这样，可能是不习惯的原因吧。等学弟输完液之后，身体马上就恢复了好多。

7 月 9—11 日（拉萨采访彭朗老师）

在汪老师的引荐下，我们下午和彭朗老师取得了联系，彭朗老师应约来到了我们住的新华宾馆。彭朗老师非常热情，把他所知道的关于苯教的一些知识跟我们讲了一下，比如彭先生认为云南的东巴族应该和苯教始祖顿巴辛饶有关，但这也存在着某些程度的猜测，还需要我们进一步去实地调研。彭先生还讲到现在阿里地区的苯教寺庙——古如江寺，这是阿里尚存的建设时间较早的苯教寺庙，位于冈仁波齐山附近。阿里地区其他的苯教寺庙都是以洞窟的形式存在的。关于西藏建筑方面，彭先生也给我们讲了一些知识，在五世达赖喇嘛在位期间，由一位西藏匠人弟斯·桑杰嘉措主持并重建了布达拉宫，在此期间他还规范了藏式建筑的样式及尺寸。

关于苯教的发展，彭朗老师说那曲的巴青县和尼玛县有很多苯教寺庙，但是规模和形制都比较小。当我把去年拍摄的苯教的匝尕给彭朗老师辨别时，老师也只能对表面的藏文文字进行翻译工作，据老师讲这些应该是苯教密宗的东西，所以他也不是都能一一辨别。

10号和11号在拉萨准备去日喀则的事情，11号上午我们买了去日喀则的车票，然后就在准备去日喀则的苯教寺庙进行调研的事情。我们去超市买了些吃的东西，然后就待在宿舍里休息，毕竟这几天奔波也没有来得及休息。

7月12日（日喀则采访多加拉老师）

我们通过扎什伦布寺古建公司的刘工跟多加拉老师取得了联系，并于12日上午9点到扎什伦布寺古建公司对多加拉老师进行了有关苯教知识的相关访问。多加拉老师讲述了苯教与格鲁派的不同之处，首先是护法神不一样，其次在建筑上面，因为古代建筑很多具有防御性，两者之间并无太大的差别，最后在宗教仪轨上面，后期的佛教吸收了苯教的优点，在驱鬼除邪方面，佛教也吸收了苯教的某些特点。

在探讨到日喀则地区的民居方面的特点时，多加拉老师讲述说日喀则的18个县在民居上面大同小异，在颜色上面，萨迦派主要以红白青三色为主，三种颜色分别代表了文殊、观音和金刚三个佛。而日喀则的民居主要以黑白两种颜色为主。另外在定日县和定结县的民居比较有特点，这些特点主要反映在建筑的平面布局上。

在谈到苯教寺庙的时候，多加拉老师谈到聂拉木县境内有苯教寺庙拉布寺，寺旁的村民信奉苯教，该寺的壁画也很有特色，绘画时期应该在明清之前。通门县有苯教寺庙塔定寺。

在谈到石窟方面，多加拉老师跟我们讲拉孜县拉孜镇曲德寺旁边有一个唐代的石窟比较有特点；定结县和岗巴县这些地方的石窟也很有特点。

关于墓葬方面，在去夏鲁寺北边的夏鲁日布（夏鲁寺的一个分支）途中能看到一个墓葬，因为在元代以前日喀则的中心在夏鲁，多加拉老师推断该墓应该是当时夏鲁万户长的墓葬；在拉孜县也有公元7—8世纪唐代的雄钦墓葬群；在吉隆沟里也有108座用石头堆砌的清军墓葬。

7月16日（日喀则梅日寺调研）

今天是星期一，按照之前的约定，早晨我联系了南木林县文广局的工作人员，对方让我们过去面谈，待见到南木林县文广局局长并做了简单的介绍后，文广局长和我们讲，现在的情况比较紧张，让我们去寺庙的时候一定要注意自己的人身安全，并帮我们联系了梅日寺寺管委会。待一切都安排好之后，我开始联系车子，因为没有公车，所以只能包车上山。联系好车子之后，我们于下午2点半开始从南木林县出发，路上的风景非常优美，让我又一次领略了西藏的无限风光，成片的油菜花零散地分布在广袤的土地上，加之蓝天白云的映衬，形成了一幅天然的油画，过了艾玛乡之后，道路开始变得崎岖不平甚至颠簸，如遇下大雨，那么道路就会被雨水冲毁。

傍晚时分我们到达了梅日寺。梅日寺位于西藏日喀则南木林县土布加乡顶布村境内（图1），从顶布村徒步约3个小时便可达到梅日寺。梅日寺整体建筑坐东北朝西南，进入梅日寺的主入口在西南面，从外面进入主入口时需要经过一个弯道，在还未经过弯道之前，根本看不到寺庙的影子，经过弯道之后，整个梅日寺的轮廓才渐渐浮现于眼前。梅日寺依山而建，四面环山，建筑群高低错落有致，气势恢宏磅礴，给人一种远离尘世的沉静感（图2）。建筑群整体由红色的大殿与白色的僧舍组成，并以中间的措康大殿为中心向两边次第展开。整个寺庙在高度上因受到山地坡度的影响，故而高低悬殊。建筑群按照高低特点可以分为三部分，第一部分为以讲修学院（图3）与正在修建的大殿（图4）为主导，其建筑主要以佛殿及经堂为主；第二部分以喜饶坚赞大师灵塔殿为主导，其建筑主要以僧舍（图5）为主；第三部分是以措康大殿（图6）与拉让大殿（图7）为主的佛殿经堂建筑。该寺建筑大都依山而建，建筑单体也随着高差的顺序逐渐增多，整体布局像一片银杏的叶子一样，叶根处有几座建筑，大量的建筑都存在于叶片处且呈现扇形的向心分布特点。寺庙建筑全部为砾石堆砌，因为山上全部为石头，所以该寺的建筑材料大部分都来自原地。经这里的僧人介绍，这里曾经在“文革”时期被毁，后来僧人用原先未被毁坏的石头重新修建了该寺。梅日寺海拔4700~5000 m，从建筑的规划上来看，要比昌都丁青县孜珠寺好很多。当我准备联系这边的寺馆会的工作者时，发现我们的手机根本没信号，于是我们便开始询问在寺庙里做工的当地人，他们讲山顶上有信号，为了能跟寺庙这边还有导师取得联系，我便开始往山上爬，由于爬得太快，我近乎晕倒了两次，这也是我来西藏第一次晕倒。好不容易到了山上，发现虽然手机有信号，但怎么也打不出去，万般无奈之下，我只能放弃打电话这个念头并开始往山下走。

最终有一位好心的僧人把他的座机借给了我们，这样我们才与寺庙以及导师取得了联系。经过一番安排，我们住在寺庙内，伙食自理。幸好寺庙有商店，让我和学弟可以买一些我们喜欢吃的食品，其实也就是方便面与饼干之类，但幸好饮料比较多样，支出费用控制在每天 100 元左右。

寺庙建筑之间的道路基本以原始的山石土路为主，除了措康大殿处用少量石板进行了垒筑。若遇到风雪天气，道路就更是泥泞湿滑。寺庙的转经路也分为两层，第一层为大转经路，就是围绕寺庙所坐落的神山逆时针转经，第二层为寺庙内部转经道路，主要是围绕措康大殿行进的转经路线。每逢藏历法会期间，会有许多信徒不辞劳苦前来梅日寺虔诚拜佛，以求得各方面的解脱。梅日寺在“文革”期间被毁，于 1984 年得到政府相关部门的批准得以重新修建，修建寺庙的建筑材料基本上是从原先的旧址上搬运的，而且有些殿堂就是在原先旧址之上重新修建的。我们在调研

图 1： 梅日寺周边环境

图 2： 依山而建的梅日寺

图 3： 讲修学院

图 4：正在修建的大殿

图 5：僧舍

图 6：措康大殿

图 7：拉让大殿

期间，恰逢该寺正在修建庙堂与佛殿。目前梅日寺已经逐渐成为具有一定建筑规模的苯教寺庙，住寺喇嘛及僧人大都来自那曲地区及四川藏区，寺庙的经济来源主要依靠信徒的布施与僧人自家的供养。

待我们把东西整顿好之后，已经是夜里 11 点多钟。我们休息的房间是以前的一名僧人的诵经房，现在为待客之用，在藏族聚居区寺庙内基本上是没有我们汉地那样的床的，所谓的床就是藏式的沙发，沙发的宽度仅容一人平躺之用，我们各自将睡袋铺好就准备休息了，因为第二天还要对寺里的活佛丹增彭措进行访问。

7 月 17 日（日喀则梅日寺调研）

今天主要对寺里的活佛进行一些相关的访谈活动，上午对我们住处的仁钦洛追活佛进行了关于苯教的访谈。活佛是从雍仲林寺上来的，据活佛讲，他本为寺里的堪布，寺里的活佛为 32 代活佛嘉措次成，活佛圆寂之后就由他来管理相关的佛事活动，待到寺里有新的堪布之后，再将寺里大小事务的管理权交予堪布来管理。在访谈中我们得知寺里僧人平常的作息时间：在早晨5至6点钟开始起床进行相关的经文背诵，9点钟到讲修大殿前院进行辩经活动，10点钟的时候开始回住处随师父进行经文的研习，12点至1点的时候开始吃中饭，下午2点至3点开始继续随师父学习经文，3点20分至4点20分的时候自行学习一个小时，晚上6点钟的时候继续在讲修学院辩经，晚上7点半下班，晚饭一般在9点钟进行。

梅日寺的创始人喜饶坚赞大师（1356—1415），出生于藏东嘉绒地区墨尔多山附近一个名曰“德觉”的村庄（今四川省甘孜藏族自治州丹巴县境内）。他的家族属于扎氏，俗名为“雍仲杰”。其父亲鲁嘉为修持苯教教法的居士，共有三个儿子，喜饶坚赞大师在三子中排行第二。大师在小的时候比较调皮，由于母亲照看不善使其在外戏要时不慎让柳枝戳伤了一只眼睛而导致这只眼睛失去视力，以至于后来喜饶坚赞大师名贯雪域高原时，被人们尊称为“雪域独目智者”。大师年幼时跟随自己的父亲修习苯教基础知识，待到其10岁时正式拜雍仲坚赞为师，并在其门下依次受了斋戒、居士戒，并在较短的时间内诵读了很多苯教经典教义。大师后来又接受了沙弥戒，被赐名为喜饶坚赞，意为“智慧法幢”，也到其他苯教大师门下修习相关的经文教义。大师18岁时，萌生了想要出去游学的想法，他的父母经过再三考虑，告诉大师如果在他们二老没有去世之前大师能够回家探亲一次，就允许其出去游学，大师当即许诺若他日有成就，一定回到家乡与二老相见。于是大师背上行囊向苯教大成就者辈出的后藏地区跋涉，开始了其漫长的求学之路。大师在南擦瓦岗（今西藏昌都地区八宿、左贡等县境内），求拜了王系朱氏第十八代大成就者克珠仁青罗珠，上师看出其具有过人的才智，常让其追随在自己身边。经过多年的学习，大师终于成就了自己的夙愿，在此期间他修行了《大品般若八部》《大品般若集精》等“般若部”的各种经典。他还修持了《四部律论》《密律》等各种“律藏部”典籍。他又在上师处得到了朱氏的《修行十五法》《光明单传》《经验单传》《脉风独传》《往生法独传》等师徒单传系列的深邃法门等。后来大师来到当时誉满全藏的萨迦派那烂陀寺，拜声名远播的大学者荣东•昔夏更恰为师，系统地学习了佛学“五部大论”，即：《般若》《中观》《因明》《戒律》和《俱舍》。在那烂陀寺的修习完成后，他又奔赴后藏各大寺进行相关的佛学知识的辩论。在30岁时，他以优异的辩才获得了格西的殊荣，至此声名远播。

叶茹温萨卡寺是当时苯教大本营，在最恢宏的时期前来学习的僧人达千人之多，在喜饶坚赞大师31岁的时候，他正式进入该寺进行系统的闻、思、修学习。在叶茹

温萨卡世系主持人和其法脉传承的徒辈门下，喜饶坚赞大师得到诸多灌顶和传承，精修内外三藏。之后大师离开温萨卡寺到阿里云游，在那里大师拜阿里索朗慈诚为师，获得了密修空行母类的仪轨传承，终得殊胜成就。大师严守天机，不到关键时刻，从不向世人显露神通和法力。当大师再次回到叶茹温萨卡时，已经是声名鹊起的大学者，随着声名日渐远播，到其门下修习求法的弟子络绎不绝。

有一天他突然想到了与父母的约定，为了了却自己曾经的承诺，他向当时寺庙的主管请了假期，带着自己的弟子仁青坚赞，装扮成云游的苦行僧，回到了阔别近二十多年的故乡，由于大师在外漂泊的时日太久，以至于父母竟然不能将其认出。在交谈中其父母向大师寻问："我们有一个孩子从小离家去后藏大寺院学经，至今杳无音讯，你可否认识，尚知其近况否？"大师说："你们的儿子我认识，我们还是同一个寺院的僧人，他也说要回家一趟面见二老，暂未得到寺院总管的允许，可能明年回家见你们。"在故乡的日子里，大师为父母和乡亲们设坛传经布道，广降法雨；同时收益西慈诚和仁青慈诚为徒。离开家的时候，大师向父母献花祈祷，并讲道："世间的一切好似房舍，人就像匆匆借宿的过路人，不能执著、贪恋，我在你们这里借宿数月，得到二老的关照和众信徒的供养，也为你们作了许多难得的灌顶和加持，真乃因缘结合，善哉、善哉。七日内，勿拆散我的法座，否则，缘起会失掉，待我离去七日后的早晨，拆开法座，二老会得到一种妙果。"大师离开七日后的辰时，二老拆散法座，见下面放着一百两藏银和一封信。信中这样写道："此生恩重如山的父母，我曾答应回家看二老，此次就是为实现承诺而来的。如果我不回后藏作寺院的住持，那将会违背上师的意思，恕儿不孝。我在这里留下的银子加二老积存的财务，用在积德善事上，与我的两位弟子一道，在我们村庄的上方幽静之地建一座庙宇，将会功德无量。"二老遵照嘱托，与两位弟子一同修建了一座寺庙。

大师离别故乡返回叶茹温萨卡寺的途中，在经过打箭炉（今康定县）时，恰巧遇到了几位从后藏来的僧人，在交谈的过程中得知叶茹温萨卡寺遭遇了一场大地震，整个寺庙已成为废墟，听到此消息后他悲痛欲绝，但还是决定回去看一下。在途经达多麦牦牛河（金沙江）附近时，大师遇到了当时名贯雪域的格鲁派创始人宗喀巴大师一行，二位大师一见如故，辩经论道，较量法力，彼此都为对方渊博的学识而折服，并相互赠送一首颂词作为纪念。待喜饶坚赞大师回到叶茹温萨寺时，见到的只是高低不平的残垣断壁。大师向护法神殿举行煨桑仪式后，挖开废墟，掘得完好无损的上师仁青罗珠的金质法器和朱氏琼嘉的十八函《大品般若》修持法本，以及其他的一些经卷和日常用品，随后大师暂时住在了叶茹卡朗。一日，大师在光明梦境中得到空行母的授记：“明日，你的一只鞋放在何处，那里就是你建寺的宝地。”清晨起床后，大师见自己的一只鞋竟然不见踪迹，只发现雪地上有一串狐狸足迹。大师及徒弟跟随足迹走到妥嘉山时，发现鞋子被狐狸叼走放在那里，于是就决定在此修建寺庙。大师 50 岁时，即藏历木鸡年（1405 年），在梅日吉祥宝地，开始破土动工，修建寺院。经当地居民和四方善男信女的供施，尤其是朱氏氏族的鼎力相助，一座经堂与鳞次栉比的僧舍建筑群就这样出现了。大师将该寺庙取名为“扎西梅日寺”。自此，梅日寺就这样呈现在世人的面前。

经了解，梅日寺的前身在叶茹温萨卡寺，叶茹温萨卡寺在公元 10 世纪的时候盛兴，后来毁于地震与山洪等，如今的遗址依然在土布加乡内。在兴盛时期，有来自各方修行的僧人千余人。

下午我们主要对寺里的第四代讲师丹增彭措活佛进行了相关的访问活动。活佛以前是四川郎依寺的上师堪布，后为了继续增加学问，便来到梅日寺求学，并一步步晋升为现在的讲师，在苯教信徒及僧侣中的地位颇高。活佛 5 点钟起床修行大圆满，7 点至 8 点在自己的屋内诵经，8 点至 9 点对佛像进行供奉，然后吃早餐，9 点至下午 1 点进行课程的讲解，1 点至 2 点休息一个小时并且吃中饭，下午 2 点至 5 点继续讲课，5 点至 6 点休息，6 点至 8 点对辩经的学生进行考察。晚上 8 点至 9 点继续讲课，9 点之后为自己的时间。那曲地区主要以巴青县的苯教寺庙居多，活佛介绍因为那曲地区自古属于牧区，百姓都以游牧为主，故苯教寺庙的形制都不是很大；另外在昌都的左贡等地区也有苯教寺庙，但时间都不是很久远；在四川的松潘县有苯教寺庙，但建筑不是很有特点；四川阿坝的郎依寺为苯教规模最大的寺庙，但是时间没有梅日寺久；四川的金川县德觉沟有喜饶坚赞大师修建的一座苯教寺庙；四川嘉绒的苯教寺庙建筑有象雄的遗风，嘉绒地区的丹巴县扎当寺很有文化价值；青海在改革开放之后才有的苯教寺庙，且以贵德县的琼毛寺为主；甘肃以作海寺为主，但寺庙比较新；另甘肃省甘南州有苯教的遗址。

7 月 18 日（日喀则梅日寺措康大殿）

起床后我们对寺庙的建筑开始进行测绘工作。寺庙的建筑基本上都是重修的，但是寺庙领导还是坚持古典的修复方法，并利用以前的旧材料进行修复，这样使整个寺庙看起来古韵犹存，尤其都以砾石为主要材料，使得整个建筑群体比较统一。

措康大殿为梅日寺最主要的大殿之一，整体颜色由红色的墙体与金色的屋顶及黑色的边卡构成，建筑组成上分为三个独立部分，分别为西面的护法神殿（图 8）、中间的措康大殿（图 9）和其东面正在修建的佛殿（图 10）。由于梅日寺地形比较险陡，故措康大殿没有门前广场，其入口的处理方式也较其他寺庙相异。进入措康大殿有两个入口，分别在大殿的南北两侧，南北两边的门将整个大殿分为两个部分，这两部分并不对称，且相互并不连通。措康大殿南北两边分别有一个独立的高两层的建筑，北边的部分为梅日寺的护法神殿，南边的部分为一正在修建的佛殿。

措康大殿共分为四层，一层为存储空间，这里主要存放寺庙大殿举行法会时所要应用的各种物品及器具，其承重结构为夯土墙，内部空间比较狭长，高度为 2.2 m，东西两部分的仓储面积之和约为 85 m^2，并在南面墙上开有五个宽度为 0.6 m 的窗洞（图 11）。措康大殿二层为经堂，僧人们每天就在这里念诵苯教经文与典籍。二层大殿的大门开在西面，进入大殿之前有一用夯土墙夯筑的长 8.4 m、宽 1.4 m 的门洞，门洞为进入大殿的缓冲空间，门洞四周画有苯教的壁画，门洞北面有一门，开门便是一面积不足 3 m^2 的小空间，内有上至三层的藏式木楼梯，在小空间的西面开有一宽度为 0.8 m 的采光木框窗户。门洞东边是进入大殿的大门，大门宽度为 1.9 m，高 2 m，其木框四周雕刻精美，推门而入可看到一个由 12 根柱子支撑的大殿，柱头装饰精美（图 12），大殿开间为 8.4 m，进深为 11 m，内部层高为 2.2 m，面积为 92.4 m^2。沿开间方向有 3 排柱子，沿进深方向有 4 排柱子。大殿南墙自西向东依此开有 3 扇窗户，前两扇的宽度为 1.5 m，第三扇的宽度为 2.1 m，窗户的高度均为 1.9 m。大殿东面墙上开一门，进门可见一佛殿，该佛殿开间为 8.4 m，进深为 8.7 m，面积为 73 m^2，其内有 6 根柱子，自西向东依次开有宽度为 1.5 m 的两个窗户。该殿堂是有一定学术造诣的大师才可以进入的，普通僧人只能在外殿诵经。从门洞北面的藏式楼梯上至三层便是僧人们修习用房，因为寺管会办公用房正在建设之中，所以现在整个三层都被寺管会的相关工作人员借用。上至三层后是一个宽度仅为 1.5 m 的走廊，走廊长度为 13.4 m，将三层分为南北两部分，其中南边为僧舍及寺管会借用房，北面为仓库，在楼梯口东约 3m 处有一直通四层的木质楼梯。四层分为两个出入口，一个是三层直通四层的楼梯，另一个是建筑北面的一个宽为 1 m 的门，因为整个梅日寺属于山地建筑，从措康大殿西面上几级踏步，然后顺山路绕至北面刚好到达措康大殿四层楼面的位置。措康大殿四层与三层的功能相同，都是供僧人居住的僧舍，其建筑面积为 200 m^2。此外，措康大殿屋顶装饰有金幢（图 13）。

护法神殿（图 14、图 15）整体分为三层，第一层以仓库为主，其建筑面积为 103 m²，建筑平面为一近似正方形，内由 4 根柱子支撑。神殿二层为殿堂，在此有僧人常年不间断地念诵寺庙护法神的经文，其内墙壁壁画以黑颜色为底色，用金色绘制苯教护法神及传说故事，并在其 4 根柱子柱头处悬挂跳神舞时用的各种面具（图 16），面具用不同颜色绘制，并且面目狰狞，给人震慑感。护法神殿的三层目前正在进行室内装修，还没有僧人在三层进行佛事活动。最东边的新修建的大殿与护法神殿在高度上是一致的，他们与中间的措康主殿共同构成了措康大殿的主体形象，使得整个措康大殿成为梅日寺的建筑主体，凸显了其在寺庙建筑群的重要性。在材料上，措康主殿与护法神殿是用寺庙原先的材料修建而成的，比较有藏式建筑的特点，而新修建的大殿是在原有材料的基础上，部分地方使用混凝土，总之还是保留了藏式建筑的精髓与特点。

图 8：护法神殿

图 9：措康大殿

图 10：正在修建的佛殿

图 11：措康大殿的南面墙

图 12 ：措康大殿里的柱头

图 13 ：措康大殿屋顶的装饰

图 14 ：护法神殿

图 15 ：护法神殿的屋顶装饰

图 16：面具

7月19日（日喀则梅日寺拉让大殿调研）

拉让大殿位于寺庙建筑群的西北角（图 17）。因为寺庙用地紧张，拉让大殿是在半山坡上挖出的一块基地上修建的。大殿整体两层，局部三层，其中一层建筑面积为 272 m^2，二层面积为 371 m^2，三层面积为 94 m^2。大殿外立面造型规整，以红、白与黑为主，红色作为建筑主体的颜色，黑色用在门窗的巴卡处，白色用在窗户及门上的香布处（图 18）。建筑材料上主要墙体由毛石与夯土墙共同砌筑，大殿地面及门窗巴卡等处使用砂浆混凝土抹灰找平。柱梁体系大都以木头为主，其中在一层大殿入口处用的是整块石条的石柱，据该寺僧人讲，这些石柱是从之前损毁的寺庙内找到的，他们就将其利用了起来。

拉让大殿一层平面功能以储藏和僧舍为主，大殿没有玄关空间，进入宽为 2 m 的大门便来到了大殿一层内部，以门廊为中心的大殿分为左、中和右三个主要功能部分，中间的是交通廊道，其面积为 47 m^2，并有 4 根粉刷红颜色的石柱支撑，其地面凹凸不平，某些地方还能看出原有山体的走势。其东西两个部分作为僧人休息及存放日常用品的用房，目前还没有僧人在此居住。沿着交通空间一直向里走会发现一个面积不足 2 m^2 的小型天井，其下是通往二层的石梯，沿着石梯上 11 个踏步便可到达二层（图 19）。拉让大殿的二层平面分为前后两个部分，第一个部分为佛殿（图 20），其内供奉苯教佛像。第二部分为僧舍，活佛仁钦洛追和其徒弟居住在这里（图 21）。佛堂面积为 62.4 m^2，其开间为 12 m，进深为 5.2 m，殿内有 8 根柱子支撑，沿开间方向分为两排，末排有 4 根柱子，其中前排 4 根柱子为石柱，后排 4 根柱子为木柱。在建筑高度上，前排高度为 2.8 m，后排高度为 4.8 m，后排高出的地方与前排屋面用木质的采光天窗连接，这样就可以有效解决佛殿的采光问题。活佛僧舍以中间的天井为中心向四周展开，在功能上分为寝室、厨房及会客室等，若有前来参拜的信徒则在天井院内举行相关的佛事活动。因寺庙海拔较高，天气变化会经常导致下雨，故天井内院上空用透明塑料板进行封盖，这样就使得天井内院能够得到有效利用。拉让大殿的三层为一小型经堂，面积只有 26 m^2。该经堂只有活佛仁钦洛追可以进入诵经，且活佛在每天早晨的固定时间会进入该室进行有规律的诵经，若无其他重要事件，该活动不会间断。

图 17： 拉让大殿（上）及其周边环境

图 18：建筑颜色的运用

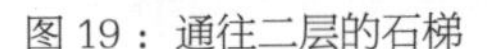
图 19：通往二层的石梯

图 20：拉让大殿二层的佛殿

图 21：拉让大殿二层的僧舍

7 月 20 日（日喀则梅日寺进修大殿调研）

进修大殿（即讲修学院、讲修大殿）是苯教僧人进行辩经与学经的场所。进修大殿（图 22）整体坐西朝东，其朝向与拉让大殿相同。进修大殿也是将山坡中较平缓的地方挖平而修建的，其北面为山体，东面有一面积约 600 m^2 的辩经广场。大殿整体颜色以红色、白色与黑色为主，红色主要用在墙体及女儿墙处，白色主要用于门窗的香布处，黑色用于门窗边框的巴卡处（图 23）。整个大殿以毛石与夯土墙为主要外部承重构件，其内部承重结构以传统藏式建筑中木梁柱构架体系为主。

进修大殿一共分为两层。一层平面为佛殿，其在平面形制上分为前后两部分空间，前部空间为玄关及储藏室，后半部分为佛殿经堂。玄关处由 4 根木柱子支撑，其建筑面积为 24 m^2，开间为 6 m，进深为 4 m，其南北两边各有一个房间，均为存储用房，面积为 9 m^2。玄关四面墙体粉刷白色涂料，并未绘制相关的苯教彩画，其吊顶以单层深色布料为主，其内柱子以红色颜料粉饰，地面铺装以地板革为主。玄关北面有一宽为 1.8 m 的双开门，进入该门后便来到了经堂大殿（图 24），大殿面积为 122 m^2，开间为 12 m，进深为 10 m。其内有 16 根柱子呈四排四列排布。墙面四周及柱子之间排布有供僧人们念经的坐垫（图 25），墙面整体粉刷红色涂料，并在其

图 22：进修大殿及其周边环境

图 23：进修大殿的正面

上贴有苯教高僧大德的壁纸。其屋顶装饰也是用单层布料铺设的，地面铺有地毯装饰。佛殿经堂西面供奉有三尊佛像（图 26），在空间构成上供奉佛像的部分在高度上从后两排柱子开始直通二层，且二层四周用木格窗户封闭。进入进修大殿二层的楼梯并未安放在一层室内，而是在整个建筑的北边有一东西走向直通二层的室外通道，该通道是根据山体的自然形状及走势经过人工雕凿而形成的。整个二层是该寺活佛丹增彭措的讲经室及起居室。每天会有僧人在固定的时间到活佛这里求学，活佛主要讲解苯教密宗及大圆满方面的知识。二层建筑在面积上与一层并无差异，一层玄关处在二层为丹增彭措活佛的居室及厨房和仓储部分，一层大殿部分在二层为会客厅（图 27），前来造访活佛的信徒及到活佛这里来修习的僧人均在这里进行相关的佛事活动。二层地面整体铺设地毯，屋顶用单层布料封饰，墙壁四周也用布料包裹，并在东边墙壁处挂有苯教佛像的唐卡。其内柱子用五彩布料精心包裹，显示出活佛的庄重与威严。

图 24：佛殿经堂内景

图 25：佛殿经堂内供僧人们念经的坐垫

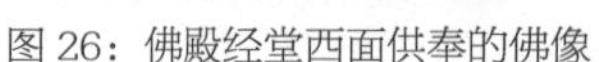

图 26：佛殿经堂西面供奉的佛像

图 27：二层的会客厅

7 月 22 日（崇喜拉章、叶茹温萨卡、叶茹卡那寺）

早晨起床后，寺里的两位僧人骑摩托车带我们来到山下调研，先到崇喜拉章和叶茹温萨卡（图 28~ 图 31），然后又去了叶茹卡那寺进行了相关的拍摄工作，因为没有钥匙，所以未能对崇喜拉章进行相关的测绘工作。

叶茹卡那寺位于西藏日喀则南木林县土布加乡境内，在梅日寺登山远眺能够看到叶茹卡那寺的局部。该寺于公元 19 世纪中叶，由梅日寺第 25 任堪布西绕雍仲修复了从前的道场，建立了日喀则苯教三大寺之一的“叶茹卡那雍仲丹杰林寺”，“卡那寺”是其简称。根据苯教文献记载，叶茹卡那寺是苯教始祖顿巴辛饶亲临西藏贡布和达布地区降妖传法时加持过的圣地。之后，吐蕃第二代赞普穆赤赞普从象雄邀请了百余名苯教大师到吐蕃腹地进行传法，并修建了 37 座苯教道场，其中“追吉卡冬”便是现在卡那寺所在的地方。该寺以其修行洞而著名，很多苯教大德高僧均来过这里进行闭关修炼，可以说整个寺庙在最初是以修行洞的形式出现的，后来才慢慢地有了些许寺庙建筑。从寺庙残存的建筑遗址及废墟中可以看出卡那寺在当时的辉煌。

梅日寺自喜饶坚赞重新修建以来，便把卡那寺作为密宗的修炼道场，后来的几个世纪梅日寺的所有大师都把卡那寺当作他们修行苯教密宗的圣地，此传统一直延续至今日。梅日寺第 25 任堪布西绕雍仲认为此地作为历届大师修行的神圣之地，应该修复往日的辉煌，于是在公元 1873 年开始着手组织修复寺庙，并将其命名为“卡那雍仲丹杰林寺”。西绕雍仲出生于嘉荣地区墨尔多神山东边，成年时来到前后藏地区朝拜苯教神迹，并在后藏梅日寺出家为僧。他拜才旺大师之化身即梅日寺第 23 任堪布尼玛丹增为师，堪布为其赐名为西绕雍仲，之后他根据上师的嘱咐来到雍仲林寺修习苯教道义，不久之后便成为梅日寺与雍仲林寺中学识渊博的僧侣之一，并通过考试取得了格西学位，之后被认定为梅日寺第 25 任堪布。为了弘扬苯教佛法，西绕雍仲大师广收门徒，后来大师认为卡那寺是苯教历届活佛上师的修行圣地，如果能将其修复，则会功德无量，再加上苯教护法神和上师也曾预言让其修复卡那寺，于是大师派人到后藏最大的寺院扎什伦布寺申请修复卡那寺。在得到八世班禅的允许之后，于公元 1873 年正式对卡那寺进行修复。卡那寺选址在山顶上，进入寺庙没有人工修建的道路，只有泥泞不堪的小路，从山底步行至山顶寺庙处需要 40 分钟左右。寺庙选址在山顶上，可谓视野极佳，其下村庄、梯田尽收眼底，站在寺庙向远处眺望便可看到层叠起伏的雪山穿梭在蓝天与白云之间，给人一种豁达顿悟的感觉（图 32）。如今寺庙大部分建筑都已经损毁，只有一座大殿（图 33）和几处修

图 28：崇喜拉章的斗拱结构

图 29：崇喜拉章内景

图 30：叶茹温萨卡周边环境

图 31：叶茹温萨卡的景观

图 32 ：卡那寺的周边环境

行洞正在使用之中。寺庙建筑大都与山体洞窟相结合，且其建筑面积均不是很大，建筑朝向也是顺应山体的走势。寺庙如今只有 3 位僧人，笔者走访该寺时只有一位僧人在寺庙修行，其他两位僧人均到其他寺院学经去了。卡那寺最主要的特点就是其有一修行洞，该洞所处地形十分险陡，只有一条山路通往该洞且路况很差。该修行洞是历届高僧喇嘛们修行必须要闭关修炼的地方，由一天然山洞形成（图 34、图 35），其内面积只能容纳 2 人左右，其外部用毛石全部垒砌，在中间留有一可以进入的洞口，当要进入此洞修行的僧人从该洞进入后，寺里的僧人便将洞口用毛石封堵且洞内不能进入任何光线。在洞的左下方有一人为打开的小洞，该小洞是洞外的僧人为洞内僧人送递物资的唯一通道。历届苯教的高僧大德均要在此进行闭关修炼，且一般为一月以上，在此期间修炼之人是不能随便出入洞口的。如今梅日寺活佛丹

图 33 ：卡那寺大殿及其内景

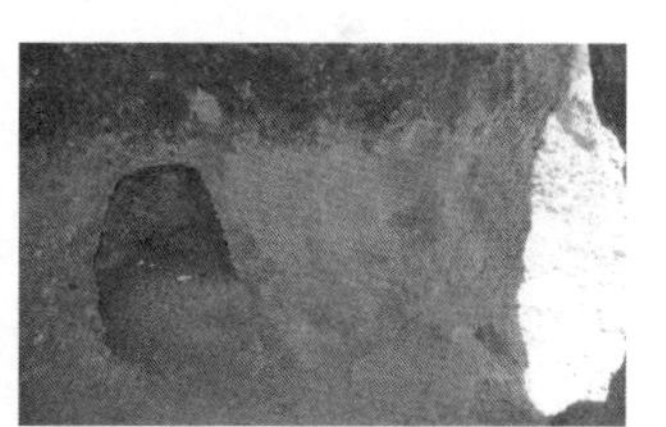

图 34： 叶茹温萨卡的洞穴

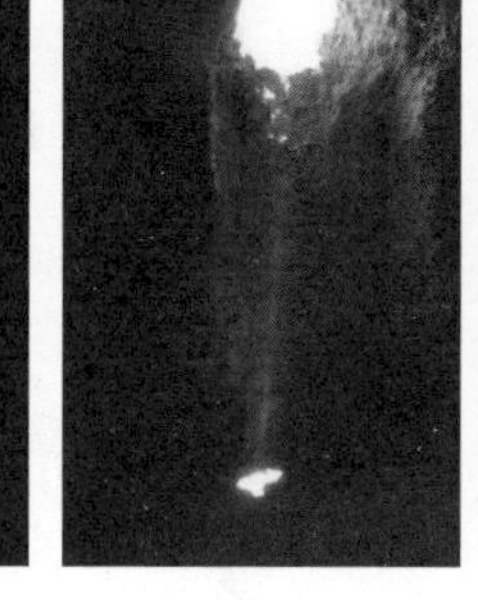
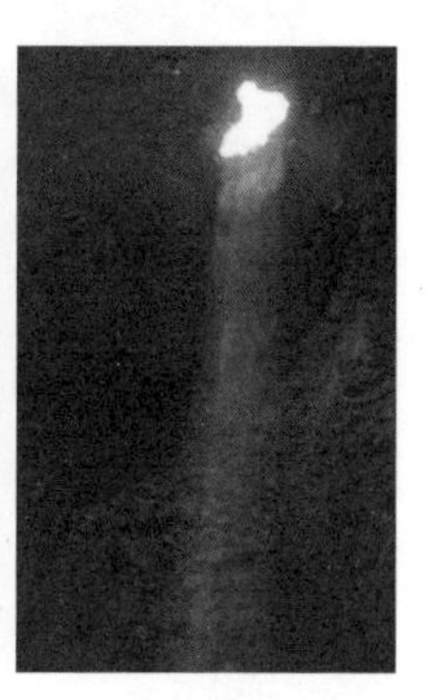

图 35：叶茹温萨卡洞穴内部

增彭措便在该洞闭关修行过月余。叶茹卡那寺正在使用中的佛殿亦是一根据修行洞的地形走势而修建的，其建筑整体高度为一层，建筑形体根据山脉走势修建，与山体自然融合。

7月25日（离开梅日寺）

今天我们在梅日寺的调研测绘工作已经基本结束，向寺主仁钦洛追活佛和丹增彭措活佛辞行后，我和王浩下午便离开了梅日寺。当我们走到寺庙门口的时候，发现很多僧人在热闹地干着什么，走近了才发现，从山下运送物资的大卡车后侧车轮陷入了山上的一处泥沼中，大批的僧人都来此帮忙推卡车，我们顺便也上去搭了把手，然后跟与我们认识的四川僧人握手告别。因为事先也没有联系到车子，我们便徒步向山下走去，选择的路线和来时并不相同，而是一条到山下去的“小路”，其实这里并没有路，只有陡峭的山坡和四处散乱吃草的牛羊。之后我们来到了土布加乡的一个小旅馆住宿，等待第二天去日喀则的班车。

7月26—29（日喀则休息）

这几天都在日喀则待着，计划着去热拉雍仲林寺的事情。

7月30—8月2日（热拉雍仲林寺调研）

这几天我们去了热拉雍仲林寺进行相关的调研工作，我们与寺管会工作人员一起住在了寺庙书屋。热拉雍仲林寺（图36）是孜珠寺的母寺，现在的建筑基本上都是新修的，杜康大殿（百柱大殿）尤为显著，整个寺庙的环境比较优美，很适合僧人们在这里修习佛法，加上拉日铁路的快速修建，这里也必定会成为一道美丽的风景。我们去的时候正巧寺里僧众放假，也没赶上什么法事活动，而这里的高僧要到梅日寺去找丹增彭措活佛学习并探讨一下佛经上的奥义，于是，我们做完了相关的测绘调研工作便准备回日喀则。

热拉雍仲林寺可谓历史悠久，该寺庙位于日喀则南木林县奴玛乡热拉村沃拉甲桑山脚下，由苯教大师绛衮·达瓦坚赞大师于清道光十四年（公元1834年，藏历木马年）创建。寺庙修建在沃拉甲桑山麓的一片宽阔的台地上，占地600亩左右，主要由杜康大殿、通卓拉康及几座康村构成。寺庙周围交通便捷，距离著名的达竹卡渡口约 10 km，沿着拉萨至日喀则的公路到达竹卡渡口就可以看到它，从渡口遥望，红色的庙墙、金黄的屋顶便映入眼帘。该寺庙在“文革”期间被损毁，直至 1982 年由僧人主持修缮，后发展延续至今。

创建该寺庙的大师达瓦坚赞出生于公元 1796 年，出生地为今四川省阿坝藏族自治州松潘县境内。在其 12 岁之前一直追随着当地苯教高僧修行苯教的基本教义及基础知识。13 岁时，他奉父命来到当时安多地区比较知名的苯教寺庙囊修寺进行修行，这段时间的修行使他对苯教的认识更加充分。18 岁的时候开始随朝拜队伍到西藏继续深造，在此期间他朝拜了比较有名的苯教神山圣湖，之后来到后藏日喀则的梅日寺出家并拜当时梅日寺堪布索南洛珠为师，大师让其在萨迦寺修行了 11 年之久，30 岁的时候他在萨迦寺取得了格西学位。待修行期满后，他来到了梅日寺随师父继续学习并受比丘戒，之后开始云游苯教圣地。经过 6 年多的时间，他朝拜了所有苯教圣地、庙宇及佛教圣地，之后回到了梅日寺，在与梅日寺高僧进行交流后发现很有必要在距离梅日寺不远处的雅鲁藏布江北岸修建一座寺庙。经过各方面的努力，于公元 1834 年修建了现今的热拉雍仲林寺。如今，该寺成为嘉绒、安多、琼布及康区多位苯教僧侣修行的重要道场之一。

热拉雍仲林寺坐落于沃拉甲桑山脚下，寺庙建筑群体面向东南方向且地势平坦，高差较小，从远处眺望建筑群体恢宏大气，即将修建的拉日铁路在其东南边通过，该寺可谓是拉日线上的一道亮丽的风景。雍仲林寺在选址上不像藏东孜珠寺及日喀则的梅日寺或其他苯教寺庙一样将寺庙修建于山顶上，并依照山势走向建造，而是选择修建在山脚下地势相对平坦之处，交通非常便利。雍仲林寺主要由杜康大殿（图 37）、达瓦坚赞灵塔殿（图 38）、甘珠尔大殿（图 39）、拉让大殿、护法神殿（图 40）、转经大殿（即寺庙医院）（图 41）、通卓拉康（图 42）及活佛、僧人的僧舍（图 43、44）组成。由于基地高差的特殊性，使得整个寺庙按高程分为两大建筑群体，即是由以杜康大殿为主的第一序列建筑群和以通卓拉康及达瓦坚赞灵塔殿为主的第二序列建筑群。

热拉雍仲林寺的转经线路分为两条，第一条主要以土路为主，整个寺庙建筑围绕在转经线路之内；第二条是以杜康大殿为中心的石砌路面，杜康大殿院内有东西两个侧门，苯教的转经是逆时针方向，所以转经的起点是从大殿院内的东侧门开始，向东北面行走经过几段台阶路面，然后绕过活佛及僧人住所，最后经西侧门而入。寺庙内大殿与大殿之间的道路大都以石块铺砌，加之其地理位置相对较好，树木繁茂、

郁郁葱葱，围绕寺庙转经并不会使人感觉烦累。寺庙的扩展是以杜康大殿为中心向四周逐渐延伸，因沃拉甲桑山泥土比较松软，不宜在山上修建建筑，故而整个建筑群只能沿山脚修建且在布局上呈东西方向延伸。杜康大殿西南方向不足 20 m 处为寺庙医院，该建筑之前为转经大殿，后因需改成了寺庙医院，但内部的陈设并未改变（图 45）。紧邻杜康大殿的建筑为寺庙书屋，因寺庙管委会用房正在建设中，所以现在寺庙书屋被寺管会的人员所使用。杜康大殿以东为两栋僧舍建筑，北面为第二序列的建筑，它们分别为二层僧舍（图 46）、甘珠尔大殿、琼卡康村（图 47）、通卓大殿等建筑，到达这些建筑要沿着弯曲的石砌小路拾级而上，加上寺庙周围种植的繁茂植被，使人行走在其中感受到一种中式园林的清幽。

（1）杜康大殿（百柱大殿）

杜康大殿为热拉雍仲林寺最大的佛殿，是该寺进行宗教活动的主要场所，其形制规模较有序，大殿及其周边建筑在规划上整体呈现“回”字形布局，杜康大殿在最北边（图 48），其西边为一、二层单廊式兼具僧舍及厨房功能的辅助用房，房间单层面积为 192 m^2，其一层主要以厨房及仓储用房为主，且厨房在高度上贯穿上下层，

图 36：热拉雍仲林寺的鸟瞰图

图 37： 杜康大殿

图 38： 达瓦坚赞灵塔殿

图 39：甘珠尔大殿

图 40：护法神殿

图 41：转经大殿（即寺庙医院）

图 42： 通卓拉康

图 43：活佛僧舍

图 44：僧人宿舍

二层主要以僧舍为主，房间在结构上采用西藏传统的夯土结构，颜色以红、黄为主，红颜色主要用在柱身及柱头上，黄颜色主要为墙体的颜色（图 49）；杜康大殿东侧及南侧为可供人在其内部行走的“L”形单层游廊（图 50），其南侧游廊内有用混凝土沿墙而砌筑的三层台阶，台阶高约 0.4 m，是举办法会时僧人们打坐念经的地方；“回”字形的中间为一露天开敞的广场，广场以石块铺砌，面积约 800 m^2，广场中间靠北侧为一棵高约 7 m 的古树，其侧面为煨桑所用的煨桑炉（图 51、图 52）与经幢杆。每逢寺庙举行盛大的法会时，该广场四周会挤满从四处涌来观看法会的苯教信徒，广场中间为表演神舞的僧人。

杜康大殿分为上下两层，规模宏伟。大殿主要颜色以红色为主，主体结构以夯土墙为主，大殿外侧墙面采用在夯土墙的最外层铺砌石块的建筑装饰手法（图 53）。从广场进入大殿需要上六级踏步，大殿一层共有三个出入口，中间的出入口是佛殿殿堂的主要出入口（图 54），其余两个出入口为进入佛殿殿堂的次出入口，中间出入口在立面上用黑色的帷幔将其自上而下罩住，进到帷幔的后面是由 4 根柱子支撑的前堂（图 55），前堂可以作为进入佛殿殿堂的缓冲空间，藏族聚居区寺庙普遍采用这种带前堂的建筑空间形式。前堂四周的墙壁有各种壁画，最典型的壁画形式是在墙壁两侧画有四大天王的佛像。前堂面积为 51.3 m^2，其开间为 8.1 m，进深为 6.3 m。前堂北面墙壁中央有一扇宽 2.8m 的大门（图 56），进入大门便可以到达主佛殿（图 57）。主佛殿面积为 354 m^2，其开间为 19.7 m，进深为 18m。殿内有 36 根柱子支撑，大殿墙壁四周除大门处均放置苯教佛像（图 58）。殿中摆放有经书（图 59），我们调研时，有幸与寺内工作人员交流（图 60），丰富了调研资料。由于大殿面积比较大，且其内部墙面无窗洞，就会存在采光方面的问题，藏族聚居区解决采光问题的基本做法是将大殿中部的部分柱子抬高至 2 层的高度，然后在其高出一层的部分开设封闭的木质采光天窗，这种做法从另一个层面上也解决了佛殿内供奉大尺寸佛像的困扰，一举两得（图 61）。

转经是藏族聚居区民众特有的一种宗教生活习惯，转经时信众围绕着特定的一条环形路线行走，在行走的过程中口中念着相关的佛教密咒，意在为自己或家人消灾祈福。杜康大殿一共有两条转经路线，其东西两侧各有一间藏经殿（图 62），就是“甘珠尔殿”和“丹珠尔殿”，这两个殿堂与中部佛殿一起构成了杜康大殿内部的第一条转经道（图 63），转经时信众从大殿中部进入，然后经过右边的殿堂沿逆时针的方向再转回到佛殿为止。第二条转经道为环绕杜康大殿转经（图 64），起点从杜康

图 45：寺庙医院

图 46：二层僧舍

图 47：琼卡康村

图 48：杜康大殿

图 49：二层单廊式辅助用房

图 50：东侧的“L”形单层游廊

图 51：古树、煨桑炉、经幢杆

图 52：古树左侧的煨桑炉

图 53：大殿外侧的墙面装饰

图 54：大殿中间的主要出入口

图 55：前堂

图 56：前堂北面墙壁中央的大门

图 57：主佛殿

图 58：苯教佛像

图 59：经书

图 60：寺内工作人员

图 61：封闭的木质采光天窗

图 62：藏经殿

图 63：第一条转经道

图 64：第二条转经道

图 65：通卓拉康的屋顶装饰

图 66：坛城密宗图案

图 67：鹅卵石铺砌的内院

图 68：达瓦坚赞灵塔殿的入口

大殿东面的大门出，然后沿着逆时针的方向围绕大殿行至大殿西南角的大门进入广场。殿内供奉的主要佛像有两层楼高（约 8m）的铜质镏金苯教度母强玛（即卓玛）、金刚杵普巴佛、铜质镏金的苯教始祖顿巴辛饶，还有 3 层楼高（约 12 m）的铜质鎏金胜利佛及梅日寺的创建人喜饶坚赞和本寺创建人绛衮 • 达瓦坚赞的镏金铜像。原佛殿里供有用金、银、铜制成的五灵塔，塔内安放本寺历代法师的法体。原殿中还有一对各为两公斤重的纯金供灯。

（2）通卓拉康

热拉雍仲林寺的重要殿堂通卓拉康（图 65）位于寺院东北侧，“通”译为“见”，“卓”是“解脱”之意，由名知意，来到热拉雍仲林寺朝拜的信徒们若到通卓拉康朝拜，僧人们就会给信徒敬圣水帮助解脱尘世之苦，当然此种待遇并不是每一位来到该地朝佛的信徒都能够享有的。

通卓拉康位于整个寺庙建筑群的第二序列，整体为两层，局部三层。整个建筑占地面积 481 m^2，其中拉康大殿占地面积约为 254 m^2，附属用房占地面积为 227 m^2。附属用房是包括僧人僧舍、书房及厨房等与僧人生活相关的空间。拉康大殿内曾供养五座灵塔，在“文革”时期被损毁。之前这里供奉的是达瓦坚赞大师的灵塔，如今寺庙新修建了达瓦坚赞大师灵塔殿，故大殿内供奉的应该是热拉雍仲林寺前几任活佛的灵塔。拉康大殿屋顶装饰是由绘有苯教坛城密宗图案的木板块拼接而成的，显示出了苯教精湛的绘画艺术（图 66）。拉康大殿内壁画中央为绛衮 • 达瓦坚赞的画像，四周贴有苯教祖师顿巴辛饶纸质照片的千佛像。

通卓拉康建筑结构为藏式砖木结构，墙体为毛石块垒砌。外墙颜色主要有红、白、黄与黑，红色用在主体大殿处，白色用在附属用房处，黄色大多用在窗与门的香布处，黑色用在窗框与门框周边的巴卡处。几乎所有的藏式门窗，其周边都有一圈黑色的边框，这种边框被称作“巴卡”。附属用房与拉康大殿组合形成一个带封闭内院的建筑空间，从总平面上看其建筑形式呈现“凸”字形。通卓拉康的大门在附属用房南侧靠中心处，门宽 2.2 m，进入大门便是由鹅卵石铺砌的内院（图 67），内院中间有一条用水泥铺砌的直通拉康大殿殿前踏步的通路，通路宽度仅有 0.6 m。拉康大殿的踏步有 11 级，这样在高度上就把拉康大殿提升到建筑二层的位置。拾级而上便来到了拉康大殿，大殿与其他大殿形制几乎无异，进入大殿之前有一个灰空间，该空间一般在墙壁四周绘有关于苯教四大天王的佛像。进入大殿映入眼帘的便是热拉雍仲林寺大德高僧的灵塔。大殿进深 7.3 m，开间 12.5 m。大殿内由 12 根柱子呈

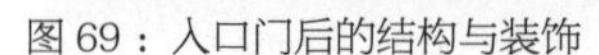

图 69：入口门后的结构与装饰

图 70：第二道大门上的装饰

图 71：达瓦坚赞大师的灵塔

图 72：殿内佛像

图 73：白色的僧舍的墙体

图 74：达瓦坚赞灵塔殿的墙面

三行四列排布，大殿高度为 3.9 m，在柱列中靠近大殿北面的 4 根柱子（灵塔便在该四柱之间）局部高度为 6.6 m。

（3）达瓦坚赞灵塔殿

达瓦坚赞大师灵塔殿（图 68 ~ 图 72）位于整个寺庙建筑群的第二序列，紧邻通卓拉康且位于其东侧。整个灵塔大殿占地面积约为 687 m²，整体布局呈“口”字形，由一个小内院将建筑分为前后两部分，前半部分为僧人的生活用房，后半部分便是灵塔殿。灵塔殿整体分为三开间，其中供奉达瓦坚赞大师的灵塔殿在中间的一开间，单层层高为 6 m，进入第一道宽 1.8 m 的门映入眼帘的是一面积为 32.7 m² 的灰空间，该空间内墙四周绘有具有苯教教义的图案及苯教四大天王，进入第二道大门便是供奉灵塔的大殿，大殿开间为 13 m，进深为 7 m，整个大殿空间由 8 根木柱子呈两行四列支撑，灵塔殿中间供奉达瓦坚赞大师的灵塔，其后面是一排直通屋顶的木质储物格，格内放有苯教高僧佛像，其他三面均贴印有苯教高僧大德的壁纸。大殿两边的房间在高度上分为两层，其内分别由 4 根简易圆木柱支撑，其功能暂为库房及仓储用房。灵塔殿及附属建筑面积为 595 m²，僧人用房建筑面积为 223 m²。

在颜色上，达瓦坚赞大师灵塔殿整体建筑颜色主要有白色、黄色、红色及黑色，前半部分僧舍的墙体整体粉刷白色（图 73），后面大殿部分统一用红色粉饰，黄色为门窗上香布的颜色，黑色的巴卡涂凸显了灵塔殿的神秘感。在建筑材料上灵塔殿主要材料为毛石、木材以及少量夯土墙等（图 74）。虽然整个灵塔殿是后来修建的，但在建筑手法上却是典型的藏式传统建筑的模式。

图 75：甘珠尔大殿的外墙、屋顶装饰

图 76：甘珠尔大殿内供奉的佛像

（4）甘珠尔大殿

甘珠尔大殿及护法神殿位置在整个寺庙建筑序列的第二序列，并且在通卓拉康的西面。甘珠尔大殿整体分为两层，占地面积为 357 m^2，建筑面积为 562 m^2。建筑一层为甘珠尔大殿，二层为一佛殿和僧人的僧舍用房。甘珠尔大殿内为一方形空间，其开间为 11 m，进深为 8.2 m，内部由 12 根木柱支撑，层高为 2.9 m。其外部墙面颜色为红色，门窗处的颜色与通卓拉康的颜色相同（图 75）。甘珠尔大殿内部墙面以黄色粉饰，地面为水泥地面铺砌，大殿内的柱子均为红色，柱头处雕刻了用不同颜色粉饰的纹饰。大殿中间正对大门靠墙处为供奉的佛像（图 76），其余两边放置了盛满《甘珠尔》经文的木质藏经架。出甘珠尔大殿向东走便是通往二层的房间，顺着房间楼梯可上至二层，二层中央为一围合天井，天井将建筑分为前后两个部分，前半部分为僧人活动用房，后半部分为一供奉苯教三尊佛像的佛堂，佛堂名称为“南迦拉康”，其内面积为 77 m^2，高度为 5.4 m。二层为僧人活动的场所，信徒未经允许不能随便进入。

8月3—5日（日喀则）

这几天我们回到了日喀则休整，并联系江孜日星寺的相关人员。

8月6日（江孜日星寺调研）

今天我们乘坐班车来到了江孜，联系了一辆去日星寺的车子后，便找了间旅馆住下了。江孜我去年来过一次，是扎什伦布寺古建公司的总工带我来的，上次来主要是帮忙看一下宗山的建设，而这次则是我带着学弟单独过来进行我们自己的调研工作。下午带学弟在周边转了一下，并买了东西为日星寺的调研做准备。

日星寺位于日喀则江孜县日星乡，从日星乡坐车约半个小时便可到达，寺庙规模较小，属于苯教四大仓“依仓”的发源地。该寺是由许叶列布大师于公元1156年修建的，寺庙在“文革”中被毁，后来在1986年由次仁多吉活佛带领进行了重建工作，寺庙里的僧人大都来自本乡。寺庙的传承特点为世袭制，现任活佛为第46代活佛，其侄子现在正在外学习苯教教法与经文，准备接任下一代活佛。寺庙经济来源主要依靠寺庙僧人的外出化缘和本乡信徒的布施。由于寺庙比较偏僻，并且名声相较其他苯教寺庙要小，故而很少有外地的信徒过来布施与求佛。日星寺分为两个部分，第一部分为现在的寺庙，位于山脚下，其建筑规模并不大，主要由一个大殿和其四周的僧舍组成（图77、图78），第二部分为之前损毁的寺庙旧址，其位置位于距离现寺庙步行约40分钟的山顶上，只剩下残损的墙垣和墙基（图79），距离现寺庙西南边不远处山坡上有一修行洞，据说是许叶列布大师曾经的修行洞。

日星寺（图80）在整体布局上呈长方形，除了一处高为二层的许叶列布大师佛殿外，其他建筑均为一层僧舍用房（图81）。寺庙整体坐西朝东，进入寺庙的大门开在东边，寺庙建筑材料由毛石垒砌，部分地方用夯土夯筑，其内部结构为藏式的木柱梁结构。许叶列布大师佛殿为新修建的建筑，其建筑主体已经完工，室内装饰正在施工当中。进入大殿要上六级踏步（图82），然后到达玄关处。玄关为开敞玄关，没有设置门窗将玄关与外界空间阻隔，玄关内有4根木柱子，玄关开间为4.8 m，进深为5.2 m，面积为24.9 m^2。玄关两侧各有一房间，正对玄关右侧房间为仓储用房，其面积为10 m^2，其东边开有一宽度为0.8 m的窗户。正对玄关左侧房间为交通空间，该房间内有上至二层的楼梯。正对玄关的房间为佛殿经堂，经堂有一宽度为1.9 m的藏式木门，进入该门后来到了经堂，经堂面积为102 m^2，开间为10.4 m，进深为9.8 m，其内有16根柱子，沿开间方向呈四排四列排布，现经堂内部还处于施工阶段，

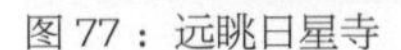

图 77：远眺日星寺

图 78：山脚下的日星寺

图 79：日星寺被损毁的旧址

有彩画工匠正在绘制精美的苯教佛像（图 83、图 84）。在经堂尽头右侧开有一宽度为 1 m 的门，进入门后便会发现又有一存放灵塔的佛殿，该殿是许叶列布大师灵塔殿（图 85~ 图 88），灵塔殿平面布局为正方形，其开间与进深均为 7 m，内有 5 根柱子，沿开间方向第一排为两根柱子，第二排为三根柱子，其地面铺装为土黄色瓷砖，四周墙壁粉刷黄色涂料，屋顶处没有进行吊顶，抬头便可看见裸露的檩条，柱子上挂满绘有苯教佛像的唐卡（图 89）。大殿二层在一层玄关相对应处有两间僧舍，其余的为一个大经堂,并在经堂右侧尽头开有一可以进入到一层灵塔殿屋顶的小门。现在二层还在修建之中，故不能使用。

在寺庙内院可以看到许叶列布大师修行洞，爬山约 30 分钟便可到达。修行洞外部整体颜色以红色为主（图 90），进入洞窟之前有一用毛石垒砌的白色的房间，其大门开在东边。从玄关拾级而上是一面积为 18 m^2 的小内院，北面为一僧舍，该僧舍是供僧人修习之用，内院南边便是许叶列布大师的修行洞了。进入修行洞要上 1 m 多高的台阶，进入洞窟便可看到其内平面布局呈半圆形，在门口靠东处有两根圆形的柱子，柱子之间有一方形的台地，据僧人介绍该台地曾是许叶列布大师修行的地方。在洞窟尽头有一宽度仅为 0.6 m 的小洞，小洞有通向二层洞窟的台阶，沿着台阶便可到达二层。二层在东边开有两扇窗户，其平面布局与一层相似，靠窗户

图 80 ：日星寺

图 81 ：一层僧舍用房

图 82 ：进入大殿的六级踏步

图 83 ：彩画工匠正在绘制壁画

图 84 ：不同的柱头彩绘

图 85: 许叶列布大师灵塔殿

图 86 ：灵塔前正在测量的笔者本人

图 87：灵塔前的贡品

图 88： 灵塔

图 89：苯教唐卡

图 90： 修行洞外观

处铺设有一排坐垫，守护该修行洞的僧人每天便在这里念诵相关的苯教经文，洞窟四周挂满了苯教唐卡。由于常年点酥油灯，洞窟四壁已经被烟熏上了黑黑的油层。

8 月 7—9 日（江孜日星寺）

日星寺修建于 1156 年，由许叶列布大师主持并创办，寺庙的经济来源除了少数信徒的布施之外，主要就是僧人外出化缘和做法事。在藏王赤松德赞灭苯时期，这里的僧人大都逃到了藏东昌都等地延续苯教的香火。如今当我和学弟来到这里时，这里已经不复当年恢宏的景象。

在调研期间，寺管会准许我们到日星寺的旧址，并派专人带领我们徒步了近两个小时，终于来到了旧址。日星寺的旧址范围非常大，修建在山顶（图 91），能够将附近的一切风景收于眼底（图 92）。现在该旧址被当地人加以利用成了露天羊圈。寺庙半山腰处也有一些规模比较大的遗址，疑为一些信奉苯教的大家族曾经的遗址（图 93）。笔者认为旧址的选择比新址要好，通过测量发现其规模也要比新寺庙大

图 91：修建在山顶的日星寺旧址

图 92：日星寺旧址附近的风景

图 93：寺庙半山腰处的遗址

许多，从其残存的墙垣能够推测出其辉煌时候的景象。整个寺庙建筑群分为僧舍部分、大殿部分和生产用房部分，其占地面积为 3571 m^2。从剩余残损墙体处（图 94）可知，其建筑材料以藏式的夯土与毛石碎块为主，其中建筑基底采用毛石碎块垒筑，墙体采用夯土内加毛石碎块共同夯筑。据该寺的僧人介绍，以前寺庙之所以选址在这里是因为这里有一处天然的泉眼，这样僧人们可以得到充足的水源。如今日星寺内仍存在饮水问题，需要僧人到很远的地方背水饮用（图 95）。离开寺庙旧址，在山坡的不远处依稀可见有一些残损的房屋，只剩下以毛石为主的内外墙体轮廓。

询问这里的僧人，他们也不能说出这些房屋的用途，于是笔者进行了大胆的猜想：可能这些房屋本来就是属于寺庙的，其功能为僧舍建筑；也有可能这些房屋在很久以前是某个小村庄或者某个姓氏比较大的家族的，他们住在寺庙附近成为寺庙最大的施主，并且得到寺庙的护佑。

图 94：寺庙剩余残损墙体

图 95：僧人打水之路

8 月 10—13 日（拉萨接二帅）

日星寺的调研工作顺利完成，我们返回了日喀则，准备下一步的工作计划。学弟二帅要来拉萨与我们汇合，因为王浩学弟身体有一些不适之感，故我让他这几天先留在日喀则休息，我去拉萨接二帅学弟。二帅学弟这次是从河南老家直接过来西藏的，所以接到了学弟后，我们在拉萨稍微休息了一天，看学弟是否有高原反应。二帅去年也来过西藏参加各种调研测绘工作，这次除了有些拉肚子，身体基本上没什么大问题，于是我们便买了去日喀则的车票继续我们的调研测绘工作。

8 月 14 日（日喀则办理边防证）

在西藏做事没有认识的人是不行的，我去日喀则边防办理去往聂拉木、亚东等地的通行证，结果人家直接拒绝了。后来打电话给熟悉的人才把该问题解决。

8 月 15—18 日（日喀则罗布寺调研）

我们去聂拉木县主要是为了调研那里的苯教寺庙罗布寺，该寺庙之前属于吉隆县，从 1996 年开始被划归聂拉木县，是四大扎仓“巴仓”所在地，已有 980 多年的历史，创始人是巴顿嘉瓦喜饶。寺庙环境非常优美，修建在湖泊旁边的山顶上，寺里有僧人一名、居士两名，山下是罗布村，这里的村民信奉苯教。“文革”时期寺庙大殿为存放粮食的仓库，故此得以保存至今，除了大殿之外其余的建筑均在“文革”时期受到不同程度的毁坏。但是，大殿原为三层，如今已变成二层，有一层也已被损毁。也许正因如此，巴顿嘉瓦喜饶的后代从第 13 代开始便搬迁至那曲巴青县开始继续传播苯教。

罗布寺（即喇普寺、鲁普寺）（图 96）位于西藏日喀则地区聂拉木县绒波乡罗布村（图 97），从绒波乡政府驱车约 1 个小时便可到达，其道路以颠簸的土路为主（图 98），罗布村位于佩枯错旁（图 99、图 100），选址极佳。整个村信奉苯教，只有一条通向外界的道路（图 101），村子地势平坦，西面临湖（图 102），北面与东面均有高山环绕（图 103），而罗布寺便坐落在一高于村庄的小山坡上，是整个村庄地势最高的建筑（图 104），这也符合了其等级与地位上的要求。该寺现有 1 位僧人，12 位居士，在调研期间该寺的僧人因佛事活动外出，故而未能得见。寺庙整体规模不大，现仅存一佛殿可供使用，其余的建筑均已经残损且无人进行修复（图 105）。该寺主要的经济来源为罗布村的 36 户居民的日常供养，基本上没有其他地方的信徒前来朝拜，寺庙内壁画保持了原来的面貌。该寺有一修行洞，该洞是嘉瓦喜饶大师第四代孙巴顿桑波的修行洞，因只能徒步上山且单程要走 2 个多小时，故而未能到洞窟进行相关的测绘。

寺庙大殿由诵经殿堂、僧舍及内院组成（图 106），其大门开设在东面，大门宽度为 2m（图 107）。进入大门便可来到佛殿内院，内院面积约为 71 m^2，其西面为僧人和居士的僧舍，东北面开有一门，西北面有一上至二层的藏式木梯。进入大门后再入一门（图 108）便是一个玄关空间，该空间面积较小，仅为 5.671 m^2（图 109），其内还开有一门，进入该门便来到了真正的佛殿大堂。佛殿按照东西方向分前后两个部分，东部是由 6 根木柱子支撑的佛堂空间，该空间为僧人们日常诵经礼佛的地方（图 110）。柱子按照开间方向分为两行四列，开间方向柱间距为 2 m，进深方向柱间距为 3.2 m。若以沿大门方向的柱子为第一列柱子，那其第三与第四列的 4 根柱子在一层是挑高的，其挑高部分在二层四周是一层大殿的采光天窗（图 111）。柱子后边是一“U”字形挡土墙，其长度为 6 m，厚度为 0.5 m，与大殿两边墙体之间的净距离为 1.1m，墙的后边是一佛殿，现在该佛殿内存放的是《甘珠尔》和《丹珠尔》佛经典籍（图 112）。佛殿四周有一圈宽度为 1.1 m 的走廊将其围绕，该走廊形成了围绕大殿一圈的转经道，这样就满足了前来转经的信徒的需求。一层大殿最珍贵的资源是其墙壁四周的彩绘，该彩绘是修建寺庙初期所绘制的，在经历了历史洗礼后依然存在于寺庙之内，颇具研究价值，但由于寺庙方面在当时并未认识到其历史价值，故未曾用心保存与爱护，使得其某些部分破损严重，大殿目前壁画完整程度在 20%—40%（图 113）。佛殿二层主要以僧舍和大殿为主，三层已经基本废弃不用。

从现状来分析，大殿颜色主要以白色和红色为主，红色用在大殿第三层殿堂与其外围的女儿墙处，白色是墙身的颜色，少量的黑色用在门窗的巴卡处（图 114）。殿堂内部主要以木梁柱体系来承重，木梁柱以红色为基底，在其上绘制或者雕刻各种与苯教有关的彩画与神兽，由于年代比较久远，梁柱上的彩绘已经变得暗淡，但从其残余的颜色中依稀可见时间的划痕（图 115）。修建大殿所使用的材料在墙体上主要以毛石块为主，在石块之间用泥浆进行填缝处理（图 116），如今寺庙虽未弃用，但以现在村民的收入情况来看，难以支付寺庙的修缮资金，所以寺庙显得有些陈旧（图 117）。现距调研时间已过去多年，在政府扶贫政策的支持下，村民生活已经改善很多。

图 96：罗布寺石碑

图 97：俯瞰罗布村

图 98：颠簸的土路

图 99：位于佩枯错旁的罗布村

图 100：佩枯错风景

图 101：罗布村通向外界的唯一道路

图 102：地势平坦、西面临湖的罗布村

图 103：北面与东面有高山环绕

图 104：坐落在小山坡上的罗布寺

图 105：残损的罗布寺

图 106：俯瞰罗布寺

图 107：寺庙大门

图 108： 由此进入玄关空间

图 109： 玄关空间

图 110：僧人们日常诵经的地方

图 111：大殿的采光天窗

图 112：佛经典籍

图 113：墙壁彩绘

图 114：大殿外观

图 115：梁柱上的彩绘

图 116：大殿的修建材料

图 117 罗布寺的村民生活

8 月 19—20 日（日喀则送王浩）

这两天在日喀则休整，学弟王浩由于身体原因返回了南京，余下的日子由我和二帅继续进行调研。我们下一站准备去定结的恰姆石窟进行调研工作。

8 月 21 日（日喀则定结县恰姆石窟调研）

早晨一大早起床后，我们便去车站坐去定结的车子，大概中午的时候我们便来

到了定结县。西藏的县城都不是很大，格局就是以一条主干道为轴线，两排并列布置很多店铺，就是县城中心了，出了主要干道，便是通往下面各乡的路。我们联系到了定结县广播局局长，局长因公在日喀则开会，便喊来了办公室主任陪同我们，我们自己解决交通问题。待一切都交涉好之后，我们便驱车前往恰姆石窟。恰姆石窟保存得还算完好，但石窟壁的彩画还是有不同程度的损坏。

恰姆石窟位于定结县琼孜乡恰姆村西南约 3 km 处，距离定结县城东南 75 km，北边与萨尔乡接壤，东北与定结乡临近，南靠喜马拉雅山脉与尼泊尔毗邻，海拔高度 4506~4600 m，整个石窟位于吉曲河西岸果美山的半山腰处（图 118 ~ 图 120），南北长约 863 m，东西宽 11~105 m，占地面积约为 56 096 m^2。石窟群最高处距离地面 30 m，崖面走向以南北向为主，分布有 3 个洞窟群，自南向北依次编号为 K1、K2、K3，也就是所说的三区：Ⅰ、Ⅱ、Ⅲ区（图 121）。据统计，整个石窟群约有 105 座洞窟，其中Ⅰ区 29 座、Ⅱ区 35 座、Ⅲ区 41 座。Ⅰ区石窟群被称为“普堆拉章”，意为“上部洞窟的上师居所（寺）”，南北长 287m，现有六层石窟；Ⅱ区石窟群被称为“普麦拉章”，意为“下部洞窟的上师居所（寺）”，南北长 258 m，依地势高低自上而下开凿五层洞窟。Ⅱ区与Ⅰ区的交界处有一处佛塔基座的废墟，长和宽均为 6.65 m，残高 0.9~2.2 m；Ⅲ区石窟群被称为“恰姆旧村”，为今恰姆村搬迁至现址之前的村庄所在地，地势高差不是很明显，南北长 318 m，石窟较集中地分布于北端，崖壁上开凿四至五层石窟。恰姆石窟群所处位置的地貌与敦煌及西藏西部、中部大部分留存石窟的山崖地貌类似，都是沿着河流在河岸一侧或两侧，在土山或沙石沉积岩面上开凿石窟。果美山东侧靠近给曲水的一面，地质结构以黄土与砾石形成的不稳定的沉积岩为主，缓坡和崖面成为造窟的主体。该石窟在 2009 年被评为西藏自治区级文物保护单位，洞窟内建筑及周边环境呈现较为原始的状态。但因缺乏防滑坡措施，山崖崖壁常年受雨水冲刷，导致墙体酥碱变形严重，石窟周围崖壁形成了很多雨水冲刷的空洞及沟槽（图 122）。另外，周边村民和信徒经常到此朝拜并进行燃香等宗教活动，灯烛、香炉台都在石窟寺内，长期的烟熏火燎，使得石窟内的壁画严重褪色。

最南端有一较大的洞窟（Ⅰ区 1 号窟），该洞窟为一座造像窟，坐西朝东，平面呈马蹄形。窟门立面为圆角长方形，原开凿窟门高 2.7 m、宽 1 m，后人用土坯砖垒砌的窟门高 1.95 m、宽 0.5 m，门道进深 1.5m（图 123）。窟门外侧上方崖面两侧各有一竖槽，用以架设梁枋。在其上方规则地排列有若干孔，孔径为 0.15~8.35 m，

图 118： 恰姆石窟石碑

图 119： 恰姆石窟周边环境

图 120：位于半山腰处的恰姆石窟

图 121：洞窟三区示意

图 122： 年久失修的石窟

估计是用以架设椽子。距窟门 5.1 m 处的崖壁上砌有石墙，据此推断窟门前原建有类似窟檐或廊房的建筑设施。窟内最大进深 7.1 m、宽 5.65 m、高 4.75 m（图 124）。窟内现存泥塑头光、身光组合的神像背光共 32 组（图 125），分布于南、西、北三壁，东壁窟门上方坍塌严重，不知原来是否塑有神像。地面与窟壁、地面与供台相接处有 5 座高浮雕泥塑像宝座。从窟内残存的泥塑看，原泥塑像的表面应涂金，以金黄

图 123：窟门

图 124：窟内景象

图 125：Ⅰ区 1 号窟现存的神像背光

图 126：部分须弥座

图 127：佛像背光之间镶嵌的擦擦

图 128： 窟顶和壁面的壁画

图 129：北端 III 区洞窟的壁画

图 130： III 区洞外晒台

色为底，再以各种色彩做装饰。西壁正中为一主尊头光，以此头光为中心，在其两侧上、下方各塑有两组头光、身光。北壁与西壁相接处及壁面正中各有一主尊头光，以壁面正中的头光、身光组合为中心，在其上方和左、右两侧塑有五组头光、身光。南壁与西壁相接处及壁面正中头光、身光分布情况同前。这里的须弥座十分有特点，他们由孔雀、大象、狮子和马组成，分别象征了从冈底斯山发源的四条著名的河流（图126），须弥座之上为佛像，窟内佛像的佛头大部分均已损毁，佛像背光之间镶嵌擦擦（图127），窟顶平整。西、北、南三壁的头光、身光部分及其周围窟壁的缝隙和窟顶均绘有壁画，其中南、北壁及窟顶的壁画保存相对较好，色彩以黑、红、褐、白、绿、灰色为主。三个壁面绘有人物、花草、植物、卷草纹样等，窟顶绘满填花图案，窟顶与窟壁连接处绘有垂帐纹（图128）。位于上层泥塑与下层泥塑中间，尤其是下层泥塑头光、身光周围的壁面上贴有后期的擦擦，有的覆盖了早期壁画。因时间较久且人为燃烟行为不绝，很多壁画都已褪去了颜色，壁画形成年代因此无法考证。

位于崖壁中部的II区洞窟进深4.49 m、面阔3.91 m，窟内烟熏非常严重，只能凭肉眼推断有壁画存在。

北端III区洞窟进深5.26 m、面阔5.65 m，面积约为35. 80 m^2，中心最高点距地高约4.60 m，四周边缘距地高约4.41 m，窟内四壁绘满清晰的壁画（据壁画描述的场情和图案分析可能是后期所绘制，具体年代因未考证不详）（图129）。窟洞木门因常年暴晒，木构件糟朽，窟洞内佛台残损比较严重，洞外晒台由于年代已久，受自然侵蚀，残损严重（图130）。

恰姆石窟群的发现，对探讨西藏早期佛教艺术、佛教发展史，甚至后弘期初期西藏社会历史的进程具有重要价值。

8月22日（日喀则岗巴县乃甲切木石窟、多玛石窟调研）

我们在定结没有停顿，调研完恰姆石窟之后随即前往岗巴县，并于21日晚在岗巴休息。22日一早我们与岗巴县文广局拉顿局长取得了联系，并在他的带领下参观了岗巴县的石窟——乃甲切木石窟和多玛石窟。

多玛石窟地处岗巴县直客乡，是最近才发现的石窟。该石窟规模很小，并且位于断崖的半山腰处，没有直接的入口（图131），上次拉顿局长他们是用长梯搭接，然后找一身手比较敏捷的工作人员进入石窟进行调研。洞窟内的佛像与恰姆石窟应为同一个时期修建（图132），且工作人员在石窟内发现了用20世纪70年代的报纸所包裹的土质炸药和几枚雷管，洞窟内的佛像均被盗走或损毁。石窟外建有寺庙，与石窟相连（图 133、图 134）。

开凿于 11 世纪晚期至 12 世纪中期的乃甲切木石窟，位于西藏日喀则地区岗巴县昌龙乡的纳加村，该地处于以楚坦尼玛拉雪山为轴心的朝圣古道上，东接亚东商道，西临上部阿里。自 8 世纪中期，印度高僧莲花生应吐蕃赞普赤松德赞之邀到西藏传播密教，返回印度时曾途经楚坦尼玛拉雪山，并在此地修行弘法。石窟坐落在苦曲藏布河北岸一座砾岩小山的断壁上，现存 5 座洞窟，洞口皆朝南，距地面高约 10 米，按从西到东的顺序排列，5 座洞窟分别编号为 K1—K5，其中 K1、K2、K5 窟均不完整，且窟内无雕像壁画；K3 窟残存有壁画痕迹，但因烟熏无法辨识，K4 窟（以下称为金刚界坛城窟）存石胎泥塑的早期造像。

金刚界坛城窟是乃甲切木石窟群中保存相对完好的一个洞窟。窟内呈圆角方形，纵深 3.2m，宽 3.7m，高 3.2m。窟顶平整，绘有壁画，因日久烟熏已模糊。窟门高 2.2m，宽 1m（图 135）。窟内四壁在 1.5m 以上部分均为石胎泥塑造像，造像细长弯曲的眼睑、方圆前突的额头、细小而棱角分明的鼻子、抿起弯曲的嘴唇以及扁平的头颅和其上高耸厚重的顶髻等，无不传递着印度波罗艺术风格的特征，而宽阔的双肩与收紧的腹部所呈现出倒立梯形的体形似乎也延续着早期上部阿里的造像特征。

图 131： 多玛石窟周边环境和所处位置

图 132：多玛石窟窟顶的壁画和壁面的神像背光

图 133：乃甲切木石窟寺

图 134：乃甲切木石窟寺的景色

图 135： 进入石窟

图 136： 石窟北壁

图 137： 东壁

图 138： 西壁

图 139： 南壁

石窟北壁（即正壁）（图 136）中央为大日如来，狮子座，左手臂虽然残缺，但从遗留的痕迹看应结智拳印。身后有椭圆形的头光和后人加绘的背光。主尊右侧上方为羯磨，下方为莲花；左侧上方为金刚。

东壁分两区（图 137），东壁北侧的主尊为东方阿閦佛，象座，右手触地印，左手禅定印。主尊右侧上方为金刚王，右手置于胸前，左手位于腰间；下侧为金刚萨埵，右手持金刚杵，左手持金刚铃。主尊左侧上方为金刚爱，右手于胸前，持物残缺，左手于胸前持弓；下侧为金刚喜，两手于胸前作金刚拳姿势。东壁南侧的主尊为南方宝生佛，马座，右手与愿印，左手禅定印。主尊右侧上方为金刚光，右手于胸前，持物残，左手扶左胯；下侧为金刚宝，右手上举于额部，持物残缺，左手扶左胯，持物破损。主尊左侧上方为金刚幢，右手于胸前朝下半握拳，左手举至左肩并持幢；下侧为金刚笑，左右两手置于胸前，持物残缺。

西壁亦分两区（图 138），西壁北侧为北方不空成就佛，迦陵频伽座，右手于胸前施无畏印，左手禅定印。主尊右侧上方为金刚护，两手举至两肩侧作持铠甲状；下侧为金刚业，双手上举于头部，头部及双手持物残缺。主尊左侧上方为金刚牙，两手于两肩前朝内持金刚牙；下侧为金刚拳，双手于胸前，右手朝上，左手朝下，两手疑似相握五股杵。西壁南侧主尊为西方阿弥陀佛，坐具残缺，应为孔雀座，双手于腹前结禅定印。主尊右上侧为金刚利，右手于胸前持剑，剑的上段残缺，左手于胸前疑似持梵夹；下侧为金刚法，右手于胸前作揭莲花状，左手持莲。主尊左上侧为金刚因，右手疑似于胸前持金刚杵，左手扶腿；下侧为金刚语，两手于胸前持金刚舌。

南壁窟门上方分为两排，上排为站立的内外八供养菩萨，头戴三叶宝冠，上身裸露，下着长裙，腰肢纤细，臀部较宽。下排为四摄菩萨，天窗左侧为金刚铃和金刚锁，右侧为金刚钩和金刚索（图 139）。

8 月 23—24 日（日喀则亚东县白玛岗寺调研）

离开了岗巴县，我们便赶往下一处要调研的地方——亚东县进行相关的调研测绘工作。由于亚东县民宗局局长大旺那天值班，所以我们便在亚东休整了一天，为第二天的工作做准备，第二天我们便跟着大旺局长来到了白玛岗寺。该寺庙修建于半山腰处，我们坐着车子顺着盘山路一点点向上攀爬，偶尔在某一转弯处可以看到下面乡村的全景（图 140）。亚东（图 141）位于西藏和印度及尼泊尔的交界处，建筑的风格与藏式风格截然不同，主要体现在屋顶处，亚东这边屋顶大都是坡屋歇山顶，且其下可以放置木材及其他一些杂物，因为此地非常潮湿，加之尼泊尔建筑对该地区的影响，故此屋顶形式既美观又能够满足使用功能的需要，所以一直被沿用至今（图 142）。大约过了半个小时，我们到达了白玛岗寺。

白玛岗寺位于亚东县上亚东乡岗古村，驱车从亚东县大概走 40 分钟便可到达该寺（图 143）。白玛岗寺修建于公元 1106 年，是亚东县唯一一座苯教寺庙，如今寺庙已有 14 任活佛喇嘛。白玛岗寺之前被称为“雍仲拉迪寺”，而白玛岗在藏语中的意思为“荷花”。创始人是雍仲吉，他刚开始的时候在上亚东乡的山洞中进行修行，后来才慢慢地修建寺庙，然后寺庙周边慢慢地产生了村庄，所以该地是先有的寺庙，之后才有的村庄。如今该村有 30 多户人家，且全都信奉苯教，寺庙里有 3 位居士。该寺在“文革”期间曾作为粮仓，所以才得以保存下来，但由于管理不善等原因，寺庙曾经两次失火，损毁程度比较严重，后来在 1987 年进行过维修。寺庙最显著的特点便是屋顶的建筑形式，之前屋顶是用规则不一的平板石材铺装上的，具有典型尼泊尔建筑屋顶的风格（图 144）。在 1987 年的维修中，屋顶才更换为红色的铁皮包裹（图 145、图 146）。该寺曾经分为东、西两个寺庙，现今均被村民所使用，寺庙主要经济来源于整个村庄，基本上没有外来人员过来参拜。

寺庙面积不是很大，分为开敞的内院与佛殿大堂两个部分，佛殿保存得尚且完

图 140：乡村全景

图 141 ：亚东县风景

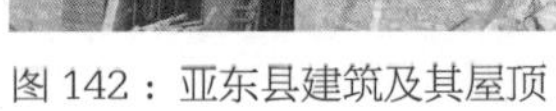

图 142 ：亚东县建筑及其屋顶

图 143： 白玛岗寺周边环境

图 144：其他建筑的屋顶用规则不一的石材铺装

图 145：红色铁皮包裹的屋顶

图 146：屋顶装饰

图 147：玄关

图 148：玄关墙壁上悬挂唐卡

整，占地面积为 288 m^2，内院面积为 101 m^2。佛殿整体坐西朝东，按照东西向分为两进房间，第一进便是玄关部分（图 147、图 148），玄关为半开敞式，其面积为 48 m^2，其最东边两处墙体间隔 7.6 m，墙体之间由两根十二角柱支撑，柱间距为 2.6 m，柱与墙之间的间距为 2.5 m，柱与墙之间用铝合金窗封闭，柱与柱之间用铝合金门进行封闭。玄关内墙四周墙壁并未绘制彩画，而是在腰线以上整体粉刷黄色涂料，腰

图 149：寺庙大院内放置的抗震救灾帐篷

线处以红、黄、蓝三种颜色粉刷，腰线以下以红色粉刷。佛殿第二进便是佛堂部分，其与玄关处有一宽度为 2.4 m 的双扇木门连接，进入木门便来到佛殿内部。佛殿面积为 87.5 m^2，其开间为 10.8 m，进深为 8.1 m，墙壁粉刷方式和玄关相同，中间有 4 根柱子呈两排两列排布。因建筑屋顶的造型受到尼泊尔建筑的影响，其四柱中间的空间并不能像传统藏式建筑一样挑高至二层，但这样采光就受到了影响，解决这个问题的唯一办法便是在大门两边各开有一宽度为 1.2 m 的窗户，笔者认为这种做法限制了进深方向的跨度。寺庙南边为残损建筑的墙垣，据了解，该空间之前是作为厨房被使用的，现在寺庙大院内放置了很多抗震救灾的帐篷（图 149），几乎无人在寺庙内居住。

8 月 25—26 日（日喀则修整）

这两天我们回到了日喀则休息，并为谢通门的达尔顶寺进行相关的调研工作做准备。

8 月 27 日（日喀则谢通门达尔顶寺调研）

因为谢通门距离日喀则比较近，所以我们一天就把达尔顶寺测绘工作完成了。达尔顶寺寺庙正在维修，寺里的僧徒也在外做法事，寺管会的工作人员对寺庙的历史也不是很了解，故感觉没有太多留在这里的价值，遂与学弟当天便赶回日喀则，准备下一个寺庙的调研工作。

日嘉寺（又称“达尔顶寺”）（图 150、图 151）位于日喀则谢通门县。从日喀则地区乘坐公车 3 小时左右便可达到谢通门县，该寺便位于县城的东北位置的山顶上。从县城乘车约 15 分钟便可到达该寺。该寺庙修建于公元 12 世纪，最初由辛氏家族的高僧益西罗追在公元 1173 年创建，1360 年辛氏喇嘛尼玛坚赞进行扩建，取名为日嘉寺。因为寺庙修建在达尔顶村里，人们通常称之为“达尔顶寺”。达尔顶寺是由两个部分组成的，一是辛氏家族的府邸色郭查姆，另一个是辛氏寺庙日甲寺。该寺在“文革”期间遭到毁坏。1982 年经国家有关部门批准，拨款对该寺进行了维修。主要负责维修的是前日甲寺的甲措老先生，他是达尔顶的村民，主持维修了辛氏家族府邸色郭查姆殿，又把失散多年的年幼的辛氏家族的继承者辛·诺布旺杰找回家乡，让其管理自己的寺庙。诺布旺杰出生在达尔顶辛氏家族里，幼年的时候失去双亲，其成长道路历经苦难与磨练。由于辛氏家族是苯教最受尊敬的家族之一，信徒们十分关注家族的兴衰，所以当达尔顶寺修建好之后，西藏的苯教信徒找到诺布旺杰并恳求他担任该寺的寺主。后期在信徒们不断地捐赠及政府的帮助下，寺庙逐渐修复成为一定规模的苯教小寺。目前为止，达尔顶寺的主要经济来源分为两部分，一部分是达尔顶村民的供奉，另外一部分是寺庙每年会派僧人到藏北牧区作法事化缘，寺庙以寺养寺能力较强。

寺庙整体建筑坐东北朝西南，从寺庙放眼望去整个达尔顶乡尽收眼底，进入寺庙的入口道路在寺庙的东北边，且为土路铺砌。寺庙目前正在进行修建。寺庙主要的建筑有两栋，一栋是卓康大殿，另一栋是伦珠颇章，其余的建筑均以僧舍为主。下面就对这两处大殿进行一下介绍。

（1）卓康大殿

卓康大殿（图 152）占地面积 776 m^2，建筑面积为 1258 m^2，整个建筑分为两层，局部三层。建筑颜色以红色、白色、黑色和黄色为主。红色主要为建筑主体部分的颜色，黑色用在门框及窗框处的巴卡处（图 153），白色为其旁边辅助用房的主要颜色，黄色用于寺庙屋顶四角的经幢等处（图 154）。外墙以条形毛石为主要建筑材料，其内部建筑材料以木梁柱为主，部分窗户处以现代的铝合金材料代替了之前的藏式木窗。

大殿一层分为两个出入口，主入口设置在南边，次入口设置在东边。从主入口

图 150：日嘉寺

图 151：日嘉寺屋顶

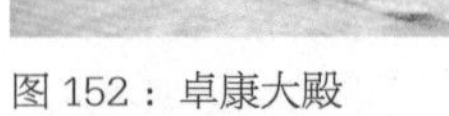

图 152：卓康大殿

图 153：墙体细部

图 154：经幢

图 155：内部装饰

图 156 ： 柱头装饰

图 157 ： 坛城和彩色墙绘

图 158 ： 伦珠颇章

图 159 ： 伦珠颇章大殿

进入大殿首先进入的是大殿玄关，其内有 4 根柱子支撑，其开间为 8.9 m，进深为 4.8 m。玄关面积为 43 m^2，其左右两侧均有一房间，房间现作为仓储用房，其内各 1 根柱子，开间为 4.7 m，进深为 3.9 m，面积为 18.5 m^2。玄关正中间开有一宽度为 2.2 m 的木门，该木门是连接玄关与佛殿的纽带，进入该门便进入了佛殿。佛殿开间为 20 m，进深为 15 m，面积为 300 m^2。佛殿内有 30 根柱子呈 5 排 6 列排布。大殿层高为 4.5 m，从第二排第二列柱子开始至第四排第五列柱子为止的空间是挑高层，其高度为 7.0 m 。大殿内部装饰华丽，柱头雕刻精美（图 155、图 156）。东面大门入口处可以直接进入佛殿，一般比较大的佛殿会有一至两个直通室外的大门，一是方便平常的使用，二是有利于疏散。现在佛殿内部还在进行装修，有很多工匠正在其殿堂内绘制苯教彩画（图 157）。佛殿北面有一殿堂，殿堂开有 3 个大门，其开间为 13 m，进深为 6.3 m，内有 8 根柱子，面积为 82 m^2。殿堂外连接大殿处有一圈宽为 1 m 将小佛殿环绕的转经道，这是该寺平面布局上最大的特点。大殿东边的附属用房的一层为厨房及仓储用房，其内有 4 根柱子，开间为 6.1 m，进深为 6.4 m，面积为 39 m^2。其室外内院有连通二层的木质楼梯，一层附属用房仓库部分在二层为寺院管委会办公室，其余部分为室外平台，进入佛殿二层的大门在平台的西南角，佛殿内柱子除一层高起的高窗外，其余都是和一层一样，其四周为连廊，南面为 3 个僧舍，僧舍在一层平面上是玄关及其两边的储藏室。平台其西南边为一个高梯，直接通往寺庙书屋，寺庙书屋的位置在一层与小佛殿相同。

（2）伦珠颇章

伦珠颇章（图 158）位于卓康大殿的东北侧，与卓康大殿之间相距约 16 m。伦珠颇章平面整体为长方形，并按照南北方向分为前、中、后三个部分，前半部分为僧舍及仓储用房，中间部分为一内院，后半部分为佛殿大堂。伦珠颇章整体高度为一层，但北面的佛殿部分在高度上要比南边的僧舍高。

进入大殿的入口大门开设在内院西边，进入内院大门的宽度为 2 m，内院面积为 49 m^2。内院西北角靠近佛殿的地方有一处用毛石简单搭建的小型煨桑炉，每逢节日或寺庙特殊的日子，这里的僧人都会举行简单的煨桑仪式，袅袅升起的白烟，伴着炉内柏树枝燃起的噼啪声，有那么一瞬间，我感觉在不为人知的某个维度空间里，人与神进行了一次沟通。内院南边为 3 间僧舍用房，总面积为 77 m^2，并在南边开有 3 个窗户。内院北边为佛殿部分，首先佛殿在高度上进行了人为抬高，进入佛殿之前首先要上 10 级踏步（图 159），然后来到佛殿的玄关空间。玄关南边与台阶连接处为开敞空间，未设置门窗，由两根宽度为 0.3m 的木柱支撑。玄关面积为 14 m^2，开间为 4.5 m，进深为 3.3 m。其左右分别有一面积为 5 m^2 的仓储用房。玄关北面有一宽为 1.5 m 的大门，进入大门便来到了佛殿。佛殿分为两个房间，一个房间为僧人平时念经的地方，另一个房间为寺庙的护法神殿。经堂开间为 6.4 m，进深为 6.6 m，其内部有 4 根柱子支撑，柱间距为 2.4 m，面积为 42 m^2。佛堂左边有一宽为 0.9 m 的木门，进入门后便是护法神殿，护法神殿内无柱子，其面积为 18 m^2，其内供奉该寺护法神。

8 月 28—29 日（日喀则）

今年在日喀则的日子随着调研的结束而画上了一个完满的句号，马上就要离开日喀则了，而且可能再也不会回来了，但我们的调研并没有结束。我们下一站是拉萨的尼木县。

8 月 30-31 日（日喀则—拉萨尼木县尚日寺）

日喀则没有直达尼木县的车子，我们坐的是去拉萨的车子，然后在尼木县的公路路口处下车。到达尼木县（图 160）后，联系到相关工作人员后，我们便前往尚日寺进行调研。尚日寺又名敏珠通门林寺，修建在离县城不远的一个村落的山坡上，其下为尚日村，尚日寺为新修的寺庙，和其他寺庙一样，以前的建筑被毁，现在修复的建筑大都为混凝土结构，其内饰也比较华丽精美，我们去的时候大殿主体建筑已经完工，内饰彩画还未能做完，僧人们也没在寺院内。

从尼木县县城开车约 20 分钟便可到达尚日寺（图 161–1），寺庙整体坐东北朝西南，建筑规模不是很大。该寺庙早前毁于一场地震，我们调研时，寺庙还处于整体修建过程之中，其中主要佛殿内部装修还没结束，护法神殿和部分僧舍仍在修建之中。

尚日寺是由佛殿、僧舍、附属用房及围墙等围合成了一带有中间内院的寺院（图 161–2），其大门开在西南侧，进入大门便来到了内院，内院北面为佛殿，东边为僧舍及附属用房，南边为从室外上 6 级踏步便可到达主佛殿一层平面的开敞玄关（图 162、图 163），玄关东面为直接上至二层的木质藏式楼梯，玄关四面墙壁粉刷黄色涂料，还未有彩画绘制于其上。玄关内有 6 根十二角柱子支撑，其中柱子按进深方向分为前后两排，第一排有 4 根柱子，第二排有 2 根柱子，第一排的柱子突

图 160 ：尼木县

图 161–1：尚日寺周边环境

图 161–2 ：尚日寺

图 162：尚日寺建筑局部

图 163：尚日寺玄关

出于玄关外墙 1.6 m，承接二层悬挑的屋檐，第二排的两根柱子与玄关的外墙相齐。开敞玄关面积为 57.8 m^2，其净开间为 15 m，进深为 3 m。玄关内墙处开有一宽度为 2.8 m 的大门，进入大门便是尚日寺的主佛殿（图 164），该殿面积为 150 m^2，开间为 15 m，进深为 10 m，内有 12 根柱子呈三排四列排布，12 根柱子全部上升至二层并且其外圈为用木头与玻璃围合而成的采光天窗。殿堂靠近大门左右墙面上各开有宽度为 1.6 m 的双扇门，门内有一面积为 56 m^2 的房间，其开间与进深均为 7.5 m，并有 4 根木柱子呈两排两列排布。在两个房间尽头另有一门，推门可见两旁各有一房间，房间内有两根柱子支撑，其面积为 37.5 m^2，开间为 7.5 m，进深为 5 m。两个房间之间由一宽度为 2.5 m 的廊道相连，这样从平面布局上就形成了以中央佛殿为中心，其左右相互连通的小佛殿为主要内部转经道的平面形式（图 165）。殿堂二层平面在功能上主要以僧人的僧舍与佛殿殿堂为主，这些房间围绕一层天窗两侧布局，并由一宽度为 2.8 m 的室外廊道相连。二层最主要的建筑为其北面的佛堂，面积为 112 m^2，开间为 15 m，进深为 7.5 m，其内有 12 根柱子呈两排两列排布。因该寺正处在修建之中，寺庙内其他建筑未能得到准许进行相关的测绘工作。

图 164：尚日寺主佛殿

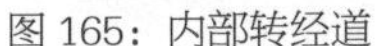
图 165：内部转经道

9 月 1—5 日（拉萨修整）

这几天在拉萨主要是联系前往林芝和那曲调研的相关人员，无事的时候和学弟来到布达拉宫广场或者大昭寺八廓街处闲坐，看看旅游的人们和虔诚的信徒。

9 月 6—8 日（林芝县调研）

在林芝县我们调研了苯日神山附近近乎所有的苯教寺庙，除了有一座寺庙非常险远且规模不大，当地工作人员不推荐我们过去。我们还对林芝县民宗局局长进行了相关的访谈，据他讲述，林芝地区苯教寺庙有 5 座，拉康有 2 座。林芝的苯教僧人大都来自四川松潘或嘉绒地区，且寺庙规模都不是很大，人数也不是很多。林芝地区苯教寺庙大多无修行洞。林芝在历史上属于多民族地区，本地区就有 9 个民族。据说林芝地区原有寺庙 365 座，“文革”后基本被毁，现有 93 座寺庙，其中有 19 座寺庙无人居住。

（1）达则寺

达则寺（图 166）又名“达则雍仲林寺”，位于苯日神山东南方向林芝县林芝镇达则村上处，属苯教寺庙，距县城 3 km 左右。俗称“安多寺”，因寺庙僧人大多数为安多地方人而得名。据传该寺初建于 17 世纪初期，由第一任活佛董工丹巴

图 166：达则寺

图 167：僧舍

图 168：佛像

图 169：玄关

图 170：佛殿

伦珠修建，距今有400余年历史。寺内主供佛为苯教佛祖顿巴佛，还有一座金塔、一座银塔和一个金制瓶以及一个法螺等贵重文物，寺庙主要佛事活动有藏历十一月二十九日举行的“达则米曲”。达则寺历史上规模较大，平时住寺僧人90余人，1950年地震时被震毁，后又重建，此时寺内僧人为40多人，僧舍及房屋130多间，还有田园、草场、牧场。寺庙内主要建筑为一平面形状为长“L”形的僧舍建筑（图167）与一座大佛殿。主要大殿坐东朝西，其西面中心处有一室外白色煨桑炉，煨桑炉南边放置一尊用汉白玉雕琢精美的佛像，该佛像外部用木头与玻璃制成的佛龛进行保护（图168）。寺庙其他地方用围墙进行维护，进入寺庙的大门开在寺庙的西面，寺庙内大院除与大殿和僧舍的连接处用青石板简单地铺设了道路外，其余地方均长有杂草，寺庙虽有僧人但无人进行日常打扫，任由杂草散乱生长。僧舍建筑在高度上为二层，一层为厨房与储藏室，二层为单廊式僧舍，僧舍建筑材料在墙体上一层主要以毛石为主，二层主要以夯土墙为主，在结构上一二层均以木梁柱承重，在颜色上僧舍建筑墙体主要以白色为主，其门窗巴卡处以传统的黑颜色为主。

大殿建筑整体坐东朝西，建筑主体两层，局部三层。大殿平面形式比较规整为一正方形，其占地面积为536 m^2。其一层最外侧除西面为主入口外，其余三个面紧贴外墙处被一宽度为1.5 m的外转经道包裹，这样能够满足信徒们对转经的要求。大殿一层平面形式较简单，自西向东分为前后两进，第一进为玄关部分，第二进为佛殿部分。玄关（图169）为一半开敞空间，其内有10根柱子支撑整个梁架体系，西面为4根，东边为6根。西面4根柱子之间之前为开敞样式，后来被人工加上了铝合金窗户，其中间两根柱子之间为一高度为1.5 m、宽度为3.6 m的双扇栅栏门，门上为铝合金窗。玄关面积为57.6 m^2，开间为18 m，进深为3.2 m。玄关两侧各有一宽度为1.2 m的窗户，玄关右侧为上至二层的木质楼梯。玄关东边与大殿连接墙体中间开有一宽度为2.0 m的双扇门，进入该门便来到了佛堂，佛堂面积为232 m^2，其开间为18m，进深为13 m。佛堂内有12根柱子，沿开间方向三排四列排布。大殿内沿最外层柱子一圈为其挑高天窗边线的位置。柱子在形式上以方形柱子为主，但第二排中间两根柱子是十二角柱的样式。大殿东侧放置苯教佛像，其余三面均为小佛龛，佛龛内存放苯教佛像（图170）。大殿二层在形式上有其自身的特点，最主要的特点便是挑高的天窗没有直接与室外相接，而是在二层建筑的内部，这样就使得建筑的一层平面佛堂出现了采光问题，这种问题只能通过增加一层室内的光源来解决。二层西面为一小型佛殿，其位置在一层的玄关之上，佛殿内供奉苯教佛像。

二层天窗两侧为封闭的转经廊道，廊道南北两侧墙面上开有窗户。

寺庙最主要的特点就是其屋顶的做法。其屋顶全部使用坡屋顶处理方法，完全没有藏式平屋顶的建筑手法。这种工艺是后期受到汉地和尼泊尔建筑影响下而产生的，因为前来修建寺院建筑的工匠不仅有藏族当地的匠人，也有从汉地和尼泊尔聘请过来的技师，使得修建之后的建筑有了多种文化的融合。

（2）尼池拉康

尼池拉康（图 171）又名“尼池古秀拉康”（古秀在藏语里是对柏树的敬语），位于林芝县林芝镇尼池村，距老县城 1 km，是一座苯教拉康。拉康前面有一棵大柏树，高度约 48 m，树围约 13 m，据传说该树是由苯教祖师顿巴辛饶于林芝修行时亲自栽种的，故而来此朝拜的香客络绎不绝。柏树现在已经成为该拉康的主要圣物，因此得名“尼池古秀拉康”。该拉康于公元 1329 年左右由色迦更钦寺活佛多丹日巴珠色创建，距今有 600 多年的历史。苯教信徒转经、转拉康者较多，据说转一百圈该拉康相当于转苯日神山一圈。历史上，该拉康主殿为两层，常住僧尼有 10 余人。拉康

图 171：尼池拉康

图 172：僧舍

图 173：礼佛大殿玄关

图 174：礼佛大殿佛殿

由达则寺管理。1993年，根据当地村民的要求，为了满足信教群众的信教愿望，现任拉康主持人塔克嘉措在国家拨款的基础上自筹资金30余万元，修复了尼池拉康，修有主殿三层十间、伙房、转经房、围墙等，寺内主供佛为占巴父子三尊（占巴南喀为父，才旺仁增为大子，白玛迥乃为次子）及顿巴佛，主供圣物为一棵巨柏树。1996年被林芝地区批准为林芝县16处宗教活动场所之一，僧尼定编为1名。

尼池拉康现存建筑仅为一带有内院的二层大殿和与其相隔一条小路的二层僧舍（图172），僧舍内居住的是寺管会的工作人员，因该寺活佛带领僧众在外地参加佛事活动，故寺内基本上没有多少僧人。僧舍建筑整体已经为现代的混凝土框架结构，只有其门窗处采用的是传统的藏式木门窗的形式进行镶嵌，其门窗上边混凝土过梁处绘有彩画纹样，整个建筑充满了现代气息。大殿建筑也是以现代建筑手法为主，其中夹杂着藏式建筑的建筑手法与表现。僧舍建筑东边便是尼池拉康的礼佛大殿，大殿整体坐北朝南，其四周有一圈围墙将大殿围绕，内院中央为一白色的煨桑佛塔，由于疏于管理，内院杂草丛生，显得有些杂乱，大殿东南侧便是柏树所在的位置。礼佛大殿一共分为两层，第一层通过七级踏步平台将大殿与室外连接，踏步平台长度为1.8 m，宽度为0.9 m。礼佛大殿按照南北方向分为前后两进空间，第一进为玄关连廊空间（图173），第二进便是佛殿空间（图174）。玄关为开敞式，其面积为69.36 m^2，其开间为18 m，进深为3.1 m。玄关南墙面东西两段墙之间的开敞间距为9.8 m，其内有两根十二角柱支撑，角柱与东西墙之间的距离为3.4 m，角柱之间的柱间距为3 m。两根柱子南边距离柱心1.8 m处为另外两根十二角柱，柱子距离玄关南墙面的净距离为1.2 m。这样礼佛大殿在整个南立面的特点便是其中心位置处有一上下两层向外突出的空间。这种处理手法在寺庙殿堂的做法上十分常用，既可以突出佛殿大堂入口处的层次感，也可以使得整个大殿显得威严与庄重，其不同的是选择突出的跨度有所分别而已。玄关南墙开有一宽度为1.5 m的窗户来保证采光的需要，玄关内部墙体粉饰黄色底色，并在其四周绘有能够反映苯教教义的壁画，在玄关东边有一宽度为0.9 m的“L”形木梯通至二层。玄关北墙正中处有双开大门，进入大门后便是佛殿。佛殿开间与玄关相同，其进深为14 m，面积为252 m^2。其内有12根柱子支撑整个大殿空间，柱子按照开间方向呈三排四列排布。佛殿东西墙面上各有3个宽度为1.5 m的窗户，佛殿一层天窗边线位置的东西方向为大殿第一排柱子所连接的宽度，其南北方向为第一列柱子与第四列柱子按进深方向直通大殿北面墙体的宽度。大殿东西两面墙体处为定制的小型佛龛，佛龛处供奉多座佛像，佛

龛外有两排佛架，其上并排放置了很多座大型佛像。佛殿北侧供奉 5 尊主供佛。佛殿内装饰并不是十分繁琐，其地面以暗红色瓷砖铺地，梁柱以红色颜料涂刷，并在柱头梁身等处绘有相应的彩画。大殿二层以僧人的僧舍及辅助用房为主，与其他苯教寺庙大殿比较相似。

（3）吉日寺

吉日寺（图 175）位于林芝县林芝镇卡斯木村西北侧山坡上，距县城（八一镇）约 25 km，是苯日神山上的又一座苯教寺庙。该寺庙大约在 15 世纪前后由该寺活佛追古罗丹宁布（今西藏昌都丁青县人）创建，公元 1600 年左右，该寺发生一起火灾，寺院被烧毁，后来该寺喇嘛吉日欧明久重建，规模与原来相同，历史上昌盛时期常住僧尼有 300 人左右，主供佛有一尊两层高的顿巴辛饶佛像，两层高金铜铸强玛佛一尊，另外还有内地皇帝赐的金印章一枚（具体朝代和年代不详，“文革”时期流失），先后历经七代活佛。1950 年发生大地震时，主殿二层全被震毁，后又再度重建，当时住寺僧尼 20 余人，主要佛事活动有藏历五月十日举行的“边达次久”活动和藏历十月二十九日举行的“古多”活动，以上两项活动均有信众参加。

吉日寺规模并不是很大，寺庙整体建筑坐东北朝西南，排列十分有序。寺庙建筑主要有诵经大殿、辅助用房及僧舍等，其中以诵经大殿为主。诵经大殿在整个寺庙建筑群的中心位置，其西南边为一高为两层的钢筋混凝土结构的僧舍，北面为一将寺庙其他建筑相连的围墙，南边为一规划有序的内庭院，内庭院南边及东边为一高为两层且相互连接的辅助用房，这些建筑共同形成了寺庙的整体形象。该寺也是笔者走访的规模较大的以女僧人修行为主的苯教寺庙。寺庙入口（图 176）设在了南面辅助用房中间的位置，其入口形式是以一整体凸出的二层单跨用房为主，用房一层为进入寺庙的主要通道，且为只有梁柱结构的架空层，其二层为僧人的生活及休息用房。为了凸显入口的重要性，其总高度要比辅助用房高出约 1.8 m，二层墙体结构为井干式且全部用红色涂料粉刷，二层屋顶为一四坡屋顶形式。进入门廊便可看到诵经大殿及僧舍等建筑，从门廊进入诵经大殿要经过一宽度约为 30 m 的内院，内院中间有两圈圆形的环路，环路四周有通向各个建筑的小路，道路四周布满草坪（图 177）。在第二圈环路东西两侧各有一白色的煨桑佛塔和一挂满经幡的法幢。这种规划方式笔者是第一次见到，故而进行了如下推测：可能是由于寺庙占地面积比较小，无法设置比较大的供信徒转经的转经道路，所以做成环形的道路让信徒可以沿着该设计好的道路转经，也可能是因为该寺是以女僧人为主的寺庙，有些禁忌或者习俗

图 175： 吉日寺

图 176：吉日寺入口

图 177：内院草坪

图 178 ： 诵经大殿

是笔者所不曾了解到的。

经过内院便是诵经大殿（图 178），大殿占地面积为 469 m^2，整体为两层，大殿立面按开间方向可以分为三段，其中间一段在高度上比较高，而且在颜色上是以较突出的红色为主，其左右两段在高度上一致且均低于中间段，颜色以白色为主。大殿屋顶的处理手法已经不是藏式建筑的方式，而是采用了坡屋顶的形式，这种设计方法应该是吸收了汉地和尼泊尔建筑的特点。诵经大殿一层以经堂和僧舍为主，其平面形式与立面相呼应，也可以分为三个部分，其中间部分为经堂，左右部分为僧舍。中间经堂分为前后两进，第一进便是玄关部分，在玄关部分的两侧有上至二层的楼梯，玄关为半开敞式布局，其南边与内院相接处有平台连接。玄关开间为 10.5 m，进深为 1.8 m。其外墙断开处有 2 根间距为 3.5 m 的十二角柱支撑上层的梁架等构件，角柱两旁各固定有一较大的转经筒。玄关与大殿相接处墙体为木质隔板墙，而不是夯土墙，因为屋顶的特殊处理方式，使得大殿内无法像传统藏式建筑那样在一层设置采光天窗，为了解决大殿内的采光问题，就只能选择在墙壁四周开设窗户

图 179：僧舍

图 180：诵经大殿佛殿经堂

洞口，而传统藏式大殿内四壁均要绘制关于教派的彩画等特殊要求，这样就只能舍弃其中一面墙体的宗教功能而使其转化为实用功能，一般在与玄关相连接的墙面上开设采光窗洞，该寺的做法便是这样。进入一宽为 2.4 m 的双扇门便来到了大殿内部，大殿开间与玄关相同，其进深为 12.3 m，其内部有 12 根柱子支撑，内部无采光天窗。平面的左右两部分为僧舍（图 179），其出入口各自独立，均开设在了东西两侧的墙面上，与大殿空间互不交叉。东西两部分僧舍按南北方向各分为两部分，其内均有 12 根柱子，且南边的僧舍建筑面积要大于北边的僧舍。大殿的二层空间与一层在功能上基本无异，中间部分为佛殿经堂（图 180），两边均为僧舍，但其交通流线以一层玄关的两个楼梯为主。

9 月 10—12 日（那曲调研）

火车 3 个多小时就从拉萨开到了那曲。那曲平均海拔在 4000 m 以上，常年阴冷有雨，我们到的时候下起了大雨，找到一家旅馆住下才了解到，那曲这边没有自来水，所有的水都是用户自己花钱买的，且那曲周边地区的用电也不是全天候供应的。第二天我们约到了文物局李局长，据局长介绍，巴青县有苯教寺庙 8 座，聂荣县有 6 座，比如县有 2 座，比较有名的寺庙是文布寺，其建筑保存尚好，但建筑规模并不是很大，去那里的道路不是很方便，在那曲调研最好的月份是 7 月或 8 月份。他帮我们联系了科长索朗，因索朗在拉萨出差，最近一段时间不回那曲，所以我们只好约在拉萨见面。

第四部分

2013年调研

调研人员：

索朗·秋吉尼玛

王　浩

孙　正

戚瀚文

4月1日（离开南京）

又要暂时离开南京了，内心有些许焦虑与迷茫。孔老师说三十乃而立之年，对我及一些人来讲只能立在学校了。我坚持认为学校是构成整个社会的一个很小的机构，就像把一碗水泼到江湖之后很难激起微澜，但是这个机构是构成社会核心文化价值的基础堡垒。用什么词来形容读博时期我的状态呢，焦虑最合适不过了，记得读研究生的时候，我每次都能睡到自然醒，而现在，太阳用它的温暖一点点把你暖醒的感觉也只能永远地封存在记忆里了。

因为去年在西藏调研时发生的意外，我不能够再像以前那样背着那令我自豪的登山包了，手术的代价是我的左腿膝盖半月板在跟了我 20 多年后离开了我，这件事情让我一度非常沮丧，毕竟它不像肉一样可以再生。去年的心情还没调整好，今年又要继续进藏进行相关调研工作，我的心里也没有太多的胜算。今年要去那曲地区调研，自然环境十分恶劣，在西藏属于四类地区，平均海拔高度 4000 m 以上，我之前去西藏都是先到拉萨进行停留，待适应了高原反应之后再继续向其他地方进发，这次要直接到海拔这么高的那曲地区，对我们来讲也是一种挑战，因为我深知我们的身体在每一次进藏后都会有一定程度的损伤，而且一次不如一次。

晚上导师给我们一行三人饯行，馆子选在了熟悉的新日村，桌上人数较多，有马上要跟随导师去美国调研美国教育制度的学长，还有正在修改毕业论文以及刚进入研一马上要开启研究生生活的学弟学妹们。吃喝完毕大家就各自散开了，我和两位学弟定在晚上 8 点 30 分从丁家桥校区出发。

八点半我们准点在丁家桥校区门口集合，我的舍友为我们送行。舍友是位山西平遥人，性格爽朗，我们没事的时候就聚在宿舍小范围内喝喝小酒聊聊天，想来这种比较惬意的日子也要在我离开南京而要宣告暂时结束了。告别舍友，我们便出发去了南京火车站，晚上 10 点多钟，我们乘上了从上海开往拉萨的 T164 号列车。

4月2日（火车上）

我们的卧铺在一个车厢里，这样很是舒服，方便大家交流。我的车票是中铺，但上车之后我和下铺的学弟换了一下位置。因为车厢内已经熄灯，我们简单收拾了一下行李物品便都歇息下了。这是我第一次坐卧铺去拉萨，依稀还记得前年和梁威、海涛还有登峰一起进藏的情形：虽然大家坐的是硬座，但大家心中都有一丝喜悦之情，因为进藏到拉萨看布达拉宫是何等的快慰，列车行进到一半路程的时候大家既乏又困，已经没有什么能够阻止想要睡觉的念头了，我们将自带的睡袋一半铺在座位的地下，自己躺在上面然后用另一半睡袋将自己包裹起来只露出头呼吸，俨然一副蚕蛹的样子。这样两个人在下面睡，另外两个人可以在座位上睡觉，总不至于很挤。

一早，我是在车厢列车销售员的吆喝声中醒来的，销售员总是一副激情澎湃的样子：同志们我想死你们了。这次他是以牙刷开始切入主题的，从一套牙刷几块钱到多套牙刷很省钱再到买牙膏送牙刷，他的包袱总算抖搂出来了，弄了半天是为了卖牙膏，可怜人家这么用心，要是我没带牙膏指定要支持一下他的工作，白天闲来无事我便和学弟们讲了讲去西藏应该注意的问题事项，然后拿副扑克打打牌来消磨时间。

4月3日（直赴那曲）

当列车经过了格尔木，翻越了唐古拉山口并且路过了沿途最美的措那湖后，我知道我们的目的地那曲就快要到了。之前去拉萨都必须经过那曲，那曲给我的印象是非常阴冷，因为每次经过那曲天上的云层总是灰的像是将要有一场大雨或是雨夹雪似的。这次我们比较幸运，那曲的天空没有像以前那样，而是少见的阳光白云，但那曲的风依然很强劲。索朗科长因公去拉萨汇报方案，去拉萨之前已经把我们的住宿行程安排妥当了。来接我们的是一辆三菱帕杰罗越野车，开车的小伙子名叫巴典，典型的藏族小男子汉的样子，皮肤黝黑，个子比较小，但开车还是蛮潇洒的。我们住在了那曲的桃源宾馆，刚来的时候整个地区停电，不过我还是比较适应这样的节奏的，因为之前在藏族聚居区其他地方调研时停电也是家常便饭。我们吃饭的地方也很近，就在宾馆的旁边且与宾馆一层由连廊连通，收拾好东西后我们便来到饭店吃饭，饭店只提供中晚餐，所以早餐我们要自行解决，不过这也没有带来太大的麻烦，只是难为两位学弟了。

真正的麻烦或者说考验是从晚上开始的，想必大家都能猜到，那就是高原反应。之前我讲过我能感受到身体在进藏调研的时候是一年不如一年，这次真的应验了，前几年我进藏几乎没有高原反应，除了在旅途中因衣服增添不妥而导致感冒外，没有感受到高反的厉害。而这次则不然，大概在晚上 9 点钟的样子，王浩学弟打电话告诉我他和孙正头疼得厉害，殊不知此时的我也是头疼欲裂，这种感觉就像是有某种生物体存在于你的大脑内，本来它们是不会被激活的，但高原是激活它们的介质，你来到了高原就点燃了这些存在于脑内的生物体，它们拼命地想要从你的脑内逃脱，

一阵一阵地突袭与冲击，让你的大脑处于无休止的疼痛之中。学弟们撑不住，我便下楼到宾馆那里要了三个氧气袋，心想吸了氧气应该能够缓解甚至能够将问题解决。大家吸过氧气后，高反的症状都稍微有些好转，因为此时已经快到 10 点多了，如果能够撑到明天，那问题也就好办了，我们可以找一家诊所打打点滴抑或是开点抗高原反应的药物。但在我睡得比较沉的时候却被突如其来的电话惊醒了，电话那边的声音很明显是学弟们，他们说头非常疼，要马上去医院，看了眼时间，此时是凌晨刚过几分，我相信学弟们也是真的受不了这种折磨。于是，我便打车带他们到了一个还在营业的诊所，其实治疗高反只要你没有对其他药物有过敏史，无非就是打点滴和吸氧。因为诊所也要下班，诊所的医生就把我们送回宾馆并在宾馆给学弟进行了静脉注射。我没有打点滴，但还是听医生的话买了 3 瓶罐装氧气瓶。等一切安顿妥当已经是凌晨 3 点多钟了，陪着学弟打完点滴，我看大家的状态也相对稳定了，便回到房间睡下了。

4 月 4 日（那曲）

今天是我们汉族的传统节日清明节，每逢佳节倍思亲，我也在内心对逝去的亲人进行了缅怀，希望他们在那边过得安乐祥和。学弟的身体在逐渐好转，王浩恢复得不错，毕竟去年是有过进藏经验的，孙正还有一点头痛，我也是在清晨 5—6 点多钟被头疼闹醒，但应该问题不大，慢慢适应了就会好了。吃过午饭我决定带学弟们在那曲县城转一下，一来必须要通过适当的运动来抵抗高反，二来我们建筑历史专业必须要扎根现场才能对本土文化有所了解和判断，因为我去年来过那曲，对那曲县的某些地方比较熟悉，边走边讲去年我和二帅在这里走过的地方。那曲的风实在是太大了，我们在那曲农贸市场兜转了一会便回到宾馆休息了，今天大家的状态还都不错，我内心也是暗自高兴，因为再这样过几天大家就应该能够适应高原反应了，还记得我们昨天刚来的时候，大家的嘴唇都紫得发黑，这是我第一次感觉到恐慌。可能是直接来到了高海拔地方的缘故吧，抑或是自己的身体真的已经不如从前了，高原反应一直伴随着我，尤其是在深夜 12 点多或清晨 5 点多的时候，心跳能够达到每分钟 130 多次，而且能感觉到清晨是头疼疼醒的。

4 月 5 日（那曲适应高反）

早晨还是被头疼疼醒的，这几天我们除了在宾馆基本上没有其他外出活动，去学弟宿舍发现孙正学弟今天身体状况很是糟糕，他偏头痛厉害，于是我便先带着他去诊所打吊针了，孙正本来就瘦，这几天下来快变成“瘦肉精”了，看着学弟日渐消瘦的样子我内心也有些不忍，毕竟高反不是一道数学题，有一个固定公式就一下子能够解决掉的，我们只能慢慢地适应这边的气候环境，毕竟西藏是全世界海拔最高的地方。过了会，王浩打电话说他也不是很舒服，我让他来诊所，然后找医生先给他吸了一会氧气观察情况，待吊瓶打完后孙正感觉身体好了许多，头不是那么的疼了，其实高反就像唐三藏念紧箍咒一样，不停地让你头疼欲裂，这种难受程度是让人害怕的。王浩吸完氧气感觉也不错，我便带他们找个地方吃肉，提高他们的身体恢复能力，本来高反让人头疼得就没有食欲，不及时补充蛋白质类的营养会更加糟糕。应对高反还有一个有效途径就是休息，尽量少运动，吃过饭我们便回宾馆休息了。那曲是没有自来水的，所有用的水都是自行收集或花钱买来的，我们住的宾馆洗漱用水应该是一半雨水收集一半买来的，洗脸放出来的水都不是纯净的，里面夹杂了很多灰尘，根本不能饮用，喝的水是宾馆专门买来的大桶装饮用水。吃晚饭的时候，外面下起了细微的小雪，不一会雪花就将那曲打造成了银白色的小城镇，道路上的雪飘落即化，而对面山坡上面全部披上了雪的盛装，景色虽美，但气候也随之恶劣。

4月6日（那曲适应高反）

今天天气阴霾，寒风时而夹杂着雨雪，气压低，氧气严重不足，头也疼得厉害。早晨起床后才得知王浩因头疼难忍，怕影响我休息清晨便独自跑去医院准备打吊针，结果医院工作人员劝说不要总打点滴，这样会对身体造成不好的影响，于是开了点药便回宿舍躺下了。看着学弟难受的样子我内心也很酸楚，以前我带队进藏大家也会有高反，但都没有这次严重。孙正恢复得还不错，早晨我和他强打起精神出去买了点稀饭包子带回来大家一起吃，在这种状态下，天塌下来也要吃饭，没有好胃口也要吃饭，学弟们问我为什么胃口这么好，我会心地一笑，跟他们说我天生胃口就好，难道我能把心里的真实想法讲给他们听吗，告诉他们其实我一点胃口也没有，作为一个领队最主要的工作就是要调整好大家的精神状态，我的状态可能会影响到整个团队的心情，所以我只能拼命地往胃里塞东西，以保证每天身体基本的营养消耗，同时也强逼着学弟像我一样多吃，用我的行动来带动学弟多吃一点，不给学弟带来消极的负面影响，越是在这种情况下大家就越是要互相打气，气势是一个影响内心世界的重要因素。

4 月 7 日（那曲适应高反）

早晨起床洗刷完毕后，给学弟宿舍打电话看他们是否起床了。孙正可能还是有一些头痛故在宿舍暂歇，我与王浩去外面小吃店吃了点早餐，然后给孙正带了些稀粥。可以说今天大家的状态又好于昨天，看着大家逐渐恢复的精气神和食欲，我的内心也感到了些许慰藉，毕竟在那曲这么高海拔的地方大家的身体健康才是最主要的，“生命诚可贵，爱情价更高”，我们的爱情不在这里，所以生命对我们来说是最宝贵的。中午大家吃过饭便来到了宾馆，那曲 4 月的风很大，空气中带着漫天的尘土，加上宾馆对面有一个垃圾集中点，每天都在焚烧垃圾，刺鼻的浓烟就随着空气随风飘散，然后再进入你的鼻息，进入你的肺泡内，让你很不舒服。有时候聊聊天也是缓解高反的有效途径，大家坐在一起谈着各自的生活目标及在身边发生的奇闻轶事，就这样聊着天大家都感觉头也不是很疼了，大概到了下午 3 点多我们便各自回到寝室忙自己的事情了。

吃过晚饭，我们简单地出去散了散步，顺便买了点水果给学弟们补充一下维生素，缓解那曲干燥空气给皮肤带来的损伤。

4 月 8—10 日（那曲）

我在哪里？被突然的电话惊醒，我突然对眼前的这个世界感到茫然，你是否也有这样的感受，当你在梦中被惊醒，你梦中的世界还没完全消散，而你眼前的这个世界却俨然塞满了你的视线，让你有一种大脑突然空白的感觉。人是活宝，因为人可以全世界地跑，在西藏调研的这些年让我有些习惯了这样的窜动，今天在某地，可能明天就去了完全不搭嘎的另一个地方，以至我回到家里第二天起床后就背起行囊要外出，完全把家也当成了旅馆，这种漂泊的感觉让我有些时候感到迷茫，如果一颗心漂泊得太久，那它很有可能会成为天边的流星，闪耀了那瞬间的光芒，而我希望自己是一颗恒星，不要瞬间的光芒闪亮一时，但却要像烛光那样微而不灭。

索朗大哥已在回那曲的路上了，本来想等他一起吃晚饭，但晚上 8 点多给他打电话他正走到当雄，估计回来也要到晚上 11 点多了，电话里他让我们不要等他了。

9 号早晨起床喊学弟一起去小餐馆吃过早餐，我们便在宿舍各干自己的事情了。中午吃过午饭索朗科长过来我们这里，他比去年更加健壮，黝黑的皮肤，方正的脸庞，下颌处还留有山羊小胡，更加显现出一个藏族汉子的英朗。他为我们申请了人身保险，让我们把身份证给他，随后我和王浩跟着他一起去复印了一下我们的身份证，为保险做准备。复印完后，索朗大哥邀请我们到他家坐坐，盛情难却，我们便随着索朗大哥来到了他家中。他家住在那曲中学里面，妻子是中学的一名教师，非常热情地招待了我们，给我们冲上了酥油茶，切了一些藏族人款待客人常用的牦牛肉，然后给我们亲自做了自己调制的酸奶和小麦粉兑上酥油茶的一种我们也叫不出名字的食品，吃起来口感非常好。索朗大哥现在有一女儿在读小学，她看到我们比较腼腆，只是冲着我们微笑。

下午两位学弟去洗了个澡，把高反带来的痛楚一并洗掉，我因为这几天身体不适就没一起去，到了快吃晚饭的时候索朗大哥喊我们去他的茶馆聊天，于是我们便来到了他和朋友开的茶馆。茶馆的设计理念和功能比较前卫，内部装修是索朗大哥自己设计的，古色古香的桌椅，融汉族和藏族文化于一体，风格很像南京的悠仙美地，但里面所有的绘画作品和摄影作品均出自他和他的朋友之手，让我们好生羡慕。刚从南京来到西藏，明显又要对自己的生活节奏进行一番调整，西藏人们的生活节奏比较缓慢，一天或几天只要把一件事情干好就行，而在南京我们恨不得把一天当成几天来用，在上海的生活节奏就更快了。这让我不时在想我们生活到底是为了什么，是为了更拼命地去和时间竞争来体现自我的最大化优势，还是放缓脚步来感受时间变换所带来的生活气息。

今天已是 10 号了，从到那曲的这些天，都是在不断地适应高反中度过的，现在大家终于适应了这边的环境，身体状况明显好了很多。今天也是在那曲县停顿修整的最后一天，上午天气晴朗但是风很大，我带着学弟们出去拍风景，在一条小河边，我们看到了无数的飞鸟，像海鸥但却不是海鸥，成群地站在小河浅水处自成一处美丽的风景，让我们不禁想要留住这美丽的画面，拿出相机快速拍了几张。在与索朗大哥商量后，我们决定明天便踏上众所期盼的调研旅程，感觉胸腔的那股热血终于有挥洒之地，因为不管是把这股热血抛洒在沙场还是将它安放于工厂或其他地方，在我看来，年轻的心是停不下来的。

4 月 11 日（那曲—比如县）

就要下去调研了，大家比较兴奋，在那曲的这些天都已经等得有些不耐烦了，本来以为中午可以出发，但上午索朗大哥有很多会要开，所以拖到了下午 4 点才算

正式出发。从那曲到比如大概 260 km，索朗大哥给我们准备了睡袋，怕我们吃不习惯，还带我们到超市购物，我们买了些泡面、香肠等日常食品，而索朗大哥买了很多红牛，在出发前，索朗大哥的妻子给我们准备了风干牦牛肉等食材。这次索朗带了一名司机，名字叫拉巴次仁，身材偏胖，这让我想起了在日喀则工作的拉巴次仁处长，听说他去罗布林卡就职了，也只能回拉萨再去拜访他了，在西藏重名的现象非常多，我也并不奇怪了。

“比如”是藏语“哲如”的转音，意为“母牦牛角”。比如在那曲的东南方向，西邻那曲县、聂荣县，北邻巴青县、索县，南边与嘉黎县相接，东边便是昌都的边坝县，整个地势由西北向东南倾斜，海拔渐次降低，西部多低山丘陵，东部多高山峻岭，海拔 5000 m 以上的山峰有 10 多座，较为知名的有达木业拉山、曲宗拉山和下拉山。比如县河湖较多，主要河流有怒江、夏曲河、旦曲河、布龙曲、白曲等。比如县以达木业拉山为界分为东西两部分，西部属亚寒带气候，多为半干旱高山草甸，居民以放牧为主；东部属于亚寒带湿润气候，多为高山峡谷地带。比如县民间文艺丰富多彩，其中“丁噶热巴”“达布阿谐”等民间歌舞在西藏声名远播。

比如在古代属于“苏毗”部落，被藏王归统后属于孙波茹管辖，13 世纪由元朝政府管辖，在夏曲卡设置了建筑规模较大的驿站 1 处，14 世纪中叶，元朝文宗皇帝图贴睦尔的弟弟额尔德觉拉带领一部分元朝士兵入藏，在巴青定居落户，并被尊为部落头领，被称为“霍尔王”，在比如、丁青、巴青一带逐渐形成了三十九族；明朝时期，比如县一直归为蒙古部族的管辖；清雍正十年，朝廷派人勘测藏青边界，将三十九族归为西藏，由驻藏大臣直接管辖，清末该地区又被四川总督赵尔丰纳入西康省，后西藏地方政府借助英国势力对川边用兵，将三十九族地区重新纳入西藏地方政府管辖一直到和平解放西藏之前，西藏和平解放后由中央人民政府统一管理。

西藏的公路修得越来越好，那曲的也不例外，从第一年进藏到现在，让我感觉西藏变化最大的就是公路了，自从去年开通了拉萨到阿里的公路，到阿里也就一天的车程，这让人感到十分振奋。4 月的那曲还不是那么葱郁，我们的车在路上开着，两旁尽是山坡和草地，偶尔会有成群的牛羊映入眼帘，让我最感兴奋的是我在一个草坡上看到了一只狼，这是我第一次在野外看到狼。途中我们经过了比如较为知名的一处寺庙——达姆寺。

晚上 7 点多我们到了比如县，索朗大哥说这里也叫“霸道”县，起初我还以为是因为这里的民风比较彪悍，后来才知道是因为这里的人们大都比较富有，他们靠每年6月份上山采集虫草为生，当然虫草的价格现在也非常可观，勤苦的比如人靠着虫草打拼着他们的幸福，所以每家每户基本都开着丰田的霸道汽车，“霸道”县也因此得名。晚上我们到了一家藏族餐厅吃了藏面片汤，我习惯吃面食，幸好两个学弟对面食也非常喜欢，我们还算能吃到一起。吃完饭索朗大哥带我们来到了粮食局宾馆，这家宾馆算是这里条件较好的了。因为整个县城停电，我们也只能点蜡烛照明，由于气候原因，西藏下面的乡县经常会停电，有的时候抢修时间会很短，但现在已是晚上，抢修工作也只能到明天天亮时进行了。吹灭蜡烛，眼前是一片漆黑，真的是伸手不见五指，只能靠聊天来消解这样的黑夜，这不禁让我想到了前年和同门梁威在孜珠寺调研的情景，也是这种状态，天黑的好像要塌下来，让人心生恐惧，但我喜欢孜珠寺夜晚的天空，如果天气晴朗那么便是繁星点点，加上夜间狗的狂吠声，那俨然是一种西藏特有的夜。

4月12—13日（比如县—贡萨寺）

早晨我们起床后发现索朗大哥依然还在酣睡，没忍心把他叫醒。我便带着学弟在比如县随便转了一下，比如县城比较繁华，比那曲有过之而无不及。大概到了12点左右，索朗大哥带我们去吃了早餐，我们吃的藏面和牛肉饼。吃过饭便驱车来到了距离我们16 km处的贡萨寺，该寺庙是一座噶举派寺庙，我们在寺管会主任的陪同下和这里的僧人谈了一些工作话题，因为他们讲的都是藏语，我们三人除了听不懂就是听不明白。因为索朗大哥之前给该寺院做过一个僧舍的设计，所以他们还算熟识。贡萨寺地处怒江南岸及怒江支流嘎曲河西岸（图1），东北约400 m处为两河交汇处，北距怒江约400 m，东约100 m处为嘎曲河，高出河面约40 m；东面为阔让迪日山，南为比日来日山，西面为玛则昂日山。寺院周边植被较为丰富，有松柏、灌木、杂草等，属于温带半湿润季风气候区。贡萨寺位于西藏自治区那曲地区比如县良曲乡嘎达村，始建于公元1611年，由让多•夏加仁钦主持创建。在此之前有岗达寺之称，其间的历史不详。公元1647年嘎举派的帕姆寺、乃秀嘎布嘉龙寺、吉日达龙寺、萨玛日龙寺、嘎曲珠寺提巴林和嘎当派帕拉寺6座小寺庙合并于岗达寺，并改名为贡萨寺，从此隶属拉萨哲贡嘎举六大寺庙之一的贡萨寺圣名享誉各地。“文革”时贡萨寺严重被毁，1985年在原址上恢复重建，分布面积为13 200 m^2，寺院由集会殿、拉让等组成，该寺庙2000年被列为县级文保单位。

大概过了一个多小时我们便开始工作。我们这次的重点测绘对象是贡萨寺的主

殿部分（图 2），该大殿是僧人们请当地的工匠修建的，因为时间久远，有些部分的墙体已经损毁，而且大殿并不规整，这就加大了测绘的难度。殿前小狗懒洋洋地晒太阳，为枯燥的测绘工作带来一丝欢乐（图 3）。集会殿（图 4）坐北朝南，藏式三层土石建筑，墙基由块石垒砌，石砌墙基高 1.2 m，其上为夯筑墙体，夯土墙厚 0.9 m。一层由门廊、经堂、佛殿（位在拉康）等组成。门廊共 10 柱，前部为 5 根檐柱，后部 5 柱均为方形柱，面阔六间用五柱 17 m，柱间距 2.8 m，进深二间用一柱 4.3 m；门廊左侧隔墙外为二层通道，面阔二间用一柱 4 m，进深三间用二柱 7.4 m，柱间距 2.4 m；右侧为仓库，面阔二间用一柱 5.2 m，进深二间用一柱 4.3 m；门廊内壁绘有四大天王及六道轮回壁画。门廊后部为经堂，面阔七间用六柱 20.1 m，柱间距 2.8 m、3.3 m，进深七间用六柱 17 m，柱间距 2.4 m，中央 4 根长柱上部为采光天棚。经堂左侧为八柱库房，面阔三间用二柱 7 m，柱间距 3 m，进深六间用五柱 14.8m，柱间距 2.4 m，经堂后部从右至左依次为护法殿、佛殿、拉康。护法殿面阔三间用二柱 8.7 m，柱间距 2.9 m，进深三间用二柱 7.7 m，柱间距 2.7 m；佛殿面阔三间用二柱 10.5 m，柱间距 3.5 m，进深同护法殿；拉康面阔三间用二柱共 7 m，柱间距 2.9 m，进深同护法殿，柱间距 2.7 m，主供有鎏金哲贡觉巴等。二层有采光天棚、热色康等。三层为护法殿（图 5），屋顶设有鎏金装饰物（图 6）。

西藏的天气瞬息万变，比如县也不例外，我们在测绘的时候天气突然大变，乌云密布，阴风徐徐，不一会儿便下起了鹅毛大雪。寺庙坐落在山顶上，雪势非常大，过了一个多小时，太阳出来了，而且是艳阳高照，让人感觉不到之前下过了一场大雪。本来我计划利用下午的时间把寺庙测绘好，但是该寺庙的形制和布局都不是很规整，给测绘工作带来了些许麻烦，只能再利用一个工作日对该寺庙进行测绘了。

13 日，大伙 9 点钟起床吃过早饭，便驱车来到了寺庙继续进行测绘。该寺庙还在建设之中，有干活的藏族工人和很多大铲车，俨然像是一个大工地。山顶的风很大，夹杂着工地上施工用的泥沙向我们扑来，让我们顿时感受到了沙尘暴的可怕。今天我们有两个任务，第一个就是把该寺庙测绘工作结束，第二个就是去该寺庙之前的旧址处测绘一座佛塔——帕拉佛塔，该佛塔很像日喀则江孜的白居寺塔，但是形制规模要比白居寺塔小很多。

下午 4 点多钟的时候我们来到了帕拉佛塔处。帕拉佛塔别名帕拉金塔，位于西藏自治区那曲地区比如县良曲乡帕拉村西。始建于公元 1100 年，由格西宝多瓦和乃索瓦兴建。帕拉塔群相传于公元 1611 年由僧人让朵夏加倡议修建。帕拉金塔和附近的美巴日处、塔巴灵共被尊为当地的圣地。该塔为贡萨寺附属建筑之一，属噶举派。“文革”中主塔被毁，仅存塔基残部，1985 年在原址上修复。2000 年 5 月被列为县级文物保护单位。

佛塔总面积达 6600 m^2。由主塔（图 7）、塔群（共 133 座塔）（图 8）、集会殿、拉康、僧舍、擦康、修行室、玛尼堆组成。主塔外观宏伟壮观，高 30 余米。主塔居

图 1：贡萨寺周边环境

图 2：贡萨寺主殿

图 3: 寺庙里的小狗

图 4： 集会殿内景

图 5：三层护法殿外观

图 6： 寺庙金顶的装饰构件

中，门向东，形制为“噶当塔”式，塔基分三层，平面呈长方形，逐层收分，底层及第二层均为两重夹墙，其间形成宽约 0.3 m 的夹道，底层内墙每面设有 3~4 个小龛，每龛内供泥塑一尊，有护法神、格萨尔王等，外墙设采光小窗；第二层夹道亦在内墙设小龛，每龛内供三尊泥塑，有松赞干布及两位公主、宗喀巴师徒三尊、噶举派高僧等；第三层有一周女儿墙，其上承白色塔瓶，女儿墙各面又有八种形制不同的小塔；塔瓶之上为金色塔刹，故有“帕拉金塔”之俗称。主塔周围底部迭起建有 130 余座小塔，塔群占地面积 300 m^2。因为是当地的工匠修建的，所以在施工上面有一些不足之处，佛塔塔尖法轮已经严重倾斜，而且塔肚没有收分。我们到达的时候，有许多藏族群众在围绕着佛塔虔诚地转经、祈祷（图 9）。佛塔周围有很多野狗，见到我们这些陌生的脸孔不免有些想要咬人的冲动，我们为了安全便组成一团进行测绘。工作结束后，大家显然非常疲惫，我提议大家晚上休息，第二天再进

图 7：主塔塔刹

图 8 ：塔群

图 9: 虔诚转经的人们

行绘图工作。在回去的时候我们看到了比较凶残的一幕，两只黑狗夫妇带领着两只小狗在穿越大黄狗的地盘时，被一群大黄狗所围攻，其中一只小黑狗不幸殒命。索朗大哥告诉我，狗是按照地盘生存的，每个狗群都有它们自身的味道，如果不是这个狗群的一员，那么其他狗便会攻击它。我的内心不免为那条死去的小狗惋惜，但是也想到了大自然的残酷无情，在原始社会中我们人类难道不也是这样么，为了在这个自然界中生存，我们曾经也残忍过，这又让我想到了文明这个问题，文明和野蛮到底哪个更具真实性?

4 月 14—15 日（比如县—贡萨寺—那曲）

今天我们决定在比如县绘图，早晨起床已经 10 点多了，吃过早饭我们便在宾馆

里画图，大概画到 3 点多钟的时候突然停电了。无奈我们便跟随索朗大哥来到了茶馆喝茶。茶馆里挤满了人，基本上全都是藏族人，好不热闹。我们三人互相望了望，感觉自己在另一个世界一样，听不懂人家在说什么，除了能够依靠索朗大哥外，我们别无他法。藏族人的生活节奏非常缓慢，可以说是他们在体验生活，而我们则是在为生活所疲累，不同的生活观造就了不同的人生。其实我们并不缺乏朋友，但是我们每个人都有自己固定的朋友圈，如果你擅自闯入了别人的生活圈子，那么你肯定会感觉到尴尬，但这种尴尬会随着你和新朋友的熟识而慢慢地消失。

15 号我们便要离开比如县了，我们到了贡萨寺寺馆会那里跟主任道别。主任是公安出身，中等身材，皮肤黝黑，曾在天津和浙江求过学，和我们交流得很愉快。他妹妹现在在南京师范大学上学，今年就该毕业了。藏族传统送客方式便是喝酒，主任给我们每人敬了几杯酒后，我们便踏上了归程。回那曲后我们住在了环球宾馆，去年我和二帅就曾住在这里，是四川人开的，比起之前的桃源宾馆应该要好一些，桃源宾馆是藏族人开的，交流各方面不是很方便。晚上我们在一家回族人开的饭店吃饭，点了一斤羊肉才 38 元，这让我个人感觉回族人开的饭店要比四川人开的饭店实惠。吃过饭我们便找了家澡堂洗了个澡，来缓解这几天的劳累。

4 月 16 日（那曲）

今天我们在那曲画图，把之前测绘的工作结束掉。

4 月 17 日（那曲—索县）

早晨起床我带着学弟去吃过早饭，便回到宾馆继续画图。索朗大哥之前打电话告诉我中午我们出发去索县，这次索县有三座寺庙需要测绘，巴青有一座寺庙需要测绘。大概 12 点，索朗大哥开车到宾馆接我们。因为他还有一点事情，就暂时让我们在藏餐馆喝茶吃饭，因为刚吃过早饭不久，我们也没多少食欲。适逢文化局书记也在茶馆，索朗大哥给我们相互介绍后，书记拿出最新的一个项目的前期方案和我们一起讨论，该方案是那曲地区羌塘艺术博物馆的初步方案，和书记探讨了些许时候，索朗大哥已办完事情，过来载我们去索县。我们刚出那曲的第一道关卡，司机拉巴大哥好像忘记带身份证，在西藏没有身份证不论你是哪个部门的都不能正常出入，司机大哥只好返程回家拿身份证。

等到一切妥帖之后，我们才真正地踏上了去索县的旅程。一路上风景如画，烟云飘渺，群山围绕着白云各自连成一片，绿叶青葱，牛羊成群地在享受着美好的一天。走了大概一半的路程，索朗大哥告诉我前面有金字塔，这让很我愕然，西藏难道也有金字塔？当汽车驶过一个弯道后，谜底自然而然地揭晓了，索朗大哥所说的金字塔是一座不与其他山脉兀自相连的一座像极了金字塔的山峰。我不得不钦佩藏族同胞的想象力，在这种自然条件极其艰苦的地方，只有心存希望才能打破这种心灵的孤寂，而想象力是必不可少的元素之一。

索县的索，在藏语为“蒙古”的意思，地处唐古拉山脉北端，境内沟壑纵横、河流交错，东部与昌都地区丁青县接壤，西南与比如县及昌都地区边坝县毗邻，北部与巴青县接壤，全县行政区划总面积 5744 km^2，县城距离那曲镇 235 km。索县平均海拔 4100 m，地势西高东低，地形复杂，除西部有少量开阔的草原外，其余均以高山为主，境内大山多为念青唐古拉山余脉，河流以怒江的支流为主。索县在吐蕃时期归孙波茹管辖，14 世纪中叶，元文宗之弟额尔德觉拉带领一些蒙古人来到索曲河流，占领今巴青县和索县交界的地方，在索县境内逐渐形成了索巴、军巴、荣布三大部落，这些部落与另一些部落后来逐步演变成了三十九族。

走了一段时间，我们来到了一个乡，该乡建筑比较规整，全是用石块堆砌的，该乡的领导想要将该村打造成民俗村，我个人认为如果想要打造成民俗村，应该深入挖掘该村的风俗。离开该村后我们离索县就不远了，大概过了一个小时，我们来到了索县，晚上住在了政府的招待所，条件已经相当不错了，但是还是没有电，明天我们就要先去巴青县的江达乡对该乡的江达寺进行测绘工作。

4 月 18 日（索县—江达乡）

4 月的那曲，清晨依然小雪纷飞，索县四周都是高山环绕，清晨山坡全披上了一层洁白的衣裳，但待到太阳出来后便全然消散。早晨吃的馒头和粥，吃过饭后我们便继续踏上征程。我们中午在巴青县雅安镇吃的午饭，现在我们对吃藏餐都已习惯了，走到哪里吃饭基本上都没有什么问题。离开雅安镇后，道路全部变成了土路，车子在颠簸不平的山路上艰难地行驶着。因为是山路，弯道特别多，所以这对司机师傅来说是一个非常艰难的挑战，时刻需要集中精力，这也让我们佩服拉巴大哥的驾驶技术。车子行驶到山顶附近，出现了问题，我们打开前车盖检查，幸好是固定电瓶的塑料盒子碎裂，不是其他太大的问题，我们想尽一切办法将电瓶又固定好，然后继续前行。

大概晚上 7 点多钟，我们到达了江达乡政府，晚上就住在乡里的招待所，说是招待所，其实就是乡里面盖的一间平房，平时自己用，要是来工作组了就让给工作组的人用。大家因为这几天忙着赶路，都比较疲惫，夜里相对无语，在睡袋里不久就酣然入睡了。

4 月 19 日（江达寺）

早饭我们是和乡里的工作人员一起吃的，吃过饭我们便驱车前往江达寺。该寺位于江达乡巴塘村境内，是一座改宗的格鲁派寺庙，在五世达赖喇嘛之前该寺是一座噶举派寺庙，后改宗为格鲁派寺庙。寺庙环境非常优美（图 10、图 11），前面是一座缓缓的山坡，绿意盎然，海拔 3747 m。该寺公元 1450 年由宗喀巴大师之徒夏鲁巴克青 • 扎西江措创建，教派尊奉格鲁派，至今约有 560 年的历史。"文革"时遭毁，1985 年得以恢复修建。主供佛为三师徒，寺院现由集会殿、僧舍、伙房、拉康、擦康、玛尼堆等建筑组成，2003 年由索县人民政府将该寺公布为县级文物保护单位。

集会殿（图 12 ~ 图 14）坐西朝东，藏式二层土、木、石建筑，石砌墙厚 1.1 m。一层由门廊、经堂、佛殿、护法殿、密集金刚殿、时轮金刚殿、时轮金刚大廊组成。门廊共 8 柱，前部为 4 根檐柱，后部 4 柱均为八棱柱，面阔五间用四柱 17 m，柱间距 3.4 m、3.8 m，进深二间用一柱 4.8 m；左侧为通往二层的踏道及民管会办公室；门廊右侧为小型仓库；门廊内壁绘有四大王天及六道轮回壁画；门廊后部为经堂，面阔七间用六柱 22.4 m，柱间距 3.1 m、4 m；进深五间用四柱 16.2 m，柱间距 3.2 m，中央 8 根长柱间上部为采光天棚；经堂四壁绘有旧勉塘派画风的壁画，内容有释迦牟尼传、大轮金刚等。经堂左、右侧各有四柱大殿面阔二间用一柱 6 m，进深五间用四柱 16.2 m，柱间距 3.2 m；后部从右至左依次为佛殿、护法殿、密集金刚殿、时轮金刚殿；二层为采光天棚、热色康、寝宫、寺院接待室、护法室等。三层仅在整个主殿的后部有一小型仓库、僧舍及新建金顶。

该寺正在火热的建设之中，主要大殿还没有建好，很多藏族工匠齐聚在这里，有的在已经修建好的部分绘制彩画，有的在做木柱子的雕刻工作。我们则是在这边对大殿主体进行测绘工作。在西藏的这几年做的最多的就是测绘工作了，所以一看到大殿的形式便会对大殿平面的主要功能有一个大致的推测。

下午测绘完之后我们回到了乡里，看时间还比较充裕，索朗大哥提议大家到乡政府后面的山上要一会儿。晚上在乡政府吃的面汤，明天我们就要出发到索县，那

图 10：江达寺周边环境

图 11：江达寺外观

图 12：集会殿南立面图及其屋顶装饰

图 13：屋檐装饰

图 14：屋顶结构和栖息在此的鸽子

里有几处寺庙要进行测绘。深夜下起了大雨，我担心明天的路是否会因为这场大雨而变得难走，但索朗大哥告诉我明天道路应该没问题的。

4月20日（邦纳寺）

早晨和乡长一起吃过早饭，我们便告辞了。临走之际乡长遣财务主管来跟我们收取住宿及吃饭的费用。令我们没有想到的是，费用竟然高达2000元，这让我们都感到惊讶，知道是要给钱的，但是没想到需给这么多。付完费后我们向索县的雅安镇出发。

在途中，我们去了索朗大哥写硕士论文的寺庙邦纳寺进行测绘。邦纳寺位于西藏那曲索县色昌（西昌）乡巴秀（东巴须）村的西入口正中位置，占地面积500 m^{2}有余。寺院处于扎玛须日山（意为：红岩松林山）腰部的一个较平的坡地上（图15），寺院坐西朝东，南北坡向，南低北高。该寺北靠扎玛须日山，北面1.7 m处是山坡；南面不到20 m处是坡坎，南部山下为怒江；以东7 m处是居民住房；以西10 m处是居民住房。该寺交通极其不便，从邦纳寺至色昌（西昌）乡政府所在地大约20 km，主道为骡马驿道，大多行程是山路，极为陡峭。从邦纳寺登记表的记载来看，邦纳寺的建筑没有遭受到战乱的破坏，而从当地的环境来看，也没有大的自然灾害足以使邦纳寺的建筑遭到破坏。据勘查，邦纳寺建筑的维修，主要是日常保养性的。从主要构架来看，有的梁柱明显是后来添加上去的，属临时支顶。有的符合构架形制要求，有的不符合构架形制要求，也不美观。从添加的构件来看，有的十分陈旧，有的较旧，有的还是新的。经过分析，很可能每隔十几年就有一次养护性维修。最明显的地方是，佛殿顶层天井的“井干”构架上加筑了一道混凝土圈梁，是2001年保护时浇筑上去的。

邦纳寺大殿建筑为藏族传统的碉房式建筑，二层密梁架结构。主要建筑大殿由经堂、佛殿、门廊、转经室等组成。平面布局从总体上看，基本上由三个正方形和长方形构成，平面基本呈“凸”字形，而转经轮室应为后来添建的，并非同一时期所建，置于佛殿北墙外，自成一室。经堂面积大于佛殿，二者建筑构件风格不同，有可能经堂建成时间早于佛殿，大殿和经堂的木柱均为方形和圆形，而现存的藏式建筑为多棱拼柱，南面凸出部分为大殿主入口，殿门向东。经堂长16 m、宽14.78 m，佛殿长11.2 m、宽12.45 m，门廊长9.2 m、宽4.8 m，转经室长4.66 m、宽4.6 m，木构件以梁、枋最大限度地保存建筑原有的形制、结构、材料和工艺，在经

图 15：邦纳寺周边环境

堂凸出的部分是一层的入口。从主入口进门后往北为经堂门。经堂西墙当中（佛殿东墙）为佛殿大门。进门廊直行后登楼梯，可上二楼。二楼内设天井、廊房、寝室、厕所、库房、厨房、经堂藻井等。从二楼天井所设的临时活梯，即可登临寺院的屋顶。靠西面，佛殿东墙中部亦辟一门可进入佛殿二层。而转经轮室，则须从殿外绕到北面从西、东两门进入。寺外东南角设有经幢（木柱）3 根；西南角有玛尼石堆，西面有夯土房。寺北面山坡上有居民用房。

邦纳寺大殿建筑其装饰上有汉式建筑风格，跟四川阿坝一带的藏式建筑相似，并且一直保持原有的建筑风格，未经过大的修建。跟别的藏传佛教寺院建筑可能有不同之处，邦纳寺佛殿跟经堂是连在一起的，通过经堂才能进入佛殿，犹如“筒子楼”，而且佛殿和经堂都在一层楼，其四壁绘有壁画，佛殿内主尊（未来佛）前方的四柱中间的天花板上绘有彩色的坛城。

邦纳寺最有特点的地方就是它的经堂和佛殿内的壁画（图 16），经堂平面呈方形，面阔四间、进深四间，屋内主柱有 15 根，其中方柱 9 根（原建柱），圆柱 6 根（后加支顶柱）。柱头（图 17）上依面阔方向设两层托木，第一层托木宽同柱径，厚 30cm，呈蝴蝶状，第二层托木厚 20 cm、长 1.6 m。托木上用额枋，再上用圆木椽，

图 16： 壁画

横贯南北，室内高度 3.6 m。为了采光，经堂屋顶开了一间天井。地板为木制地板，墙体为夯土墙。进入经堂后，其左侧绘有天王、天母、护法像等（多闻子、四臂天母、二臂和四臂大黑天护法），间以小的如来、供奉佛、护法、人物等环绕，尤其是在四臂大黑天护法右下角绘有倒立的供奉小佛，在莲花底座的莲花瓣上有藏文；经堂右侧和上方的壁画均被雨水冲刷，现无壁画。构图上主尊四边有上师、如来、护法等小像，像古格壁画的风格；经堂西墙开有一门，进入后便是佛殿，在经堂内佛殿大门右侧绘有较大的护法、空行母等像（金刚亥母、大威德金刚、密集金刚等），间以小幅的上师、空行母、愤怒护法等环绕，大门左侧墙上绘有红帽上师（藏语：索•扎北旺久）和护法像（喜金刚），上端间以有小幅的菩萨、上师、护法等画像，构图、施色可跟古格壁画、唐卡相似。经堂北墙因渗雨水致使内墙下方严重坍塌、脱落，大面积壁画受到损坏，现存壁画上绘有红帽噶举上师（藏语：娘密达布仁布切）和菩萨像，其莲花底座的莲花瓣上有藏文，间以小的上师和菩萨像，因壁画损坏严重，许多位置的壁画内容不清；经堂东墙壁画，绘有主尊三世诸佛（燃灯佛、释迦牟尼佛、弥勒佛），间以小的上师、如来、供奉佛、护法、人物等环绕（图 18），主尊莲花底座的莲花瓣上有藏文。（注：壁画存在雨水冲刷、开裂、脱落、空鼓、烟熏等问题。）

从西墙大门便可进入佛殿，佛殿为邦纳寺最主要、最高级的建筑，平面呈方形，面阔三间，进深三间。室内用方柱4根，呈折角形。柱头上置坐斗，坐斗上置两层托木，第一层托木呈蝴蝶状，宽同坐斗，长0.56 m，第二层托木呈蝉肚式绰幕枋，长2.5 m。托木之上，依次为额枋、莲花枋、花牙枋、平椽。平椽之上，中间设藻井，周围用圆椽铺设并插入墙体，整个木架做工考究，雕梁画栋。佛台为须弥座式，坐西面东，上置坐佛一尊，金碧辉煌，栩栩如生，前方的四柱中间的天花板上绘有彩色的坛城（曼荼罗）。地板为木制，内墙面绘有壁画，外壁刷饰白灰浆，墙体为板筑夯土墙，室内高度5.08 m。佛殿内正对大门处供有一尊未来主尊佛，是新塑的泥佛，佛像面向入门，坐西朝东，四周内墙上绘有壁画。佛殿西墙壁画绘有无量光佛和小幅的人物、佛像（注：墙面壁画已大面积脱落），主尊佛前方四柱上端天棚上有三层大小各异的正方形木板形成的天花板，上面绘有9个彩色的坛城（曼荼罗），正中（内层）为主坛城，主坛城四边（二层）绘有4个副坛城，二层四边（外层）绘有4个坛城，间以红帽或黑帽的噶玛派上师（bla-ma，喇嘛）样子的人物画像和坐姿不一的佛像。主尊佛塑像面前的木柱、坐斗、托木、额枋、莲花枋、花牙枋上有彩绘，坐斗上面的一层托木刻有抽象化的猫头鹰面部头像（注：藏式的自巴头像）；佛殿东墙大门的上端（米拉日巴、吉祥天母）和两边（四大天王、四臂大黑天护法、多闻子）都画着尺寸较大的天王和护法像，间以排列整齐的小面积的佛像、上师像、护法及人物像（注：门左边和门上方墙面壁画存在小面积起甲、脱落、漏雨等）；佛殿南墙绘有华丽的不空成就佛像（藏语：同尤珠巴）和侍者，间以一排排小幅的千佛如来像等。墙壁中上方位置有一小窗。1967年邦纳寺用于四村（现巴秀村）文化室时，佛殿南墙上增设采光窗而墙面坍塌，大面积的壁画受到损毁，后1983年修补时墙面中上方加设了采光窗。再加上漏雨冲下的灰色泥水凝固在墙面，部分壁画内容已经看不清；佛殿西墙的壁画保存较为完好，绘有尺寸较大的6幅主佛（上师、莲花生、千手千眼观音、度母等像），壁画上端、两侧以及下方绘有黑帽、红帽的噶玛派上师和如来、菩萨、护法等小像。

今天的收获很多，索朗大哥在现场详细地讲解了寺院壁画的历史和对应出现的位置，解开了我多年来对寺院内壁画的盲点，并若没有人详细介绍是根本不可能看懂与理解寺院内的壁画所反映的精神世界的。中午我们在邦纳寺吃的糌粑，离开了邦纳寺我们便一路向雅安镇行驶。

图 17：柱头

图 18：寺庙内的小型佛像

4 月 21 日（冲仓寺）

昨天晚上睡得很舒服，早晨起床后，我们吃的是馒头，喝的是酥油茶。今天我们要对雅安镇附近的冲仓寺进行测绘，该寺庙为一苯教寺庙。我们在寺管会主任的陪同下来到了寺庙，该寺的活佛是元丹措钦活佛，为世袭制第 8 代活佛，我对活佛进行了相关问题的访问，由主任担当翻译，因为主任对苯教基本上不甚了解，所以采访工作进行得不太顺利，以至后来我放弃了采访。

冲仓寺位于巴青县雅安镇夏卓格村东北约 2 km 处，全称“冲贡雍仲贡扎林”。该寺由崇杰尼玛列杰创建，为索雍仲林寺的分寺，是那曲地区规模较大的苯教寺院之一，“文革”中遭严重损毁，1985 年在原址上得以修复。现寺院面积 27 800 m^2，由集会殿、拉康、僧舍、修行室、转经室等建筑组成。冲仓寺地处阔荣卡坡山（图 19），周围地势平坦。据寺院活佛介绍，寺院创始人崇杰尼玛列杰活佛出生地便位于此山附近。当时活佛所在家族视此山为他们的保护神，后来崇杰尼玛列杰在索雍仲林寺学经，回来后决定在其家附近建立索雍仲林寺的分寺，便选址在此山。冲仓寺位于半山腰上，从山底到寺院有一条土路，这条道路蜿蜒曲折，从山下一直连通至寺院。寺院的建筑并不是在同一时期所建，现在的建筑规模是经过扩建后形成的，建筑总体布局基本对称（图 20）。原有建筑布局属于方形院落式，僧舍与集会殿围绕中心的开敞院落展开，其中僧舍为“U”字形，集会殿位于最北端，集会殿的轴线基本是整个寺院建筑对称的参照。现在寺院的规模比以前大很多，新建了护法神殿（图 21）以及很多僧舍。到达寺院后首先会进入一个面朝东、呈“回”字形的建筑，建筑南侧为寺管会用房，西侧为寺院伙房，北侧为拉康，拉康中间为走廊，与寺院老僧舍的走廊相通，穿过走廊即走到集会殿门口。寺管会用房、拉康、老僧舍、集会殿同在一条轴线上，体现均衡对称构图之美。寺院新建的僧舍均匀地分布在前

图 19：冲仓寺周边环境

图 20：冲仓寺布局

图 21：护法神殿外观

图 22：新建的僧舍

图 23：新建僧舍的外观和细节

面所述建筑的两侧（图 22、图 23），其单体基本一样，为了顺应地形朝向略有不同，不破坏山体，体现出寺院建筑是适应环境，并与环境相协调融合的。冲仓寺护法神殿位于集会殿的西北方向，可通过集会殿西侧的一条上坡路到达。护法神殿建筑外立面的颜色由红色和黄色组成，红色代表着权力，黄色代表了兴旺与繁盛，寺院唯一一座金顶也位于护法神殿之上，可见护法神殿在寺院中的地位。冲仓寺整个寺院建筑等级明显，顺应地形，起伏变化、错落有致，由南向北，建筑地基逐渐增高，象征着所代表的地位也越高。寺院的集会殿位于寺院的最中心地带，护法神殿位于集会殿右后方，像真正的护法神在护法的位置一样，增添了宗教色彩。

该寺庙有保存尚好的苯教坛城唐卡和经文，我们都对其进行了相关的拍摄工作。因为寺庙规模不是很大，一下午便测绘完毕，不过我的身体非常疲惫，腿上的伤也开始隐隐作痛，让我有些害怕，再也不敢像去年那样不顾身体了。

4月22日（冲仓寺）

这几天的疲倦都随着清晨的第一缕阳光一扫而光，然而这只是暂时的，这边的工作人员特意为我们做了藏式的大补糌粑，该糌粑放的酥油是平时的四至五倍，需要到炉子上煮沸，再由制作人捏成一块块的分发给我们每个人。刚出锅的糌粑非常烫手，索朗大哥让我们紧握住滚烫的糌粑，说是对身体有好处，这边藏族人如果身体有轻微的不舒服，就会用这种方法来进行热敷，这种方法在藏族聚居区非常通用，且大有益处。这边的妇人生产一般都吃这种糌粑，而我们汉族人则是要多喝小米粥。茫茫雪域高原物资匮乏，自然不能像汉地这般鱼肉鹅鸭什么都可以买到，藏族先民能够想出这种方式想必也是经过不断尝试的。吃过糌粑后我们继续到冲仓寺进行相关的工作。

在去往寺庙的途中，我不经意地发现了一只狐狸，它正在懒洋洋地伸着懒腰享受着新的一天的美好阳光。到了寺庙我们将昨天未做完的工作继续进行，我感觉身体像灌了铅一样沉重，可能是真的吃不消了，这些年每年都到西藏做大量的体力工作，起初非常有兴致，但后来每一年来到西藏，都能明显地感觉到身体的虚弱，这可能是我最后一次来到这片神秘的土地吧。晚上看着洁白如玉的月光，让我有了些思考，这些年来西藏都是为了什么，难道就是为了论文而来么，难道来了就能将论文写好么？这些问题没有答案。

（1）集会殿

集会殿（图 24）坐北朝南，藏式三层土、木、石建筑，石砌墙厚 0.6~1 m，建筑占地面积 591.3 m^2，建筑总面积 1299.6 m^2。一层由门廊、经堂、佛殿、护法殿、灵塔殿组成。前部为门廊：门廊共 6 柱，前部为 4 根檐柱，柱间距 2~2.5 m，后部 2 柱均为方柱，柱间距 3.5 m，面阔三间 17 m，进深二间，柱间距 2.5 m；门廊内壁绘有四大天王及六道轮回壁画。门廊西侧为灵塔殿，无柱面阔 5 m，进深 2.5 m；东侧为秋嘎拉康，面阔二间用一柱 5.1 m，进深二间用一柱 5.5 m；门廊后经堂面阔六间

用五柱 17 m，柱间距 3.2 m，进深六间用五柱 15 m，柱间距 2.5 m。中央 9 根长柱间上部为采光天棚，天花板上壁绘有各种坛城（图 25）。经堂四壁绘有壁画，主要内容有顿巴辛饶传及桑卡曲阿护法神等。经堂西侧为作喜拉康，面阔二间用一柱 5.1 m，进深六间用五柱 15 m，柱间距 2.5 m；东侧为桑卡曲拉康，面阔二间用一柱 5.1 m，进深六间用五柱 12.4 m，柱间距 2.5 m。二层为采光天棚、热色康、寺院接待室、学习室等。三层还在施工，具体用途不明。

图 24：集会殿外观

（2）僧舍

冲仓寺的僧舍（图 26）面朝集会殿呈“U”字形，外围用连廊相接。建筑共两层，建筑占地面积约 800 m^2，总建筑面积 1600 m^2，建筑总高度 7.1 m。第一层僧舍北边共 4 间僧人用房，有两个楼梯出入口，最中间有一个休息平台，总面阔 33.6 m，建筑进深为 4.4 m，连廊进深 2.4 m；西边为 4 间僧人用房，总面阔 30.1 m，建筑进深 7.1 m，连廊进深 2.4 m；东边为 5 间僧人用房，总面阔和西边一样为 30.1 m，建筑进深 5.2 m，连廊进深 2.9 m。第二层西边僧人用房比一层多了一间，其他建筑格局一样。

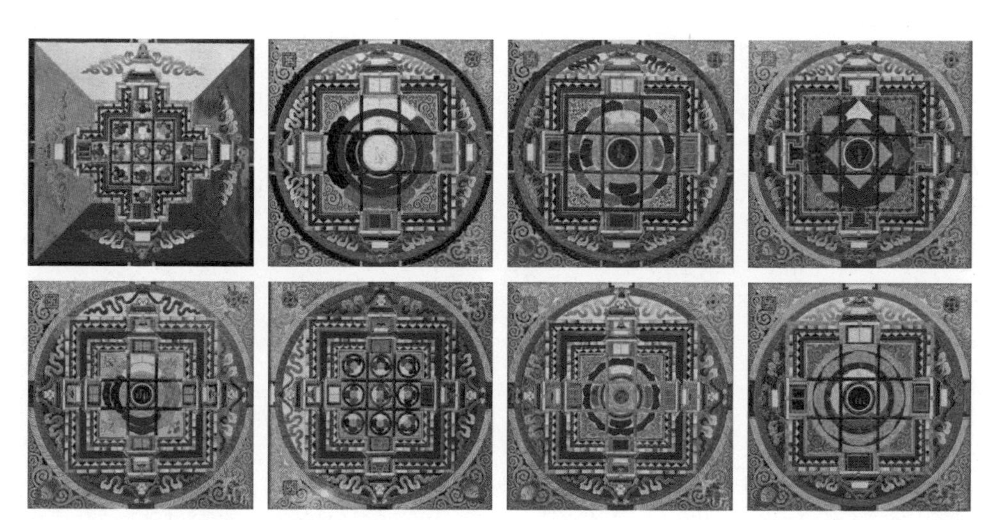

图 25：天花板上壁绘的各种坛城（部分）

图 26：僧舍

4 月 23—24 日（加勤乡—琼科寺）

由于这阵子一路上风餐露宿，饮食不规律，这几天肚子不舒服。早晨雅安镇非常冷，不穿羽绒服根本无法抵御这股寒冷。中午我们吃过藏餐面片汤后继续往下一个寺庙出发，该寺庙是位于加勤乡的琼科寺。在半路上下起了冰雹，打在车上发出噼里啪啦的响声，过了半个小时又是艳阳高照，在西藏一天经历四季是很正常的。

琼科寺（图 27）位于西藏自治区那曲地区索县加勤乡布德村所在地加勤日山体缓坡部位，海拔 3961 m，分布面积约 18987 m^2。寺院由噶玛巴二世创建于 1250 年，教派遵奉格鲁派，距今已经 770 余年。“文革”时遭毁，1982 年在原址上恢复重建。寺院现由集会殿、辩经院、护法殿、僧舍等建筑组成。2003 年索县人民政府将该寺公布为县级文物保护单位。

图 27：琼科寺

图 28：集会殿

集会殿（图 28）坐西朝东，藏式二层土、石、木式建筑，石砌墙厚 1.1 m。一层由门廊、经堂、佛殿、护法殿组成。门廊在建筑前面共 8 柱，前部为 4 根檐柱，均为多棱柱，柱间距 3 ～ 3.4 m，后部 4 柱，柱间距 3 ～ 3.6 m；门廊左侧为二层通道及小型仓库，左侧仓库为面阔二间用一柱 5.3 m，进深二间用一柱 4.4 m；门廊右侧小型仓库为面阔二间用一柱 5.5m，进深二间用一柱 4.4 m。门廊内壁绘有四大天王及六道轮回壁画。门廊后部为经堂，面阔五间用四柱 15.4 m，柱间距 3.6 m；进深七间用六柱 14.4 m，柱间距 2 ～ 2.6 m；中央 4 根长柱上部为采光天棚。经堂四壁绘有壁画，为新勉塘派画风。经堂左侧为甘珠尔拉康，面阔二间用一柱 5.7 m，进深七间用六柱 14.4m；右侧为转经室，面阔 3.5m，进深 14.4m；后部从右至左依次为护法殿、佛殿。护法殿面阔三间用二柱 8m，柱间距 2.6 m，进深四间用三柱，柱间距 2.4 ～ 2.6 m。主供有六臂黑天、大威德金刚等。佛殿面阔五间用四柱 14.7 m，柱间距 3.1 m，进深三间用二柱，柱间距 3.7 m，主供有泥塑宗喀巴三尊、八大佛子。二层为采光天棚、民管会办公室、寝宫、药师佛拉康、宗喀巴三尊拉康等。

琼科寺规模比较大，是一座格鲁派寺庙。让我们感到意外的是，我们竟然碰到了索朗大哥的同事，外号“疯子”的春江。他来到该寺庙是为了做非遗的一些申报工作，那曲的奔牛雕塑亦出自他手，可谓只要和艺术沾边的事情他都有热情去研究。

第二天起床后我们便进行了测绘工作，该寺庙的规模形制比较大，我们分工将寺庙分成了几个部分进行测绘，且用了一天的时间才将该寺庙测绘完毕。

4 月 25 日（赤多乡—夏扎寺）

早晨起床，我们向琼科寺寺馆会主任辞行。寺馆会主任非常热情，留我们吃过午饭再走。盛情难却，我们在寺馆会主任的陪同下参观了该寺僧人用酥油做的佛像，佛像做得十分传神，没想到这边的僧人会有如此精妙的手艺，将生活用的酥油经过自己的双手加工成了一件件震慑人心的佛像艺术。

吃过午饭，我们一行人沿着昨天的方向继续前进，前两天的记忆已经不是很清晰了，感觉唯一能证实时间存在的只剩下我随手记录的日记了。这种感觉就像奔跑于无边的旷野，身边的一切都渐渐离自己远去，能够留下的只有现在途中的风景，这也许就是生活吧，我们只要活着就要继续向前走，无法后退。我们到达夏扎寺的时候，已经是下午 6 点多了，因为这边 9 点才天黑，我提议将测绘工作做完，这样第二天我们就可以继续赶路了。

夏扎寺（图 29）位于西藏自治区那曲地区索县赤多乡行政 7 村（德望雄村）西北 20 m 处，分布面积约 7500 m^2，海拔 4165 m，东南距赤多乡政府约 15 km，高山峡谷、交通险要，周边居民生产生活方式以半农半牧为主。寺庙始建于明景泰年间，创建人为强曲旺扎巴，教派遵奉格鲁派。“文革”时遭毁，1985 年恢复修建。寺院现由集会殿、拉康、僧舍、伙房、转经室等建筑组成。2003 年索县人民政府将该寺公布

图 29：夏扎寺鸟瞰图

图 30：集会殿

图 31：寝宫

为县级文物保护单位。

夏扎寺集会殿（图 30）坐东北朝西南，为藏式二层建筑，墙体由夯土垒砌而成，夯土墙厚 1.6 m。一层有库房及拉康；二层由门廊、经堂、佛殿（吾则拉康）组成。前部为门廊及仓库：门廊共 8 柱，前部为 6 根檐柱，后部 2 柱均为八棱柱，面阔五间用四柱 14.5 m，柱间距 3 m，进深二间用一柱 4.2 m；门廊内壁绘有四大天王及六道轮回壁画。门廊后部为经堂，面阔五间用四柱 14.5 m，柱间距 3 ~ 3.8 m，进深八间用七柱 18.3 m，柱间距 2.5 ~ 2.7 m，中央四根长柱间上部为采光天棚。从右至左依次为桑、德、吉松殿及佛殿（强康）。桑、德、吉松殿面阔三间用二柱 5.5m，柱间距 2.7 m，进深三间用二柱 8m，柱间距 2.7 m。佛殿（强康）面阔四间用三柱 7.8m，柱间距 1.5~2.1 m，进深三间用二柱 8 m，柱间距 2.7 m。主供有镏金弥勒佛，泥塑二怒护法等。二层有采光天棚、护法殿、寝宫（图 31）等。

我现在也开始不理解我自己，以前我看到活佛或者格西是非常敬重和敬仰的，今年见到活佛，我竟然感觉像见到了平常人一样，可能我的热情已在这几年的测绘调研中渐渐地熄灭了吧。

4 月 26—27 日（巴青县 索雍仲林寺遗址）

今天我们没有太多的任务，主要就是往巴青县赶路。清晨起床与寺里的僧人告别后，我们便离开了夏扎寺，去巴青县的路并不好走，基本都是在山岭间弯绕而行。在去巴青县的途中，我们看到了一处玛尼堆，周边一大片都是较为平整的地面，感觉像是遗址。起初并没有很在意，但索朗大哥说这里曾经是苯教传播最为辉煌的索雍仲林寺遗址。索雍仲林寺遗址（图 32）位于西藏自治区那曲地区巴青县扎色镇 16 村庆达村西南约 1 km 处，海拔 4015 m，分布面积约 65 270 m^2。据当地百姓介绍，索雍仲林寺遗址是集佛教与苯教几座寺庙融为一体的一个大的园林。此次实地调查疑为墓地，实际不详，遗址外围为石砌墙体，由高 0.5 m、宽 1.5 m 的石块砌筑而成，长 305 m、宽 214 m，呈规整的矩形，遗址内里疑似墓葬的封堆有 90 余座，最大的封堆高 2.5 m，坡脚长 20 m，封顶长 8 m，宽 6 m；亦有方正的与地面平高的石块围筑成的。此次调查在遗址内发现了石臼、玛尼石刻（石刻经文、造像等）。

将近傍晚的时候我们到了巴青县，在巴青县我们要休整几天。在这里洗衣服也成了一件难事，我们住的宾馆只有厨房有水，27 号一早我便起来去厨房洗衣服，厨房的水很凉，洗完衣服后自己的手已经冻得没有知觉。

图 32：索雍仲林寺遗址及周边风景

巴青县地处西藏东北部、那曲东部、怒江上游、唐古拉山南麓，南傍比如县、索县，西接聂荣县，北邻青海省杂多县，东靠昌都地区丁青县。全县区划总面积为 12 886 km^2，有草地 2046 万亩（可利用面积 1732 万亩）、耕地 0.24 万亩、林地 18.44 万亩。县城离那曲镇 268 km。

该区域为高原丘陵地形，北高南低，北部地势平坦开阔，东西部属河谷地带，平均海拔 4500 m 以上。境内有长江、怒江两大水系，长江水系以当曲河由东向西再转北流经满塔、康果、列来、岗前、典帮等乡；怒江水系的索曲、彭曲、良曲、前曲、热玛曲、松曲河等流经该县余乡，水源充足，宜牧兼农。

4 月 28—29 日（巴青县巴仓寺）

巴仓寺位于西藏自治区那曲地区巴青县拉西镇贡郭村内，全称为巴仓寺雍仲热丹林。该寺于公元 1847 年由巴·雍仲南桑创建，“文革”中遭损毁，于 1985 年在原址上得到修复，现寺院面积 22 854 m^2，由集会殿、僧舍、拉康、伙房、灵塔殿等建筑组成。2000 年 11 月 16 日，巴青县人民政府公布该寺为县级文物保护单位。巴仓寺（图 33）建筑基址较为平整，故在修建寺庙时较注重寺院的平面图案性。寺院

选址与藏传佛教寺院大昭寺相仿，据传巴仓寺所处位置有 13 个点有魔性，需要修建相应的寺院来镇压。寺庙的大殿修建在主要位置。如今寺庙的集会殿是新修建的，是巴仓寺现任活佛丹陪根据平面图案要求所设计的，集会大殿位于周边附属用房的半山腰上，呈中轴对称，显得气势恢宏。新集会殿台阶的东侧为旧集会殿，西侧为色康曲昂拉康，两栋建筑位于新集会殿轴线的两侧。旧集会殿东侧依次是寺管会临时办公建筑、护法神殿、僧舍。色康曲昂拉康的右侧也是僧舍，僧舍建造得很规整，层高、间距相同。整个寺院旧址围绕着新集会殿展开，层次分明。寺院新规划的寺管会办公楼位于寺院的最西南角，坐西朝东，与寺院分开以保持寺院建筑的完整性，又能很好地管理寺院。寺院的大门规划在寺院最南边的中间位置。

巴仓寺主要建筑单体如下：

（1）旧集会大殿（图 34）。旧集会殿坐北朝南，为藏式二层土、木、石建筑，石砌墙厚 1 m。一层由门廊、经堂、灵塔殿组成。前部为门廊，有 2 根檐柱，柱间距 3.0 m，开间 12 m，进深 2.4 m，门廊内壁绘有四大天王、地方护法神及六道轮回壁画。门廊后为经堂，开间 12 m，沿开间方向有四列柱子，柱间距为 2.5~2.6 m，进深 9.7 m，沿进深方向有三排柱子，柱间距 2.4 m。中央两根长柱升起，上部为采光天棚，天花板上绘有苯教坛城图案，地面铺设木地板。经堂四壁绘有苯教人物壁画，经堂后部为走廊和灵塔殿，东侧走廊宽 2.2 m；西侧为灵塔殿，开间 9.3 m，沿开间方向有两列柱子，柱间距为 3.1 m，进深为 7.7 m，沿进深方向有两排柱子，柱间距 2.9 m。

（2）护法神殿。护法神殿位于旧集会殿西 10 m 处，坐北朝南，为藏式一层土、木、石建筑，夯土墙厚 0.8 m。建筑占地面积 107.5 m^2，建筑面积 215 m^2，建筑高度 7.3 m。东面为寺管会办公室，北面为僧舍，前面设有广场，建筑大门处设有四级踏步。护法神殿第一层开间 11 m，沿开间方向有三列柱子，柱间距为 3.7 m，进深 6.6 m，沿

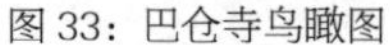
图 33：巴仓寺鸟瞰图

图 34： 旧集会大殿外景

进深方向有两排柱子，柱间距为2.1 m。柱子为圆柱，直径为200 mm。地面用水泥铺砌，四周墙体为彩绘的苯教壁画。通往二层的楼梯位于室外，这样可以保证内部大空间的完整性，二层格局跟一层相似，只是柱子为方柱，柱径与一层相同。

（3）色康曲昂拉康，色康曲昂拉康位于旧集会殿东10 m处，坐北朝南，为藏式一层土、木、石建筑，夯土墙厚0.8 m。由经堂、佛殿（布杰康）组成。前部为经堂，开间16 m，沿开间方向有四列柱子，柱间距为3.2 m，进深为10.4 m，沿进深方向有三排柱子，柱间距为2.6 m。无长柱，后有采光屋顶，内壁绘有壁画。经堂后部为佛殿，开间为16 m，有4根柱子，柱间距为3.2 m，进深为5.4m，地面为木地板。

（4）新集会殿。新集会殿坐北朝南，为藏式三层土、木、石建筑，石砌墙厚0.8 m，建筑占地面积811 m^2。一层由门廊、经堂、佛殿组成。前部为门廊，门廊前部4根檐柱，柱间距2.6~3.0 m，门廊内未设柱子，宽33.4 m，进深2.8 m，门廊内壁绘有四大天王及六道轮回壁画。经堂开间为33.4 m，沿开间方向有十列柱子，柱间距3.1 m，进深为17.5 m，沿进深方向有六排柱子，柱间距2.5 m。主供佛为顿巴辛饶佛。经堂里设有专门的内转经道，转经道宽约2.3 m，经堂内共有柱子60根，非常宏伟。

4月30日（索县—嘎加寺）

上午对巴仓寺的活佛进行了采访，下午来到索县对宁玛派寺庙嘎加寺进行了测绘工作。

嘎加寺（图35）位于西藏自治区那曲地区索县亚拉镇赞丹雪村，据寺庙民管会主任介绍，该寺由阿达朗热于13世纪创建，至今约有800年的历史，教派属于宁玛派，当时该寺是由100根柱子构成的，故得名嘎加寺；17世纪时期，蒙古曲嘎兵团侵略该寺，嘎加寺所有建筑均被摧毁，仅保留下由6根柱子构建成的小经堂；1939年进行过一次小型的维修；1959年又遭破坏；1991年在原址上稍加维修。现该寺由集会殿、拉康、厨房等建筑组成，分布面积约500 m^2。2001年索县人民政府公布该寺为县级文物保护单位。

集会殿（图36）坐北朝南，为藏式二层建筑，建筑底部为石砌墙基，上部为夯土结构，夯土墙厚1 m。一层由门廊、经堂、佛殿组成。前部为门廊，门廊共4柱，前部为2根檐柱，后部2柱均为多棱柱，面阔三间用二柱，柱间距2.3 m，进深二间用一柱4 m，柱间距2.5 m；门廊左、右侧各有小型仓库，面阔二间用一柱2.9 m，进深二间用一柱4 m。门廊后部为经堂，面阔五间用四柱12 m，柱间距2.1 ~ 3.3 m，

图 35：嘎加寺

图 36：集会殿内景

进深五间用四柱 12.4 m，柱间距 2 ~ 2.4 m，第二、四排中央四根长柱间上部为采光天棚，地面为木地板；主供有莲花生、四臂观音等。经堂后部为佛殿，面阔三间用二柱 12 m，柱间距 4.6 m，进深二间用一柱 5.1 m；主供镏金莲花生、无量光佛等。二层为采光天棚、热色康、护法殿等。

5 月 1 日（巴青县—鲁布寺）

早晨被索朗大哥和拉巴大哥敲门叫醒。可能是因为路途比较遥远吧，我们 9 点多就出发了。我们车子行驶的这一路全是砂石路，在我的要求下，我们先到了那曲几座苯教寺庙的母寺——索雍仲林寺进行了拍摄。现在这里除了几处被人们围起的经幡外，并没有其他具有明显特征的地方了。到处都是草原精灵地老鼠的杰作，它们时而从这个洞钻出来看你，时而从另一个洞钻出来瞧你，好似对你这个擅自闯入别人地盘的陌生侵略者既好奇又畏惧。

拍摄完照片我们继续往鲁布寺出发，路上我们见到了正在修建的苯教佛塔，但问起经过的行人，竟无人知道是哪个寺庙所修。在一处山崖急转弯处，拉巴大哥示意我们向下看，我侧头向下望去，只见一蓝色越野车在山谷深处河水中巍然不动，成了一个被摔得稀烂的雕塑品，在西藏这些转弯处经常会有事故发生，而这些教训告诉我们，虽然我们不能掌握别人的命运，但可以让自己不要犯同样的错误。

大概中午的时候我们来到了鲁布寺，和寺管会主任聊了一会，便开始了测绘工作。该寺庙属于苯教寺庙，在“文革”时候毁为烟尘，后于 1987 年重新修建。整个寺庙在选址上很有特点，与梅日寺相近。建筑都是新修建的，山上有几个修行洞，我和索朗大哥去拜访了一下在那里修行了近 20 年之久的僧人。在爬山的时候我们发现了岩羊，没想到这里竟然有岩羊生长。调研结束后我们回到索县已经是晚上 10 点多钟，

图 37 ：山路

图 38 ：鲁布寺

大家已经非常疲累，吃过饭便各自休息准备明天的返程。

鲁布寺位于西藏自治区那曲地区巴青县巴青乡 3 村曲丹昨村北约 3 km 处，该寺 1677 年由白吾赤杰吉庆活佛创建，是日喀则曼日寺的分寺。在霍尔三十九族部落管辖期间，其所辖区域共有 38 座苯教寺院，鲁布寺是这些寺庙的母寺。“文革”中遭严重损毁，后在原址恢复重建。现寺院分布面积约 37 830 km^2，由集会殿、僧舍、擦康、伙房、习经院、食堂等建筑组成。

鲁布寺所处的位置在古代吐蕃时期属于苏毗部落三领地之一，后来西藏划分成三区时，由于该宝地位于四水六岗中的六岗之父俄扎色莫之岗顶，四水之母怒江之河源而名声大震，修行者慕名云集。苯教前弘期大师珍巴父子曾在此地修行炼成正果。沿着索曲河流，山势逐层攀高，在山势最高处，有一个外窄内宽的山谷，沿着崎岖的道路（图 37）进入谷内，就会发现有左右两个小山谷，由左山、右山、中山三座大山环绕，冬春季节山顶白雪皑皑，银装素裹，夏秋季节郁郁葱葱，生长着各种天然草药。中山前后有两座巨大的岩石，前山巨岩像经书中所言：四山似堡，三层飞檐，形似长寿宝瓶。从侧面观看，如三层飞檐的城堡，从正面看，似摆满长寿宝瓶。右边岩石就像雄鹰降落、挥舞宝剑，左边岩石就像堆积着宝贝。在巨大的岩层中有许多秃鹫的巢穴、修行的洞窟以及数不清的圣迹。

鲁布寺（图 38）地处群山怀抱之中，北依诺布拉则日山，东约 100 m 处为尼玛拉则日山，西约 100 m 处为达瓦拉则日山；寺院由诺布、尼玛、达瓦三座圣山包围。这三座山围合形成了一块平地，为寺院建设带来了很大的便利。通往寺院的路位于尼玛拉则日山和达瓦拉则日山之间，随着山体的增高而增高。鲁布寺是整个那曲地区规模最大的一座苯教寺庙，建筑内容较丰富，主要建筑有因明学集会殿、拉让、卡玛罗布宫、卡玛扎西维色殿（图 39）、永忠扎仓集会殿、永忠嘎瓦纪念殿。寺院

图 39：永忠扎仓集会殿、卡玛罗布宫、卡玛扎西维色殿、拉让（从右到左）

图 40 ：卡玛罗布颇章（卡玛罗布宫）

大门位于寺院的入口处，屋顶为重檐歇山顶。进入大门后分为两条路，一条是通往其他建筑用阿嘎土铺砌的路，一条是通往东北角的恰热土桑嘎则林以及还在建设中的永忠嘎瓦纪念殿的土路。前者为主干道，后者为次干道。后面的次干道笔者推断是建设永忠嘎瓦纪念殿的时候才开辟的，这样可以保证对建筑施工影响最低。沿着主干道行走，快到寺院接待室和商店的地方又分出一条通往僧舍的支路，往后面又形成一条支路通往因明学集会殿，这条支路之后是一条弯道，以形成后面通往永忠扎仓集会殿的圆弧形广场。后面主干道即通往卡玛罗布宫（图 40）、卡玛扎西维色殿（图 41）以及拉让，这三栋建筑前面有一个比较大的广场，现用作寺院的停车场。由此可以看出，鲁布寺的道路也精心设计过，各个功能分区明确，各个建筑之间彼此既有联系又相互独立，动静分区。整个寺院地形由北向南是一个类似正三角形的形状，寺院的永忠扎仓集会殿是中轴线的中心，其他寺院建筑围绕着永忠扎仓集会殿。整个寺院建筑功能明确，交通流线也非常合理。

（1）永忠扎仓集会殿

集会殿坐北朝南，为藏式三层土、木、石建筑，石砌墙厚 1 m。一层由门廊、经堂、佛殿（也叫布吉康）组成。前部为门廊，门廊共 14 柱，前部为 4 根檐柱，后部 2 柱均为多棱柱。面阔九间用八柱 23.7 m，柱间距 2.6~2.9 m；进深二间用一柱 5.1 m，门廊内壁绘有四大天王及六道轮回壁画。门廊后经堂面阔九间用八柱 23.7 m，柱间距 2.6 m；进深六间用五柱 15.4 m，柱间距 2.6 m。后部中央 8 根长柱间上部为采光天棚，地面为木地板。二层为采光天棚、热色康、拉康等。三层为吾则拉康及新建金顶等。

（2）卡玛罗布颇章

卡玛罗布颇章（卡玛罗布宫）（图 40）位于集会殿西侧 90 m 处，为藏式二层土、

图 41 ：卡玛扎西维色殿

木、石建筑，石砌墙厚 1 m，为鲁布寺的内明学院。一层由门廊、经堂组成。前部为门廊，门廊共 6 柱，前部为 4 根檐柱，后部 2 柱均为多棱柱，面阔 11 m，进深 2.4 m，门廊内壁绘有四大天王及当地护法壁画。门廊后经堂面阔五间用四柱 11 m，柱间距 2.2 m；进深四间用三柱 8.4 m，柱间距 2 m。后部中央 2 根长柱间上部为采光天棚，经堂四壁绘有壁画，主要内容为苯教各种护法等。主供有镀金南巴加瓦、金灵塔等。二层为采光天棚、热色康、伙房、文物室等。

（3）永忠嘎瓦纪念殿

西藏自治区前人大副主任、西藏佛协会副主席永忠嘎瓦为鲁布寺活佛，不管是对鲁布寺还是西藏的政治经济文化建设都作出了杰出贡献，这座宫殿就是以他的名字命名进行修建的。纪念殿建筑按照坛城的形制建造，因建筑尚处于施工阶段，不方便测绘，而建筑的设计者又只是口头跟建筑工人沟通建造，并没有相应的设计图纸。因此，对建筑的概况只能通过采访了解一些。永忠嘎瓦纪念殿共有 4 个出入口，门廊处层高 7 m，建筑最高层高为 15 m，总共 6 层，室内共有柱子 60 根，建筑非常规整宏伟。

5 月 2 日（那曲）

今天上午我们从索县回到那曲，索朗大哥本来打算让我们继续住在桃源宾馆，但是宾馆的服务员服务态度真的很差，索朗大哥和她因为某些原因未能达到共识，于是我们便决定到另一个宾馆入住。那曲的气候比索县恶劣，走几步就会气喘得厉害。索郎大哥已经确定 6 号去杭州访问学习，晚上邀请我们到他家做客。这已经是第二次来到索朗大哥家里了，我们喝着酥油茶，然后谈论着工作，因为那曲气候不是很好，索朗大哥建议我们去拉萨画图。我听取了他的意见，决定明天就去拉萨。这个决定也得到了索朗大哥的认同，这样行程就算定下来了。

5月3日（那曲—拉萨）

中午索朗大哥带我们来到了那曲火车站，买了下午3点去拉萨的车票，我们辞别了索朗大哥，就在那曲火车站等去拉萨的火车。我对拉萨并不陌生，尤其是布达拉宫广场，以前几乎没事就和同行来这边遛弯。虽然从没进入布达拉宫，但是这并不让我感到遗憾。3点钟从广州开过来的火车准点进站，到拉萨的火车全国只有三列，一列是从首都北京开往拉萨的，一列是从大上海开往拉萨的，一列便是从广州开往拉萨的。按以往来说，过了那曲车上的旅客就不是很多了，今天也是一样，只有少量来旅游的游客，但车上的藏族人很多。如果我是第一次来西藏，那我会和大多数游客一样非常兴奋，但此时的我不知为何兴奋不起来，可能是每次进藏都不是以游客的身份而来的缘故吧。每次来西藏都有大量的测绘和调研工作，这已经让我无暇顾及路边的风景，而且身体是一年不如一年。

经过了三个多小时的车程，我们来到了拉萨。还是一样的路，还是一样的风景，变了的是面孔，变了的是心境。本来打算带学弟到闹市区住下，但索郎大哥告诫要远离闹市区，最后我们选择住在了去年住的宾馆。晚上带学弟直接去了八廓街，到了之后才发现八廓街正在进行改造，很多在外面摆摊的摊主都被挤出来了，不过这就形成了更热闹的一种场面——从布达拉宫广场东面一直到八廓街沿街全是摊位，摆满了琳琅满目的商品，各种叫卖声也是热闹非凡。但这种场面仅限于白天，晚上则非常宁静，偶有几处摆地摊的摊主，也是来这边旅游的游客，可能是他们在旅游的时候买的东西太多不方便携带，也可能是因为他们想感受一下这种生活节奏。

5月4日（拉萨）

今天的天气非常好，起床之后，我主要带着学弟逛了逛白天的拉萨（图42）。孙正学弟早晨兴奋地睡不着，早早地就带着相机跑出去溜达了。而我和王浩睡到了自然醒，然后去找孙正，中午12点多的时候我们相约在拉萨邮局见面。一见面就发现孙正手里拎满了各种物品，都是早晨自己买的，有佛珠、天珠、藏红花等各种充满西藏特点的物品。看着学弟平安归来我还是比较欣慰的，因为毕竟安全是第一位的。

之后我们沿着大昭寺转了一圈，然后到附近的店铺挑选物品。因为学弟第一次

图 42：布达拉宫

来西藏，不可少地要给自己的亲朋带些礼物，我就借这个机会带着学弟把要买的礼物一起买好，今天一天都在逛街和买东西中度过。

5 月 5—9 日（拉萨）

5 号是索朗大哥女儿的生日，因为索朗大哥 6 号的飞机，所以 5 号就要来拉萨，我买了个生日礼物，准备送给小吉玛。但索朗大哥并没有来拉萨，起初还以为发生了什么意外，打电话询问后才知道，索朗大哥去杭州的日期改签到 9 号了。再加之索朗大哥妻子怀孕现在正值预产期，所以一有时间索朗大哥便在家里陪妻儿。

这几天我们都待在宾馆里面画图，因为还要出文本，所以这次的绘图工作强度比较大，但是大家也没有因此退缩，都在认真画图。吃完饭后，我建议大家溜达一下，毕竟要劳逸结合。8 号的时候索朗大哥从那曲来到拉萨，这次他是和他妻子孩子一起过来的，因为他要离开家一段时间，所以需要他在拉萨的父母帮忙照顾一下即将临产的妻子，而他的女儿也转到拉萨某小学借读 2 个月，这样来自他家庭方面的问题就都解决掉了，工作方面因为我们的把关他也可以足够放心。这样他就等着 9 号启程去杭州了。

5 月 10 日—6 月 4 日（拉萨）

这些日子，我们的工作任务就是把之前跑的那曲东部寺庙进行电脑制图，对于我来说，虽然第一年来西藏没来拉萨，但是后面的几年我基本上都要到拉萨这边调整一段时间，所以对这边也算熟悉，但也只是对大昭寺及布达拉宫这边熟悉而已。

我们的生活就这样简单又平静地一天天过去，当生活已经成为固定模式的时候，人们的神经就会不自主地麻痹了，这就是温水煮青蛙的原理，抑或是泡咸菜的原理吧。只有在一个固定的程式里面过这一段相对稳定的日子，才能使得人们对生活的感悟更加强烈，才能让人的思想螺旋式上升吧。做学生的日子是苦涩的，当别人得知你是学生的时候，往往之前堆积满脸的笑容像抽丝一样消散，反而表露出的是不屑与高傲，这种瞬间的转变演得很专业，根本不用去电影学院培训，大概是因为从学生身上他们没有能够得到既得利益吧。

拉萨的夜晚来得很缓慢（图 43），往往在晚上 9 点多才开始朦胧，我们一般在晚上 7 点半左右吃晚饭，吃过晚饭便漫步到罗布林卡，看着欢快的人们跳着热情的锅庄舞蹈，我们最终也没能够打破自己内心的禁锢参与到热闹的人群中。曲终人散，也标志着夜的结束与开始，跳舞的人们回家洗个热水澡便可安心地进入梦乡，等待着第二天工作的开始。而对于适应了夜的刺激的以青春为主要命脉的红男绿女来讲，这才是夜的初始。在烂漫的街头，你会发现各种形形色色的人群，你们互相的眼里都是匆匆的一抹。这就是西藏给我的印象，虽然来了几年，但每次都有一种空空的感觉，好似你今生从未来过。人最可怕的是回忆，最宝贵的也是回忆，当我回头的时候，看到了我自己在一个悬崖的顶端，后面没有来时的路，前方一片云雾缭绕，山顶的寒风吹刺着我的肉体，这是心的寒冷，人只有靠自己来拯救自己，灵魂的解脱要比肉体的解放高贵很多。

闲下来的时候，我会跟学弟们到大昭寺附近或者布达拉宫附近转转，难得来次西藏，也应该感受一下这神圣的地域带给我们精神上的慰藉，虽然我们没有从小就泡在这满是敬畏神的地方，但还是应该用心灵来感受这虔诚所带来的内心深处的力量。没有信仰就没有依靠，在遇到自己所不能控制的事情的时候就会选择不择手段，道德准则只能来约束有道德修养的人，当作为单体或小的群体存在的时候，很多人从来就不觉得自己没道德，但当很多单体组成了一个共同体的时候，大家就会产生一种集体无意识的状态，这种状态是可怕的，也正是这种状态的存在，让很多有想法的人难以有机会得以实现他们的想法，因为大家的心里总是存在着这样的一双眼

图 43：布达拉宫夜景

睛，当你有所感悟想要热血一下的时候，这双眼睛会跟你讨论枪打出头鸟的问题，当你们讨论得越多，你的思想就越难打开，本来的想法也会随这三分钟而熄灭。

5 月 16 号索朗大哥从杭州考察完毕回来，于 17 号约我们和龙局一起见面吃了个便饭，然后我们继续待在拉萨画图，而他们要先回那曲汇报相关的工作。索朗大哥讲述了在杭州的所见所闻，结识了那边不少的朋友。不过内地的环境气候比较好，索朗大哥的皮肤明显白皙了不少。这也对应了那句古话“上有天堂，下有苏杭”。这次我们要去那曲的西部进行调研，条件相对艰苦一些，需要我们购买防潮垫等与户外有关的用品。由于正值采虫草的高峰期，原司机在巴青县挖虫草，我们这次去西部换了司机，这次的司机就是索朗大哥本人。

6 月 5 日（拉萨—那曲班戈县）

今天我们离开拉萨前往那曲西部。

中途经过纳木错（图 44），索朗大哥带我们绕过了旅游区，找了一处几乎没有游客的地方歇脚。正当我们高兴地欣赏着纳木错的美景时，有一个骑马的藏族小伙像有事似的朝我们飞奔过来，交谈后得知他是过来问我们要钱的，说在这里拍照要

给他钱，这个要求太荒唐了，没想到在西藏也有老赖，不好好通过自己的努力赚钱，非要靠讨钱生活，不愿理他，我们换了个地方继续欣赏纳木错的美景。纳木错是我国海拔最高，中国第三大咸水湖，湖水清澈蔚蓝，远处与念青唐古拉山相映，在吐蕃时期一度成为藏王松赞干布的马场，被藏传佛教视为圣湖。由于天气不错，我们便多待了一会，充分体会大自然的美。

美景欣赏得差不多了，我们便赶往班戈县，到班戈县时太阳还没落山，于是我们爬上了山顶拍日落（图 45）。晚上和索朗大哥的几个朋友一起吃了饭，到宾馆已经 11 点了。班戈藏语有“胸膛”的意思，因境内有一大湖泊，状似绵羊的胸膛而得名为班戈湖，所以班戈县是以湖而得名。班戈县东与那曲县相邻，西与申扎县搭界，南与当雄县和日喀则南木林县相邻，北接双湖区和安多县。全县行政区划两万多平方千米，距离那曲镇约 267 km，是那曲西部的重要交通枢纽。班戈县境内属高原湖盆地区，山势平缓，平均海拔 5000 m 以上，有着南高北低的地势特点，在气候上属于高原亚寒带季风半干旱气候区，气候变幻无常，昼夜温差大。这里的野生动物相对要多一些，在路上经常会有藏野驴、藏羚羊、岩羊、藏原羚等野生动物与我们擦肩而过，让我们十分兴奋。但需要说明的是，千万不要因为兴奋而开车去追这些野生动物，因为在高原奔跑不光对人来说很难，对动物也是，而且这些动物的奔跑有各自的特点，比如说藏野驴（图 46），奔跑的时候总是把头高高地上扬，感觉像是高原上的“贵族”一样，时不时地看你一眼，整体的身体形态就是不服的感觉，听索朗大哥说藏野驴是一根筋，会一直跑到肺部炸裂而死，这也是“驴脾气”的由来吧。而藏羚羊（图 47）会好一些，奔跑的时候就像短跑运动员一样，嗖地一下低着头呈一条直线飞奔，速度很快，就是一溜烟的感觉。藏原羚（图 48）则谨慎得多，它会在你还没发现它的时候就开始逃离，当你发现的时候往往看到的只是它的背影了，但辨识度还是很高的，藏原羚屁股的毛色是与身体上不一样的白色，形状似三角形，所以我们之后在路上看到它就会很亲切地说：“你看，那边有几个裤衩。”藏野狼（图 49）又是另一种跑法了，它的速度没有太大的优势，但非常狡猾，跑的线路大多呈“S”形，在跑的过程中会一直回头看你的反应，最终会把你带到沟谷或地势危险的地方。牦牛（图 50）和野马（图 51）见到人基本上不会跑，但万一把野牦牛惹怒了它就会翘起尾巴追着你跑。所以，在高原上遇到这些草原生灵一定要保持距离，一是为了安全，二是要相互尊重。

图 44：纳木错风景

图 45：班戈县日落

图 46：藏野驴

图 47：藏羚羊

图 48：藏原羚

图 49：藏野狼

图 50：牦牛

图 51：野马

6月6日（班戈县—尼玛县）

今天我们要从班戈县城赶到尼玛县城，去那边的文部寺和玉彭寺等苯教文化传播较为浓厚的寺院进行测绘工作。途中景色怡人，我们便一路走一路按动相机快门记录美景。这几日我们走的都是土路，其实我感觉土路比柏油路开起来的感觉要好很多，就是下雨的时候土路路况会差一些。大概中午的时候索朗大哥开车也乏累了，正当我们决定要在哪里休息的时候，远处有一大片羊群映入我们的眼帘，就像一大片白色的棉花一样点缀在蓝天白云之下，我们停车拿起相机下车就开始拍摄，因为这里人较少，路上很少有车，所以停车可以随性一点，还有就是拍照时的心情也很重要，有些时候必须要在第一时间去记录那一刹那的感受，时间拖久了可能你拍摄的感觉与欲望也就消失了。就在我们进行拍摄的时候，感觉有两个小黑点慢慢地从远处逛了过来，走近发现是两个牧区的小孩子，一个小姐姐带着弟弟在放牧，姐弟（图 52）两人看管着整片羊群，孩子十分淳朴，他们的眼睛清澈透亮，当他们微笑地看着我的时候，一种莫名的清澈感充满了我的内心，他们的真诚深深地打动了我，他们的笑容也一直烙印在我的内心深处。我在想他们应该没有去过城市，可能连拉萨都还没去过，放牧会占据他们童年大部分时光，但也并不能说他们不快乐。我们随即把身上携带的零食全部给了孩子们，并叮嘱姐姐一定要和弟弟好好读书。

和孩子们告别后，我们开车继续往班戈县走，在路过色林错湖时，我们被色林错的美景所吸引，色林错（图 53）的美不亚于纳木错，但由于距离拉萨较远而不被大众所熟知，近些年在一些深度游客的宣传下而被大家知晓，这也主要归功于我们国家的强大，经济上去了，路修好了，人民的钱包鼓了，才能把精力和时间多放在旅行上。午餐我们选择在色林错旁用餐，我们来之前带了泡面，索朗大哥去色林错旁的一户人家借了一壶热水，就这样大家开心地吃起了泡面。瞧着美景吃面真是一种享受，呼吸着湖边清新的空气，蓝天白云就伴在眼前，感觉每一口都很滋润。

尼玛县地处羌塘高原大湖盆地带，东与申扎县相接，南望日喀则地区昂仁县，西邻阿里地区改则县、措勤县，北靠新疆维吾尔自治区，距离那曲县城 660 km，地势北高南低，平均海拔 5000 m 以上，地形以高原丘陵平地为主，具有山地、平原、丘陵、盆地等多种地形，其中以山地、盆地为主，在气候上属于高原寒带、亚寒带内陆干旱季风性气候，冬季漫长寒冷且伴有大风，春季干旱多风，夏秋季节短暂，空气稀薄。

下午 3 点左右，我们到了加林山岩画所在地荣玛乡，但是我们要先到县里与县

图 52：姐弟俩

图 53：色林措

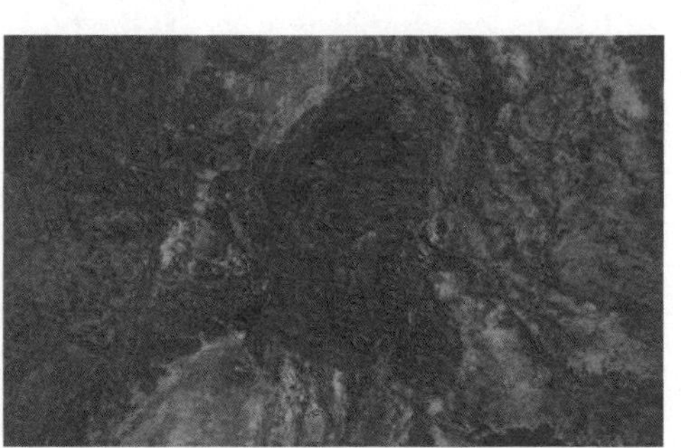

图 54：史前岩洞

文化局局长见面，所以就继续往县城赶路。途中经过一个史前岩洞（图 54），据索朗大哥讲里面的岩画时间久远，非常具有科考价值。我们停车进入山洞后，在里面发现了用红颜料在岩石上画的羊的岩画，由于时间较久，颜色已经发暗。到了尼玛县已经是晚上 10 点了，但是天依然没有黑。

6 月 7 日（尼玛县加林山岩画调研）

早上我们 6 点就起了，索朗大哥说这边的日出很美，我们可以去拍一下日出（图 55），等车开到有一小片湖面的地方，我们便下车准备拍日出。这时的太阳刚刚升起，光芒还不是那么刺眼，加上水面的倒影，给我们的拍摄带来了乐趣，拍日出其实也就 5~10 分钟的最佳时间，太阳升高了基本也就没办法拍摄了。拍完日出我们继续往荣玛乡赶路，就在刚出发不到 10 分钟的时候，我们发现在草地上躺着一头藏野驴，若在平常藏野驴看到我们会高傲地抬起它的大脑袋，但是这头却一动不动，下车走近后才发现原来这头野驴已经没有了生命迹象，索朗大哥示意我们看看野驴哪里不对劲，仔细查看后发现野驴的驴鞭被盗猎者割走了，野驴睁着眼睛，仿佛死得

图 55：日出

图 56：加林山岩画

不明不白，从眼睛的瞳孔刚开始出现斑块浑浊现象来看，我们推测盗猎行为也就发生在昨晚。索朗大哥说这边有些不法分子为了高额的利润就铤而走险，什么都敢干，真是太可恶了，这不禁让我想起了陆川导演拍摄的电影《可可西里》，当时只是在荧幕上看就很生气愤懑，今天真实地在现场面对着这一头死去的藏野驴的时候，内心百感交集，很无力也很无助。打电话报警告诉了事发现场地点后，我们也只能怀着沉痛的心情离开了。

今天我们是去尼玛县荣玛乡看加林山岩画（图 56）。因为路途遥远，路也不是很熟便请了一位当地人做向导，以免多走冤枉路。加林山岩画位于那曲地区尼玛县荣玛乡，海拔 4730 m，分布面积约 23 000 m^2。岩画分布于加林山东麓缓坡部位大小不一的石块上，分布点东西长约 200 m，南北宽约 1 km。岩画绘制方法主要为敲琢法，绘画内容有牦牛、羚羊、马、鹿、岩羊、狗、豹等动物和徒步行走的人或骑士等人物，以及日、月、树等自然物，弓、长矛、车等武器或狩猎工具。据同行的那曲地区文化局的同志介绍，这里原有岩画约 60 幅，单体图像数百个，现在大部分绘制岩画的石块被搬至其他区域进行保护。

沿路有一个温泉，我们花了点时间在那洗了个澡，一边工作一边娱乐是我们的口号，因此虽然条件艰苦，但我们却觉得很快乐。

6月8日（尼玛县—当惹琼宗）

文部寺（图57）位于西藏自治区那曲地区尼玛县文部乡文部村，面向圣湖当惹雍错和神山达尔果雪山，海拔4390 m。由超瓦·古如永仲桑旦创建于公元1650年，日喀则南木林县曼日寺为其母寺。该寺活佛为世袭制传承，距今已传有60代。寺院建筑包括集会殿、甘珠尔拉康、拉让等，总面积约3625 m^2。寺院东靠近扎增日山，西南约2 km为当惹雍错（湖），其高出湖面约50 m；西北20 m为文部曲康；周边地表生有稀疏针茅类植被及浅草，属高原亚寒带半干旱季风气候。村内有简易的乡间公路通往该寺，居民的生产生活方式以半牧半农为主。该寺的大殿在“文革”期间被当作粮仓而得以保留。大殿内最有价值的是其墙面上的壁画。这些壁画存世的时间要比那曲地区其他苯教寺庙内的壁画早，距今已有100多年的历史，为研究藏北苯教文化提供了实例。文部寺的选址并非随意而为，文部村是在扎增日山、文部曲康、阿姆觉日山这三座山的包围下，其南部面向当惹雍错。据寺院现任活佛丹巴坚赞介绍，文部寺之所以择址在查玛山上，是因山的形状好似一头大象背着一块元宝，经过几位老僧人的讨论，决定将寺庙的位置选在大象的心脏处，寓意将来能够蓬勃发展。文部寺修建在文部村内，通往文部寺的道路与村内大路相连。文部寺虽然规模不大，但在规划上有其秩序，进入寺内首先会发现一个小院落，院落的北边是以红色粉饰的集会殿，院落西面是寺管会用房，院落东面是僧舍，整个院落以集会殿最为突出。集会殿东北角为寺院的护法神殿，由于整个寺庙依山而建，护法神殿的地坪比集会殿要高。

集会殿的西侧、护法神殿的东侧是通往拉让的道路，拉让一层为厨房，二层为接待室，到达二层须借助室外楼梯。拉让后面只有一条小路通往拉康，拉康是活佛每天诵经的地方。每逢文部寺有佛事活动的时候，会有从其他地方赶来的僧人到这里诵经。寺院有6座佛塔，位于寺院西约1km处。文部寺建筑整体呈狭长形，以集会大殿为整个寺庙中心，规模不大，但在建筑之间围合处自然形成的小空间很有特点，面积虽小却不拥挤，富有秩序感。在建筑方面，体量不是很大，但是却很有整体感。

（1）集会殿（图58）坐东北朝西南，为藏式一层土、木、石建筑，墙体厚0.7 m。由门廊、经堂两部分组成。门廊开间6.5 m，进深1.8 m；穿过门廊便是经堂部分，经堂三开间 6.5 m，沿开间方向有两列柱子，柱间距为 2 m，经堂进深 8 m，有三排柱子，柱间距为 2.2 m。第二、三排柱间有一边长为 1.2 m 的佛台，佛台四面彩绘法轮、莲花、五宝等图案。经堂墙壁后存放苯教经书《甘珠尔》《丹珠尔》各 1 部；四壁绘有巴丹拉姆、达拉玛、当惹雍错湖神等苯教护法神和曲巴久尼、辛绕、强玛仁阿等高僧像壁画。

（2）护法神殿位于集会殿东北侧，为藏式二层土、木、石建筑，石砌墙体厚 0.6 m。由门廊、护法殿、转经廊组成。前部为门廊，门廊开间 4 m，进深 1 m；后部为经堂，经堂开间 4 m，进深 3 m。转经室的开间与经堂开间相同，进深 2.4 m，护法神殿内供奉当地护法神。

今天我们还有一个任务是从县城赶到当惹玉彭寺，从文部寺出发还得徒步 10 km。

当惹琼宗遗址位于西藏自治区那曲地区尼玛县文部乡文部村南约 16 km 的当惹雍错东岸琼宗吾孜日山顶处，海拔 4777 m，分布面积约 500 m^2。据当地百姓介绍，“琼”地在吐蕃王朝建立之前是“象雄”所属四大宗之一。遗址东距当惹雍错岸约 400 m，高出湖面约 200 m，无正规通道通往遗址所在地，交通不便，当地群众生产

图 57：文部寺

图 58：集会殿内景

图 59：当惹雍错

生活方式以半农半牧为主。周边地表生长有稀疏针茅类植被及浅草，属高原亚寒带半干旱季风气候。现遗址处由残墙遗迹组成，房屋及石墙遗迹位于遗址偏北的山丘顶部，共三处，其一为平面呈方形的石砌建筑，墙基宽、残高均为 0.3 m；其二为规模稍大的长方形建筑，长 25 m、宽 8 m，石砌墙体厚 1 m；其三仅有一段石墙，残长 1.2 m、宽 0.3 m。遗址南部有多处洞穴，其内壁、顶部多有烟蚀痕迹，有的洞口前有石块砌筑的近方形平台，石台长 6 m、宽 5.6 m，用途不明，很可能是主体城堡的组成部分，用来放哨和观望的。遗址所在的琼宗吾孜日山半山腰上有雕刻经文的石头若干，据文部寺僧人介绍，这些文字为象雄文。根据史料记载，当惹琼宗城堡是象雄王国李迷夏国王的东部城堡，在苯教史上占据非常重要的地位。据当代民间传说，象雄王国在其疆域内建过四大城堡，当惹琼宗城堡是其东边城堡。到了 7 世纪，象雄王国的最后一位国王李迷夏被吐蕃军队灭于当惹琼宗湖畔。

我们下午 3 点左右到达玉彭寺，请活佛给我的佛珠开了光，采访完活佛后我们便启程赶往，由文部寺的一名僧人给我们带路。徒步过程中我们得翻两座山，虽然很费体力，但看着沿途的风景便也觉得值得。我们就这样沿着当惹雍错湖（图 59）一路拍着照片，晚上 9 点多我们到达了目的地。由于玉彭寺没有网络信号，我们也是到了才跟他们说明来意。

寺管会主任给我们准备了简单的晚饭，吃完我们便各自休息了。

6月9日（玉彭寺）

玉彭寺（图60）位于当惹雍错湖边一条内凹山谷处。寺庙修建在陡崖的半山腰上，气势宏伟，与山体浑然天成，山地建筑特点明显。据苯教史籍载，象雄苯教智者色尼噶戊，于公元1世纪在象雄中部的当惹雍错湖畔创建了该寺。色尼噶戊是苯教早期十三传教大师之一，与吐蕃穆赤赞普同时代。

初建时没有寺院，由一处修行洞演变发展成为现在的寺庙，该寺现为苯教高僧修习密宗的重要场所之一。玉彭寺的选址远离村镇且依神山圣湖修建，建筑布局自由分散。从外界到达玉彭寺有两条道路，第一条路为步行道路，从文部寺步行至当惹雍错圣湖附近，然后沿土路行走10 km左右便可到达玉彭寺，整个行程需2小时左右；还有一条是公路，从那曲地区乘汽车沿那曲—阿里公路行驶622 km到达尼玛县的尼玛镇，再从该镇往西南行驶160 km抵达当惹雍错东岸的吉松村，这种路径不需要徒步，乘车就可以到达，但比较绕。玉彭寺因其修行洞而闻名。如今在修行洞外修建了一座措钦大殿，整个寺院建筑均围绕该大殿展开。寺院建筑依据山体自身的地形走势而建，山地建筑特征明显，自由组合，疏密有序，顺应地形，起伏变化，错落有致，重叠而上。整个寺院从布局上呈前低后高的态势。

玉彭寺最突出的建筑便是其寺院的大殿部分，大殿依山而建，气势恢宏，共有10层。

（1）措钦大殿

措钦大殿（图61）坐北朝南，为藏式10层土、木、石建筑。坐落在玉彭瓦姆山上，措钦大殿修建在一处崖壁上，根据山体自然的高差来逐层修建。因山地高差的局限，分为4个出入口。其中第一层设有单独的出入口，二至四层、五至七层、八至十层均设置有单独的出入口，不同出入口建筑内互不连通。4个出入口将措钦大殿的建筑功能分为不同用途。

措钦大殿墙厚0.6~0.8 m，占地面积339 m^2，总建筑面积652 m^2，建筑总高度达27.8 m。措钦大殿第一层为转经大殿，入口朝东。面阔3.6 m，进深2.4 m，层高3.3 m，转经大殿内仅有一个较大的转经桶（图62）。

按原路向上折回一段山路便可来到建筑的第二部分，即二至四层（图63），第二层修建得十分险峻，其入口平台宽度仅为0.8 m，下面便是悬崖，并未设置任何防护措施。该层为寺院仓储用房，建筑面阔三间11 m，进深2 m，层高1.8 m。第二层内有一架通向第三层的木梯。第三层构造和二层相同，层高2.1 m。

图 60：玉彭寺

图 61：玉彭寺措钦大殿

图 62：转经桶

图 63：措钦大殿二至四层

第四层是念经大殿，虽与二、三两层属于同一部分，但却设有单独的出入口，通过山路便可到达。由于该层山体向内收缩较大，故其建筑面积较大，建筑面阔 12.5 m，进深 5.9 m，层高 3 m。

第五层为修行殿，有单独的西面出入口，建筑面宽 11 m，进深 1.7 m，层高 3 m，整个修行殿只设一扇门，没有窗户。第六层同样为修行殿，规模较大，建筑面宽 10.6 m，进深 6.2 m。第六层最东侧房间，面阔三间 5.2 m，两柱，柱间距 2.4 m；进深三间 6.2 m，两柱，柱间距 2.3 m，层高 2.7 m。

第七层为修行室加修行洞，通过六层的室内楼梯到达，建筑构造和六层一样，

图 64：措钦大殿五至七层

图 65：寝宫

图 66：屋顶平台

层高也相同，修行洞便设在第七层建筑的最北边山洞内。第八层为仓库，第七层屋顶作为其前面的平台，建筑进深 7.6 m，开间 16.8 m，层高 2.35 m。（图 64）

第九层为寺庙高僧和活佛的寝宫，入口设在建筑东面，第九层面阔三间 16.9 m，进深一间 6.8 m，层高 2.3 m。第十层同样为寺院的寝宫，入口同样设在东边，面阔 5 m，进深 6.2 m，层高为 2.3 m。（图 65）

（2）拉让。活佛拉让与措钦大殿第七层修建在同一水平高度，建筑坐西朝东，为藏式一层土、木、石建筑，墙体厚 0.8 m。前面设有门廊，面阔 3.3 m，进深 1 m；主体建筑面阔二间 3.3 m，柱子位于两间的正中；进深二间 3.6 m，柱子同样居中。建筑总高度 2.9 m。

（3）修行洞位于大殿第七层建筑内，据传该寺第一代活佛在此修行，整个措钦大殿就是依附着这座修行洞而修建的。进入修行洞前必须喝圣水，然后拿一根已燃的藏香方可进入。修行洞建筑面积 60.6 m^2，进深约 18 m，呈狭长形布局，最窄处为 1 m，最宽处为 5.4 m。修行洞从洞口至洞内地坪逐渐升高。洞中间有一类似于坛城

的供奉台，宽 1.2 m，长约 1.6 m，高 1.2 m。修行洞内还刻有苯教雍仲、牦牛等岩画。

今天测绘玉彭寺主体大殿的任务主要由我负责，这座大殿很特殊，总共 10 层，依山而建，错层重叠。大殿 7 层还有个修行洞，这座修行洞规模很大，历史悠久，已经有 3000 多年历史，大概下午 1 点我完成了测绘任务。之后我们对寺庙活佛进行了采访，了解了影响该座寺庙选址的因素以及象雄的一些情况。

之后我们继续徒步回到文部寺，在途中我们去了当惹琼宗拍了照片。到达文部寺后我们随即去参观了寺庙大殿并拍了相关照片，去的时候活佛正在念经，等念完经后我们又进行了采访。

这些结束之后我们与活佛道别，今天我们住在寺庙不远处的一座客栈。客栈为两层，正对着当惹雍错湖，二层还设有观景平台（图 66）。晚上我们在客栈第一次喝了正宗的青稞酒，都喝得有点多，大家聊了很多。

6 月 10 日（尼玛县—申扎县）

早上我们起床在当惹雍错湖边洗漱，湖水凉彻透骨，让人精神为之一振。

早餐后我们赶往尼玛县城。午后又赶往申扎县。申扎在藏语中意为洁白、透明、无瑕的精盐，地处奇林湖西部和念青唐古拉山北麓，东部与班戈县接壤，南与日喀则地区谢通门县、南木林县相邻，西与尼玛县交界，北与双湖相连，境内丘陵、高山和盆地相间，地势平缓，平均海拔 4700 m 以上，境内多山，气候属于高原亚寒带半干旱类型。

到达县城已是晚上 8 点多，当地局长给我们接了风。

6 月 11 日（申扎县东热寺、班戈县桑莫寺）

今天的任务是测绘申扎县的东热寺以及班戈县的桑莫寺。

在申扎县城吃了早餐后我们便赶往东热寺（图 67、图 68），路上竟然看到了狼。到寺庙已 11 点多，这座寺院是临湖而建，正对着木纠错，寺院主要测绘工作由王浩负责，我们其他人负责拍照片。寺院较小，1 点左右便完成了任务。在寺院吃了午饭后，我们赶往班戈县的桑莫寺。

东热寺又称东热贡米久特庆林，位于西藏自治区那曲地区申扎县买巴乡欧措行政村东热自然村东北约 1 km 处的木纠错西岸，海拔 4678 m，分布面积约 69 000 m^2。该寺创建于公元 1690 年，创建人不详，属噶玛噶举派，“文革”时遭毁，

20 世纪 80 年代恢复重建。寺院现由集会殿、护法殿、拉康、拉让等建筑组成。

集会殿（图 69）坐西北朝东南，为藏式一层土、木、石建筑，石砌墙厚 1 m。集会殿面阔四间用三柱 8 m，柱间距 2 m，进深四间用三柱 9.7 m，柱间距 2.5 m。主供有泥塑唐东杰布等。

图 67-1：东热寺 1

图 67-2：东热寺 2

图 68：东热寺外景

图 69：集会殿内景

图 70：桑莫寺

该文物点以往未见著录或公布，是本次调查新发现。

东热寺的活佛还送了我们一段，为我们指路。由于索朗大哥之前也不曾去过桑莫寺，所以我们在问路上花了不少时间。下午 6 点到达桑莫寺，桑莫寺（图 70）位于西藏自治区那曲地区班戈县门当乡行政 5 村（桑姆村），海拔 4834 m，分布面积约 3600 m^2。寺院曾用名桑阿桑旦曲林，由仁增曲吉尼玛创建于 1810 年，属宁玛派。“文革”时遭毁，1984 年恢复修建。1996 年被班戈县人民政府公布为县级文物保护单位。寺院由集会殿、拉康、伙房、僧舍、库房、佛塔、玛尼堆等建筑组成。

集会殿坐西朝东，为藏式二层土、石、木式建筑，石砌墙厚 0.8 m。一层由门廊、经堂、佛殿、库房组成。前部为门廊，有 2 根檐柱，均为方形柱，柱间距 2.4 m，面阔 11.2 m，进深 2.1 m；门廊右侧为仓库，面阔 3.9 m，进深二间用一柱 3.7 m；门廊后部为经堂，面阔五间用四柱 11.2 m，柱间距 2.4 m，进深五间用四柱 11.4 m，柱间距 2.4 m，中央四根长柱间上部为采光天棚。经堂右侧护法殿面阔二间用一柱 3.9 m，进深五间用四柱 9.8 m，柱间距 1.9 m、2 m。主供有莲花生大师、绿度母、三世佛等。二层有采光天棚、寝宫等。佛塔位于集会殿东南约 200 m 处。

拉让位于集会殿西北上方约 100 m 处。由于临时决定今天赶到拉萨过端午节，所以喝了杯酥油茶后我们便开始了测绘，而且得在今天完成任务，所以我们一起动工，晚上 8 点多我们结束任务就跟僧人告别了。到拉萨已是凌晨 4 点。

6 月 12 日（拉萨过端午节）

今天白天几乎都在休息，晚上在拉萨的朋友家吃了晚饭，还吃到了粽子。

6 月 13 日（拉萨—那曲）

今天我们从拉萨回那曲。

在途中经过羊八井，在那泡了温泉。晚上我们直接住在了索朗大哥家里。

6 月 14 日（安多墓葬）

今天早上我们接到电话说安多县昨天挖掘一古墓葬，叫我们去勘测一下。在藏语中称下部或尾部为“多”，历史上这一带在整个藏族聚居区的北部，故名“安多”。安多县东邻青海省的治多县及西藏的聂荣县，南邻那曲县，西与班戈县、双湖县紧邻，向北便是青海的格尔木市，距离那曲镇 136 km，平均海拔 5200 m，是全国海拔最高的县之一，地势呈中间突兀南北缓降，西部略高于东部的形状。

我们 11 点左右从那曲出发，到达安多县是 12 点多，县文化局局长热情招待了我们。吃了午饭后，局长拿来了已从墓葬中取出的陶器以及刀，拍完照片后我们赶往墓葬所在地，同行的还有很多人，都是一起去看墓葬的。我们到那便跟当地挖掘人员了解了当时墓葬的具体情况、出土物的具体位置。

墓葬离现有地面将近两米，很小，不到 1 m^2，在石棺上面有陪葬物，在陪葬物中发现狼骨，推测此墓葬为蒙古族墓葬。我们后来进行了测绘，测绘完了之后便开始挖掘，挖掘出来的葬品两袋，一袋装的是人骨，一袋装的是陪葬动物的骨头，之后便赶往县城。

6 月 15 日（安多县唐康寺、白日寺调研）

今天我们测绘安多县的唐康寺（图 71）和白日寺（图 72）。因为两个寺庙体量比较大，所以我们早上 9 点就出发了。

先去比较近的唐康寺（图 73），其距离县城约 20 公里土路。唐康寺位于西藏自治区那曲地区安多县帕那镇 1 村（央嘎村）西南约 14 km，海拔 4840 m。19 世纪由四世珠康活佛创建，是孝登寺的附属寺院，为格鲁派，距今有 100 多年的历史，“文革”期间全部建筑遭毁，1984 年得以恢复重建。寺院由集会殿、措辛拉康、厨房、僧舍、公共房、修行室等建筑组成，占地面积 14 033.87 m^2。

集会殿（图 74）坐西北朝东南，为藏式 3 层土、石、木式建筑，石砌墙厚 0.9 m。一层由门廊、经堂、佛殿、护法殿组成。前部为门廊，有 4 根方形檐柱，柱间距 1.4 m、2.5 m，面阔 10.9 m，进深 1.9 m，有四大天王、轮回图等壁画（图 75）；门廊后部为经堂，面阔五间用四柱 10.9 m，柱间距 2.5 m，进深五间用四柱 12.4 m，柱间距 2.5 m（主供有宗喀巴三尊），中央四根长柱间上部为采光天棚。经堂后部从右至左依次为甘珠尔拉康及护法殿。甘珠尔拉康面阔三间用二柱 6.3 m，柱间距 2.1 m，进深二间用一柱 4.1 m（主供有弥勒佛及《甘珠尔》《丹珠尔》等）；护法殿面阔二间用一柱 3.9 m，进深二间用一柱 4.1 m（主供有马头明王、六臂玛哈嘎拉、地方护法神等）。二层有采光天棚、热色康、寝宫等。三层存放有寺藏文物。

我们大概 10 点到达唐康寺，寺管会盛情款待，并介绍了寺庙的详细情况。之后我们进行了分工，我负责测绘集会殿，王浩负责测绘福田殿及其附属建筑。大约两

图 71：唐康寺远景

图 72：白日寺

图 73：唐康寺近景

图 74：集会殿

图 75：壁画

图 76：福田殿建筑外观

图 77：蒙古包式帐篷

图 78：蒙古包式帐篷内景

图 79：白日寺集会大殿

个小时我测完了集会殿，之后主任带我去参观了福田殿（图 76），这座福田殿分为三层，非常宏伟。下午 1 点左右我们对寺庙高僧进行了采访，两点多回到县城吃饭。

吃完饭我们随即赶往白日寺，到白日寺的时间为 4 点多。白日寺又名白日噶庆贡平措达杰林，位于西藏自治区那曲地区安多县滩堆乡 1 村昂庆村南约 1km 处，公元 1679 年经五世达赖赐封后，由麦尔根•阿旺洛珠创建，属格鲁派。其集会大殿（杜

康）原为蒙古包式帐篷（图 77、图 78），平面呈圆形，直径 3m，中央 1 柱高 3.6 m，门宽 1.23 m。后改为木石结构建筑（图 79），占地面积 15 114.9 m^2。由于时间较晚，我们直接进行了测绘，白日寺任务量比较少，只有一座大殿，这座大殿的形式是按照坛城来建造的，因此还算比较规整，我们分工负责，不到两个小时就完成了任务。在白日寺简单地吃了点东西，我们便驱车回县城。

6 月 16 日（安多—那曲）

今天我们主要从安多赶往那曲，由于时间不紧张，故 12 点多才出发，回到那曲已经是下午 2 点多，我们直接去了文化局。

西藏电视台已经有人等着采访。他们想了解上次发现的古墓，电视台拍了古墓挖掘物的照片并进行了简单的采访，由于还没有进行规范的年代鉴定，只是凭经验推断，所以龙局跟电视台相关人员说，等具体结果出来再进行详细报道。

6 月 17 日（那曲达仁寺）

今天我们测绘那曲县的达仁寺，由于司机早上出去送人了，所以我们 12 点才出发。到达达仁寺我们简单地吃了点东西便开始测绘。

达仁寺（图 80 ~ 图 83）位于西藏自治区那曲地区那曲县达萨乡帕林村西约 2 km 处，由索朗塔杰活佛于公元 1708 年前后创建，教派为格鲁派。“文革”期间被毁，1980 年代重建。由主殿、拉让、擦康、僧舍、佛塔、伙房等建筑组成，均为藏式平顶建筑，占地面积 8846 m^2。

一号主殿坐西朝东，墙厚 1.1 m。一层由门廊、经堂、强巴殿、护法殿组成。前部门廊面阔三间用二柱，柱间距 2.5 m，进深二间用二柱，柱间距 2.5 m，均为八棱柱。左、右侧各有一间储藏室。经堂面阔五间用四柱 11.9 m，柱间距 2.4~2.8 m，进深五间用四柱 11.4 m，柱间距 2.1~2.4 m。中央四根长柱间上部为采光天棚。经堂四壁壁画内容为释迦牟尼传以及护法类。经堂后部从右至左依次为护法殿、强巴殿。护法殿面阔二间用一柱，进深二间用一柱，柱间距 2 m，主供马头明王；强巴殿面阔三间用二柱，进深二间用一柱，主柱间距 2.1 m，主供强巴佛、文殊菩萨、长寿三尊等。二层为寺院公用房、寝宫等。

二号主殿位于一号主殿南约 100 m，坐北朝南，墙厚 0.8 m。一层由门廊、经堂、强巴佛殿组成。门廊面阔 6.2 m，进深 1.4m。经堂面阔三间用二柱 6.2 m，柱间距 2.1 m，

图 80：达仁寺

图 81：达仁寺周边环境

图 82：达仁寺建筑细部

进深三间用二柱 7 m，柱间距 2.4 m。强巴佛殿面阔 6.2 m，进深 1.6 m，主供强巴佛。二层为尊胜殿和寝宫。

久康位于一号主殿西约 50 m，坐西朝东。门廊面阔 6.8 m，进深 1.5 m，门廊壁画内容有四大天王、六道轮回。久康四壁壁画内容有四臂观音、绿度母、无量光佛、香巴拉净土等。墙厚 0.8 m，地面为阿嘎土。

佛塔位于达仁寺东面约 700 m 处的那曲县至劳麦乡公路旁。

拉让位于一号主殿西约 50 m。

我负责测绘强巴佛殿和护法神殿，王浩负责测绘集会大殿。我先测的强巴佛殿是不规则形状，这给测绘带来了难度，关系也比较复杂，所以花了将近两个小时。随后测了护法神殿，护法神殿相对比较容易，形式简单且规整，花了不到一个小时便完成了测绘任务。这两座殿都是山地建筑，所以有一定高差，于是最后又统一在外面量了一遍层高。

下午 4 点多我们采访了寺院相关僧人。5 点多我们离开达仁寺去了那曲地区，到了那曲又接到通知，龙局让我们到拉萨休息几天。简单地吃了点藏餐我们便前往

拉萨，到拉萨已是晚上 10 点多，随意吃了些东西后便回到宾馆休息。

6 月 29 日（那曲夏容布寺、宗庆次曲拉康）

今天安排了两个测绘点，那曲县的夏容布寺和宗庆次曲拉康。早上 9 点我们便从那曲出发，大概 10 点多到达夏容布寺（图 83）。因为外面下大雨，我们决定加快行程，到达没多久就开始测绘了，王浩负责测绘小集会殿，我们负责拍照片，集会殿比较规整但破损比较严重。

夏容布寺位于西藏自治区那曲地区那曲县达前乡亚唐村，由洛桑赤列活佛于 1640 年创建，为格鲁派寺庙，主供佛为帕巴·罗格夏日。“文革”期间被毁，1980 年由八世活佛洛桑顿珠主持在原址上重建。寺庙由集会殿、僧舍、伙房、佛塔等建筑组成，占地面积 77 860 m^2。

1 号集会殿坐东朝西。由门廊、经堂、佛殿、佛塔殿等组成，夯土墙厚 1.1 m。前部为门廊、二层通道及储藏室。门廊面阔三间用二柱，柱间距 2.4 m，进深二间用一柱，柱间距 2.5 m、3.0 m，门廊前沿中部有 2 个八棱檐柱。门廊右侧为储藏室。门廊后为经堂，面阔九间用八柱 22.7 m，柱间距 2.5~2.7 m，进深七间用六柱 17.65 m，柱间距 2.5~2.6 m，中央八根长柱间上部为采光天棚。四壁绘有新勉塘派壁画（图 84），主要内容有释迦牟尼千尊以及护法类。经堂后从右至左依次为佛塔殿、强巴佛殿、罗汉殿，皆为面阔三间用二柱，进深二间用一柱。佛塔殿柱间距 2.5 m，主供八相善逝塔；强巴佛殿柱间距 2.7 m，主供强巴佛像；罗汉殿主柱间距 2.5 m，主供十六罗汉。二层为寺院接待室、仓库、值班室等。

2 号集会殿位于 1 号集会殿东约 70 m，坐东朝西。由门廊、经堂、佛殿组成，夯土墙厚 1.1 m。主殿前部分为门廊、二层通道及储藏室。门廊前有二檐柱，均为八棱柱；门廊右侧为储藏室，左侧为二层通道。门廊后经堂面阔五间用四柱 12.5 m，柱间距 2.5 m，进深四间用三柱 10 m，柱间距 2.5 m。经堂后从右至左依次为护法殿、嘎觉殿，殿内无柱。二层为护法诵经室、仓库等。

12 点左右我们完成了测绘任务，简单地喝了茶之后回到达庆乡吃饭，由于等另一个工作组，3 点多才开饭。我们从达庆乡出来已经是 4 点多。

接着我们赶往宗庆次曲拉康，5 点左右我们到达目的地，由于索朗大哥的叔叔生前是这座拉康的活佛，所以我们先到灵堂拜祭，接下来才开始测绘，我负责集会殿，王浩负责僧舍。

图 83：夏容布寺

图 84：夏容布寺壁画

宗庆次曲拉康（图 85、图 86）位于那曲地区那曲县孔玛乡多苏村东约 2 km 的宗庆自然村，始建于 1693 年，教派为嘎宁派。“文革”期间遭毁，1980 年代重建。由集会殿、僧舍、拉让等组成，占地面积 5867 m^2。

集会殿坐西北朝东南，石砌墙体厚 0.5 m。由门廊、经堂组成。前部门廊面阔三间用二柱，柱距 1.9 m，进深二间用一柱，柱距 2.2 m，右侧有通往二层的踏道。经堂面阔五间用四柱 13.5 m，柱间距 2.7 m，进深五间用四柱 13.5 m，柱间距 2.7 m，中央四根长柱间上部为采光天棚，主供莲花生大师。二层为采光天棚、金顶。

图 85：宗庆次曲拉康

图 86：宗庆次曲拉康建筑细部

玛尼堆位于集会殿东北角，数量多、规模大、年代各异，保存较好，主要内容为“六字真言”，雕刻手法以减地浅浮雕为主，兼有阴线刻和阳刻。

佛塔位于集会殿东北 10 m 处。

僧舍位于集会殿正前。

两座拉让位于集会殿东西两侧。

7 点我们完成了测绘任务，在寺庙喝了茶，寺庙的僧人很热情，后来还将佛珠开了光，这次开光颇为隆重，三位高僧帮我们同时开光。之后我们离开拉康回那曲，简单地吃了晚饭后，便回索朗大哥家休息了。

6 月 30 日（那曲欧托寺、仲欧寺调研）

今天我们测绘那曲县的欧托寺和仲欧寺。

早上我们 9 点出发，首先前往的是欧托寺（图 87）。欧托寺位于西藏自治区那曲地区那曲县孔玛乡郭热村南顶自然村。公元 1718 年由吉宗喇嘛扎巴坚赞创建，遵

图 87：欧托寺

图 88：集会殿外景

奉格鲁派。“文革”期间寺庙遭到彻底破坏。20 世纪 80 年代在原址基础上重建。寺院由主殿、僧舍、拉让、佛塔等建筑组成，占地面积 12 737 m^2。

到达寺庙之后，我们先在寺庙喝了酥油茶吃了点心，11 点开始测绘，王浩负责集会大殿部分，我负责康塞马殿以及厨房。

集会殿（图 88）坐北朝南，为藏式平顶建筑，石砌墙体厚 1.1 m。一层由门廊、经堂、罗汉殿、护法殿、嘎觉殿组成。前部为门廊，前端中间通道两边各有一八棱檐柱，门廊面阔五间用四柱，柱间距 1.9~2.8 m，进深二间用一柱，柱间距 2.2~2.8 m；左、右侧各有一间储藏室。门廊墙壁上绘有四大天王及六道轮回图等。经堂面阔九间用八柱 21.3 m，柱间距 2.3~3.3 m，进深五间用四柱 12 m，柱间距 2.4 m，中央四根长柱间上部为采光天棚。四壁绘有新勉塘派壁画，主要内容有释迦牟尼千尊像以及喜金刚、大威德金刚、金刚亥母、时轮金刚、密集金刚等；主供土旺多杰佛。经堂后部从右至左依次为马头明王护法殿、罗汉殿、嘎觉殿，三殿有门相通。马头明王护法殿面阔三间用二柱，进深二间用一柱，柱间距 2.2 m，主供马头明王；罗汉殿面阔三间用二柱，进深二间用一柱，柱间距 2.7 m，主供十六罗汉；嘎觉殿面阔三间用二柱，进深二间用一柱，柱间距 2.2 m，主要用来存放经书。二层（图 89）为采光天棚、欧托上师寝宫、公用房、仓库等。三层（图 90）仅在整个主殿的后部，为十三世达赖寝宫。集会殿屋顶饰有镏金法轮、经幢（图 91）。另一座集会殿为新建，故没有测绘登记。

佛塔位于集会殿西南约 150 m 处。 僧舍分布在集会殿四周。 四座拉让分别分布在集会殿南、西、北三侧。

图 89：集会殿二层

图 90：集会殿三层

图 91：屋顶装饰

下午 1 点多我们完成了测绘任务，在寺庙喝了酸奶吃了一点牛肉后，我们前往下一个测绘点——仲欧寺。

由于下大雨，我们经过的路段看到很多滑坡，有的落石比较大，车过不去，我们还得下来搬。下午 4 点多我们到达仲欧寺，这次任务主要是测绘寺庙的玛尼石堆。寺庙的玛尼石堆（图 92）很有特色，其中的佛像雕刻（图 93）基本为人工雕刻，据

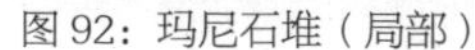
图 92：玛尼石堆（局部）

图 93：雕刻

说已经失传，因此我们还拍了这些佛像，这些佛像夹在玛尼石堆的中间。玛尼石堆环绕在寺庙一周，比较大，所以拍摄了很长时间。6 点我们离开寺庙前往那曲。

7 月 1 日（聂荣县桑瓦玉则日追、朗色寺调研）

今天我们测绘的目标为聂荣县的桑瓦玉则日追和朗色寺，都为苯教寺庙。

今天出发比较晚，快 12 点的时候才从家里出发。由于桑瓦玉则日追离得比较近，半个小时我们便到了，到了之后才发现我们之前要测的大殿已经被拆了一大半，所以只能拍了照片。接着我们去附近泡了一个多小时的温泉，这座温泉很有特色，由村民开发，并搭建了屋子，泉水里面还放了石头，好像是经过一番设计的，泉水也很干净每天都有更换。

桑瓦玉则日追（图 94、图 95）位于西藏自治区那曲地区聂荣县尼玛乡行政 4 村（朵龙村），始建于公元 20 世纪初（1903 年），由扎欧珠加创建，系苯教，“文革”时寺庙被毁，1985 年恢复重建。集会殿系在原址上兴建（与原规模相近），为石砌墙。另有嘎觉拉康、僧舍、伙房、擦康、佛塔等建筑（均系后来新建）。桑瓦玉则日追坐西北朝东南，海拔 4652 m。以集会殿正门为中心，东面为加雄龙巴（沟），距加雄 5 村约 1 km 有嘎日山；南面为玛古塘；西南约 1 km 处为多古扎日山；距日追南面约 100 m 处为查仓曲（因门曲），日追高出河面约 10 m。日追周边地表生长有低矮的牧草；气候属高原亚寒带半干旱季风气候。

集会殿坐西北朝东南，为一层土、木、石建筑，石砌墙厚 0.7 m。建筑由门廊、经堂组成。前部为门廊，门廊有 2 根檐柱，柱间距 1.81 m，面阔 6 m，进深 1.9 m；门廊后部为经堂，面阔三间用二柱 6 m，柱间距 2 m，进深三间用二柱 5.9 m，柱间距 2 m，后两根长柱上升为采光窗。主供有苯教佛、顿巴辛饶及《甘珠尔》等。集

图 94：桑瓦玉则日追（鸟瞰）

图 95：桑瓦玉则日追

图 96：擦擦

图 97：玛尼堆

会殿系在原址上兴建。

嘎觉拉康位于集会殿斜对面（东）约 5 m 处，为新建筑。寺院周边有多处玛尼堆、小型的擦康及简易的佛塔（图 96、图 97）。

接着我们前往朗色寺。朗色寺距聂荣县城 10 km 左右。我们先在聂荣县吃了晚饭，由文化局局长招待，接着局长和我们一起前往朗色寺。到朗色寺已经是晚上 6 点多，喝了杯新鲜的牛奶后我们便开始测绘。寺庙很有特色，首先大殿为内转经，其次灵塔殿和几个拉康都在同一排且是连起来的。我负责测绘灵塔殿那一排，大大小小总共 6 个殿，王浩负责测集会殿。我测绘的过程中还遇到了一些困难，两个修行寺由于只能由 6 位高僧进入，所以只能让僧人自己进去拍照片和量了一些数据。

朗色寺位于下秋曲支流彦拉吉登迪曲西岸的洛杰崩日山缓坡上，东与聂青瓦日山相望，北面有祖吉玛日山，东距河边约 100 m，高出河面约 20 m，海拔 4620 m。地表生长有低矮的牧草。气候属高原亚寒带半干旱季风气候。朗色寺位于西藏自治区那曲地区聂荣县聂荣镇 9 村（格那村）西北约 100 m，始建于 1906 年，由朗色·

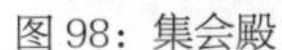

图 98：集会殿

图 99：集会殿二层

朗卡坚赞创建，系苯教。“文革”时寺庙被毁，1980 年代恢复重建，2003 年 9 月被聂荣县人民政府列为县级文物保护单位。集会殿系在原址上兴建（与原规模相近），为石砌墙。另有僧舍及伙房、佛塔等建筑（均系后来新建）。

集会殿（图 98）坐西朝东，为藏式二层土、木、石建筑，石砌墙厚 0.85 m。建筑基本呈“回”字形，一层由回廊、经堂组成；“回”字形内口字和外口字之间形成回廊，内口字为经堂，面阔五间用四柱 12.9 m，柱间距 2.5 m，进深三间用二柱 8.5 m，柱间距 2.9 m；外口字面阔 22.3 m，进深三间用二柱 13.3 m；二层（图 99）为采光天棚、寝宫、寺院接待室。主供苯教佛及佛塔。

僧舍位于集会殿南侧和西南侧，共有 45 间。佛塔位于集会殿西约 250 m 处。

自治区文物局制定的《文物工作手册》里该寺创建年代为 1747 年。

我们测绘完建筑已经是晚上 9 点，到达那曲已经是晚上 11 点。

7 月 3 日（比如卓那寺调研）

早晨起床后，我们一行便往卓那寺方向行进。卓那寺位于西藏自治区那曲地区比如县比如镇 3 村杂达村东北约 2 km 处，始建于公元 1100 年，由帕珠多吉加布和嘎玛土松欠两位创建，始奉噶举教派，公元 1424 年由堆尊查巴坝旦将教派改为格鲁教派，“文革”时全部建筑遭受毁坏，1985 年在原址恢复重建。分布面积约 106 400 m^2。寺院由集会殿、僧舍、转经室、酥油灯供室组成。

因为龙局要对该寺庙的佛造像进行考察，所以在我们到来之前，寺里的僧人已将佛像统一摆放好了。卓那寺的老佛像较多，成排地摆放在一起让我们大饱眼福，虽经历过“文革”，但寺庙还是有很多留存较好的佛像，最早的距今有 900 多年的

历史，虽然对宗教的知识了解较少，但从佛像的自然包浆中也可得知它们的珍贵。拍完了之后寺里的僧人带龙局在寺庙周边调研，我们开始测绘工作。因为寺庙规模较大，我们本次只对主要建筑进行测绘，王浩负责测绘集会大殿，孙正负责测绘托玛扎仓殿，现在一点点地把学弟带出来后，我的工作就相对轻松一些了。

集会殿（图 100）坐北朝南，为藏式二层土、石建筑，墙基由块石垒砌，高 1.2 m，其上为夯筑墙体，夯土墙厚 0.9 m。一层由门廊、经堂、佛殿（位再拉康）、甘珠尔拉康、护法殿等组成。前部为门廊，共有 7 根方柱，前部为 2 根檐柱，后部 5 柱均为方形柱，面阔八间用七柱 16.5 m，柱间距 2.8~3.5 m，进深二间用一柱 5.2 m；门廊东侧为通往二层的楼梯，门廊内壁绘有四大天王及六道轮回壁画（图 101）；门廊后部为经堂，面阔七间用六柱 19.5 m，柱间距 2.8 ~ 4.5 m，进深八间用七柱 19.6 m，柱间距 2.5 m，中央六根柱子两层通高，为方形，其上部为采光天棚，其余柱子均为圆形。紧靠门廊西侧设有一独立出入口，进入为一拉康，面阔三间进深两间，内有二柱，总开间 8.4 m，柱间距 3.1m；经堂西侧开有一门，进入后为三开间四进深的房间，内共有 6 根柱子，进深方向用三 柱 10.1 m，柱间距 2.5 m；经堂后部从西至东依次为甘珠尔拉康、佛殿、护法殿。甘珠尔拉康面阔二间用一柱 5.1 m，进深三间用二柱 7.7 m，柱间距 2.8 m；佛殿面阔三间用二柱 9.9 m，柱间距 3.6 m，进深四间用三柱 10.1 m，柱间距 2.5 m、2.6 m；护法殿面阔二间用一柱 4.8 m，进深三间用二柱 7.7 m，柱间距 2.8 m。主供有泥塑大威德金刚等，内容均为护法类佛像（图 102），给人一种庄严肃穆的感觉。

下午 1 点左右我们完成了主要大殿的测绘工作。由于中午天气较好，僧人们在寺院后面的草坝子上请我们吃了午饭，形式很简单，就是在草地上铺一层垫子，其上再支一个可拆卸的遮阳伞，每人发一个厚一点的坐垫，再找一处避风的地方支起炉子下藏面吃。寺庙所处的位置较高，加上现在正是花草生长的旺季，我们一边吃着美食一边欣赏着大自然馈赠的美景，这着实是一种最为质朴的享受（图 103）。

离开卓那寺后我们的下一个目标便是要去藏玛拉康看一处壁画（图 104），这处壁画是最近才被发现的，据说有很高的研究价值。我们来到藏玛拉康后，出来迎接我们的是一位僧人模样的人。接着我们去拍了壁画，壁画基本脱落，仅存一些纹路。拍完了之后，我们去龙局的老家坐了坐，吃了加工好的那曲牛肉，味道很不错。接着我们赶回那曲，到那曲为晚上 8 点多，我们找了家餐馆吃了饭后便回索朗大哥家休息。

图 100：集会殿

图 101：门廊壁画

图 102：佛像

图 103：风景人文

图 104：斑驳壁画

7 月 5 日（嘉黎县拉日寺调研）

今天我们测绘嘉黎县的拉日寺（图 105）。嘉黎县位于西藏中部偏东，东连昌都地区边坝县和林芝地区波密县，西南邻当雄县、林周县、墨竹工卡县，南部紧靠工布江达县，距离那曲镇 215 km。由于路途较远，所以我们早上 8 点就出发了。嘉黎县境内地势由西北向东南倾斜，西北高而东南低，平均海拔 4500 m，属于高原大陆性气候，西北部气候寒冷，冬春季节风多雪大，为那曲地区强降雪中心之一，南部气候却相对温和，有“藏北江南”之美称。我们要去测绘的拉日寺就位于嘉黎县多加乡的拉日山上，为清代格鲁派寺院，有着较为深厚的历史文化渊源，保留了汉藏文化融合及冲撞的历史古迹。嘉黎县境内还有阿扎湖和萨旺瀑布较为知名。

拉日寺距离嘉黎县城 97 km，该寺始建于 1416 年，由古西巴 • 顿珠创建，属格鲁派。“文革”时遭到严重破坏，1982 年由格龙云旦主持得以恢复重建。寺院由集会殿、拉让、擦康、僧舍、佛塔、伙房等组成，占地面积 2334 m^2。到达拉日寺已经是中午 12 点了，由于寺庙修建在山坡上，只有骑摩托车沿着弯曲的山路才能到达，我们只能把车停靠在山下一处平缓的地方，然后徒步爬山去寺庙，爬了约 20 分钟，我们到达了拉日寺。在调研时，寺庙正在进行扩建工程，在集会大殿前修建了三层由毛石垒起的新殿，由于有高差，新殿的屋顶正好成为红色集会大殿的平台（图 106）。由于正在建设，寺庙里较为杂乱，我们本次也只是对集会大殿进行测绘工作。

集会殿（图 107）坐西朝东，共二层，平面形式为坛城样式，外墙厚约 1.3 m，整体由毛石砌筑而成，大殿外墙颜色以红、黄和白色为主。一层由门廊、经堂、强巴殿、护法殿组成。前部为突出的门廊，面阔三间用二柱，间距为 2.3 m，进深一间用一柱，间距 2.4 m。门廊正中凸出 1m，檐柱四根间距为 2.2~2.4 m，均为方形柱。门廊右侧有通往二层的木制楼梯。左右两侧各有一间储藏室，门廊壁画内容为四大天王。从门廊上两个踏步便可进入经堂，经堂内共有 18 根柱子，面阔七间用六柱 17.1m，柱间距为 2.2~3.2 m，进深四间用三柱 9.7 m，柱间距为 2.6 m。中央有两根长柱形成采光天棚。经堂壁画内容为多闻子、吉祥天姆、喜金刚、大威德金刚、时轮金刚、密集金刚等，经堂内柱子以红色为主，檩条粉饰蓝色，沿柱子一圈用木地板铺地，余以混凝土地面为主。经堂后有 3 间房，按功能从右至左为护法殿、强巴殿和藏经室，护法殿面积较小，面阔一间进深一间无柱，主供吉祥天姆。强巴殿位于经堂的中间部分，开设两门，从经堂需要上六个踏步方可进入，强巴佛殿面阔三间用二柱，进深二间用一柱，主柱间距 2.8 m，主供强巴佛、八大佛子、二尊怒神。藏经室与护法殿相对称，面阔一间进深一间无柱。集会大殿二层围绕采光天棚四周设置房屋，以伙房和僧舍为主，三层为僧舍。

大概到了下午 4 点的时候，我们的测绘工作基本完成，一行人与寺管会干部聊了一会后，便辞行下山了。离开的时候寺里的僧人给我们献了洁白的哈达，这是对我们工作的肯定和支持，也是代表了一份特殊的荣耀。

图 105：拉日寺外景

图 106： 屋顶平台

图 107：集会殿

图 108： 集会殿外墙

第五部分

测绘图

扎什伦布寺测绘图

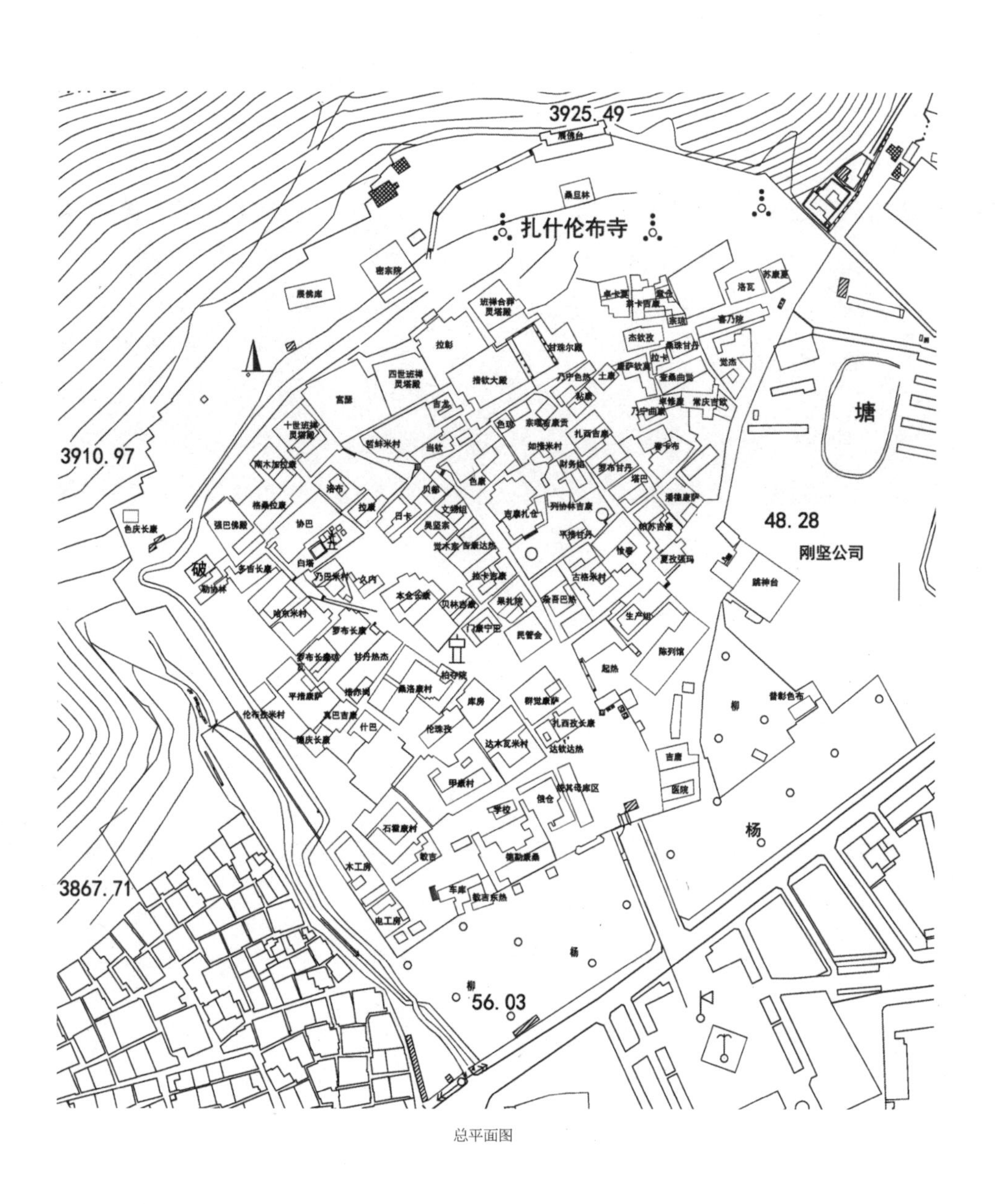

总平面图

哈东米仓测绘图

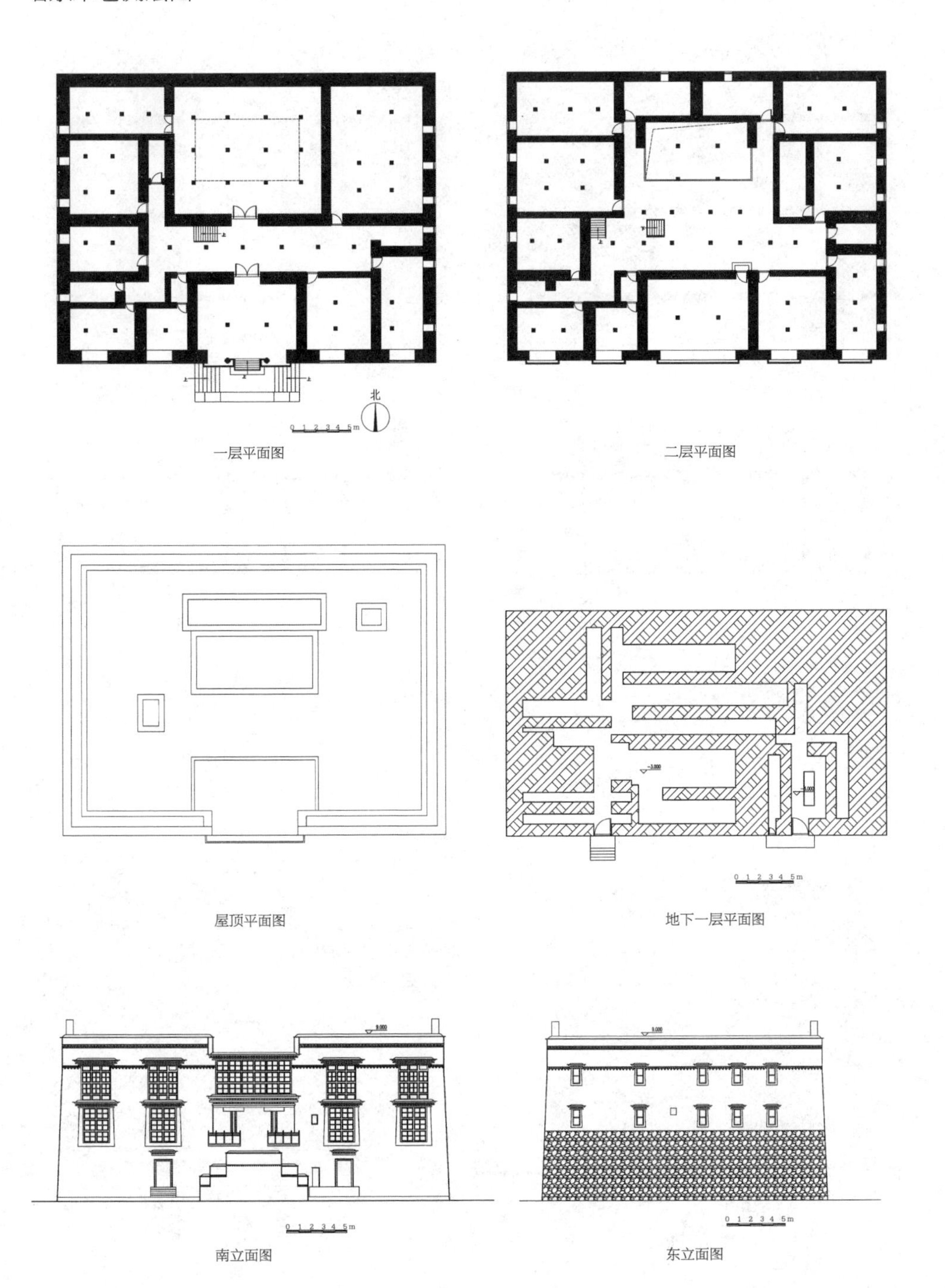

一层平面图

二层平面图

屋顶平面图

地下一层平面图

南立面图

东立面图

罗布长康测绘图

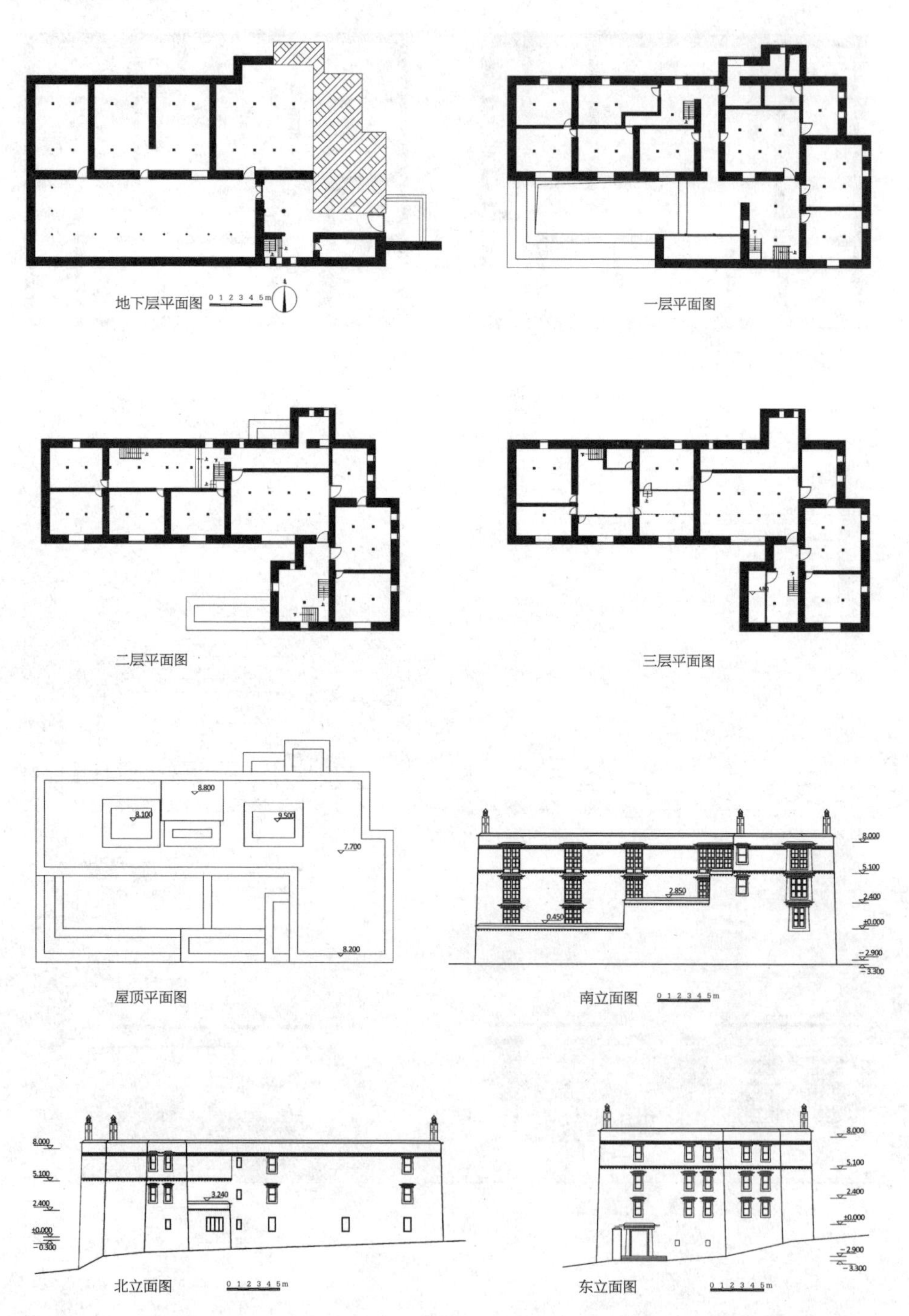

地下层平面图

一层平面图

二层平面图

三层平面图

屋顶平面图

南立面图

北立面图

东立面图

桑落康村（东、西栋）测绘图

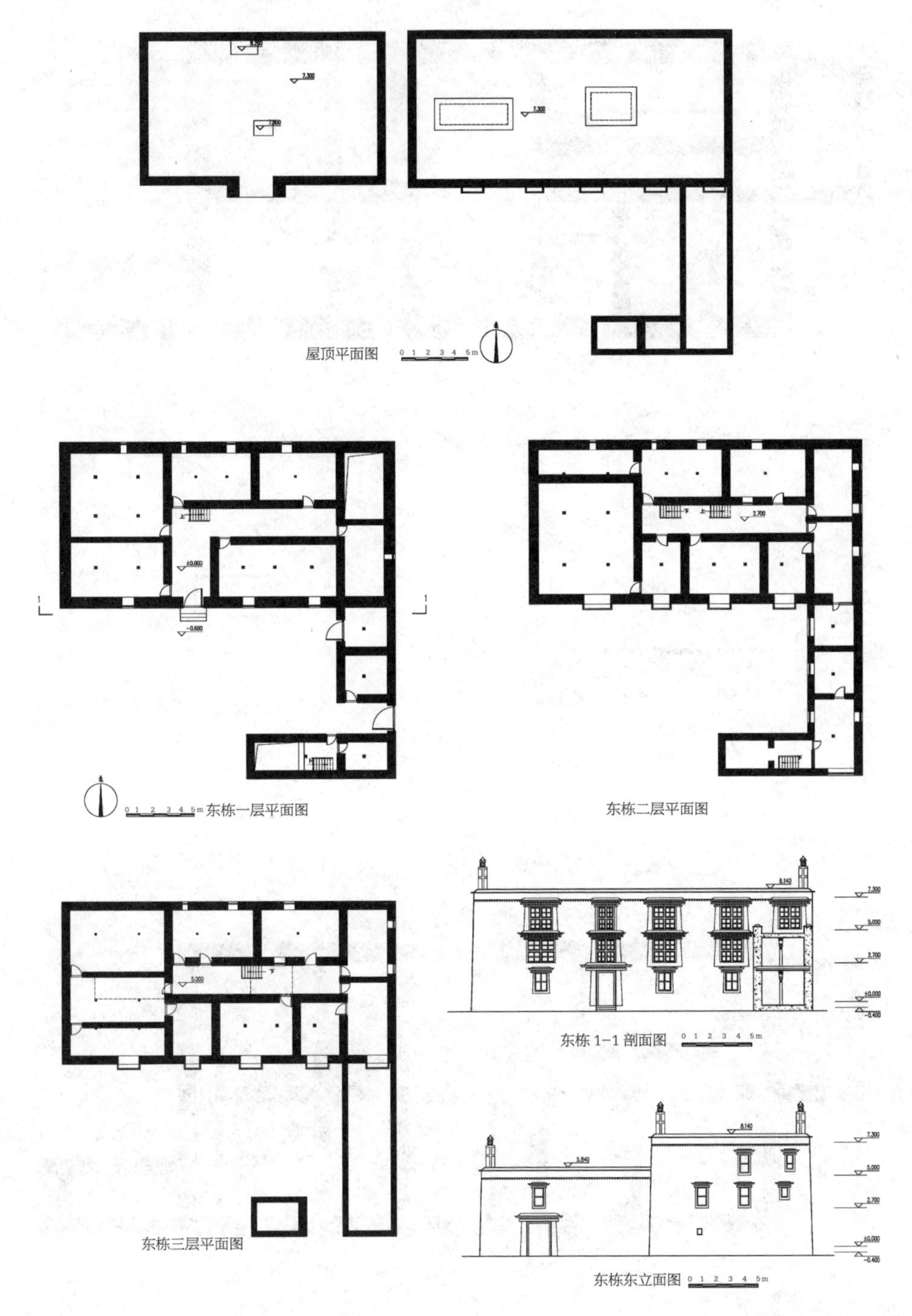
屋顶平面图
0 1 2 3 4 5m
东栋一层平面图
东栋二层平面图
东栋三层平面图
东栋 1-1 剖面图
东栋东立面图
7.300
5.000
2.700
±0.000
-0.400
8.140
5.840

宫瑟测绘图

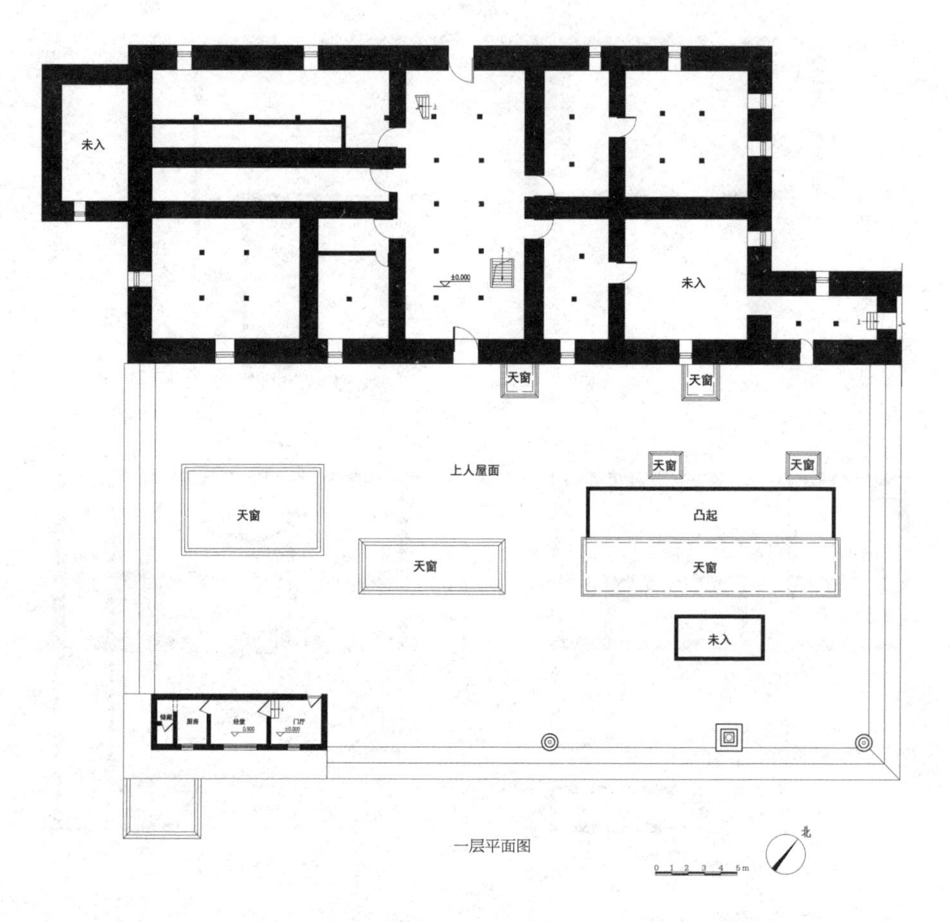

一层平面图

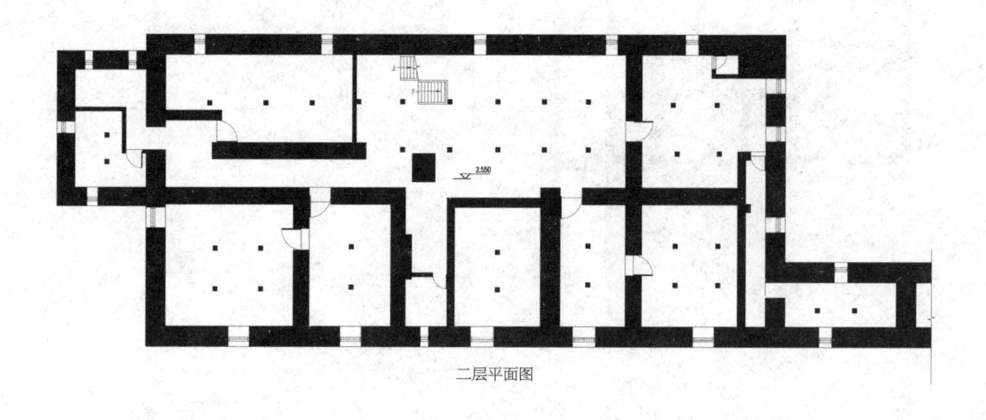

二层平面图

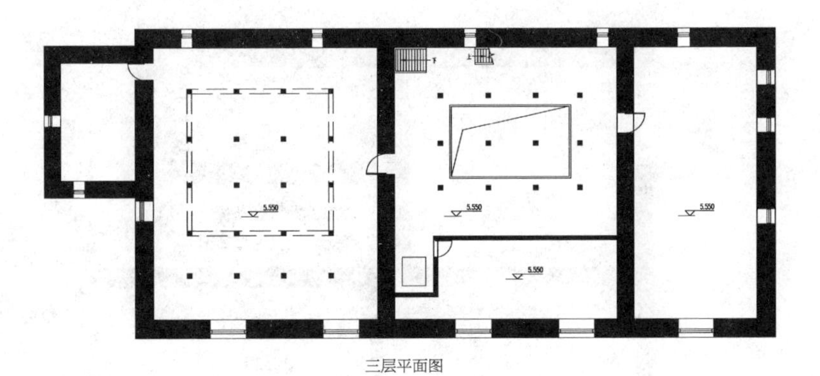

三层平面图

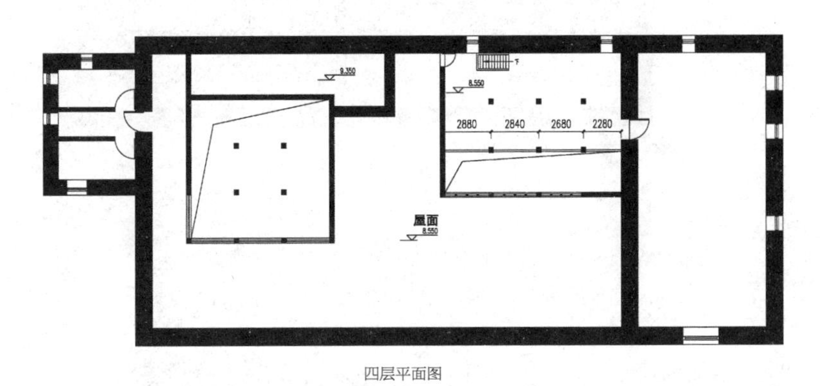

四层平面图

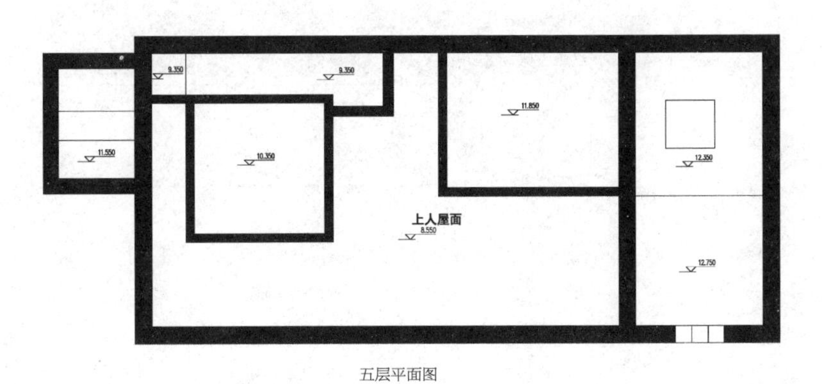

五层平面图

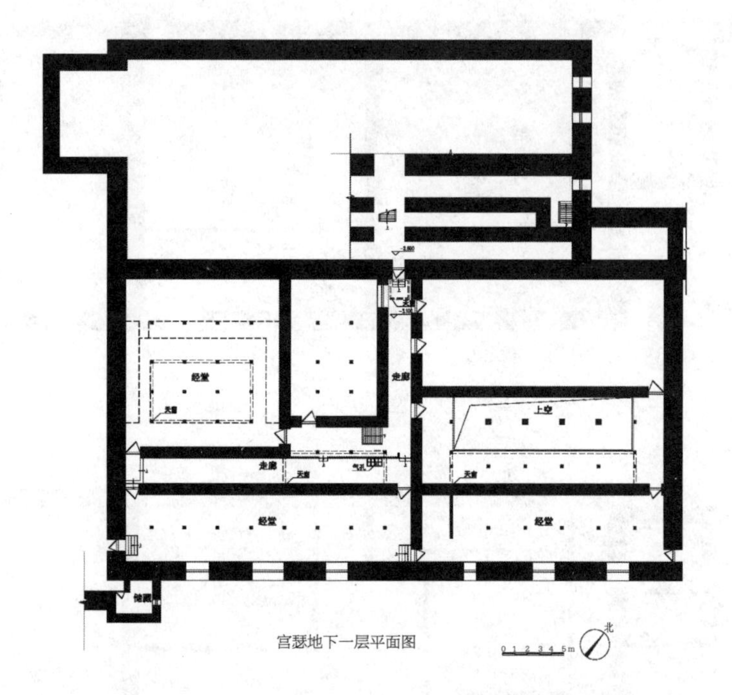

宫瑟地下一层平面图

宫瑟南立面图

密宗院测绘图

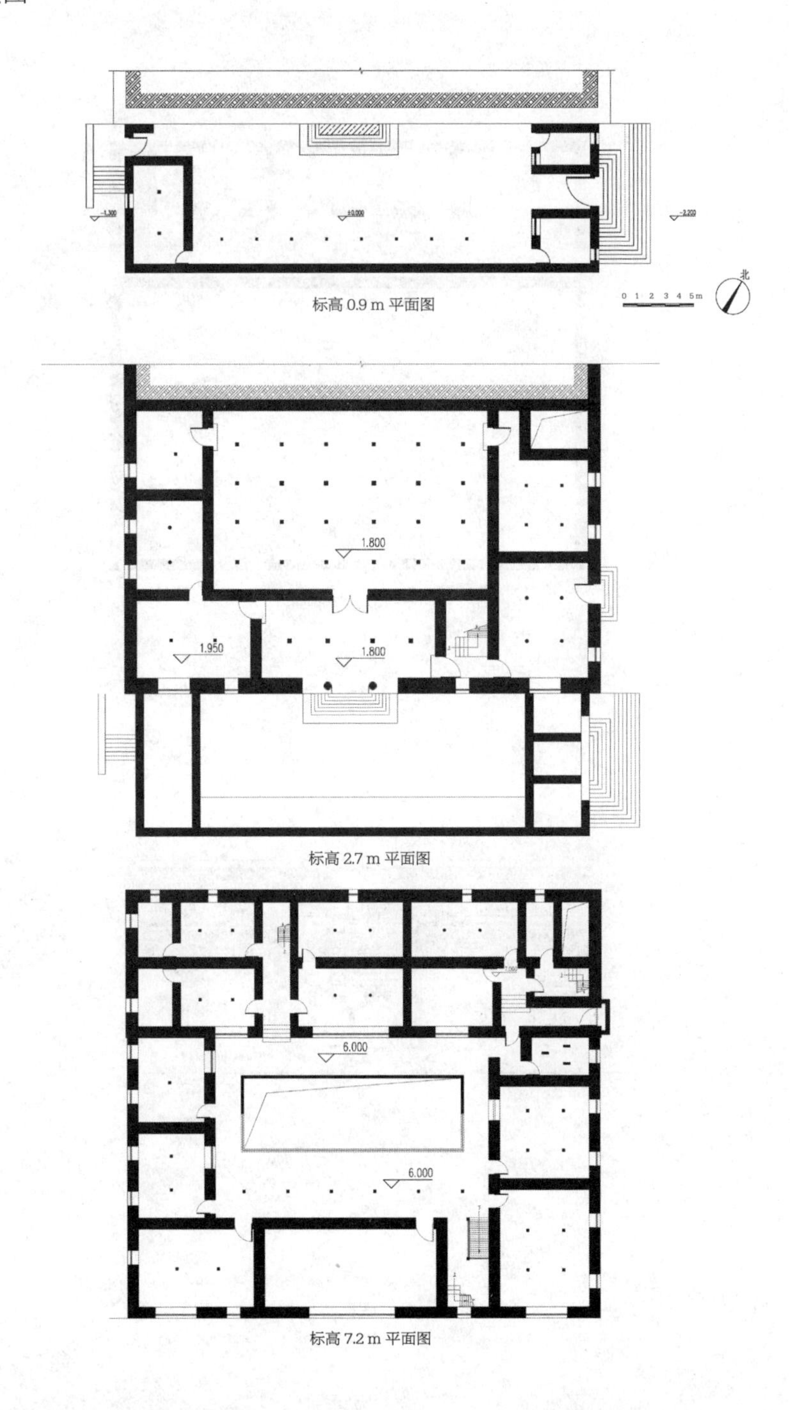

标高 0.9 m 平面图

标高 2.7 m 平面图

标高 7.2 m 平面图

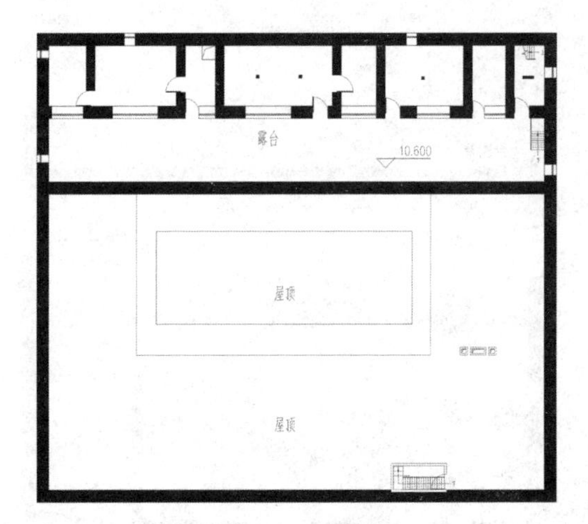

标高 11.8m 平面图

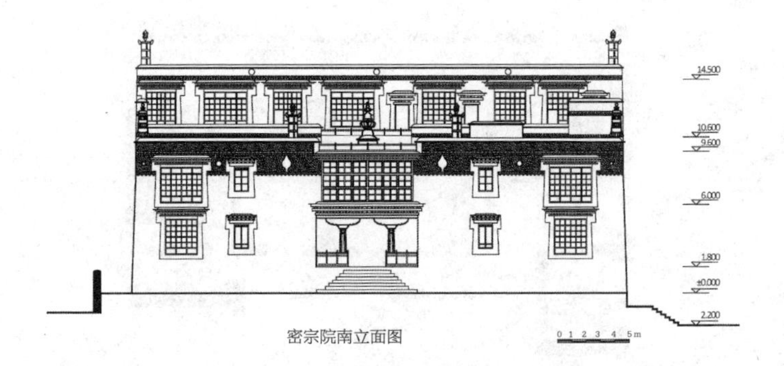

密宗院南立面图

梅日寺测绘图

梅日寺措康大殿

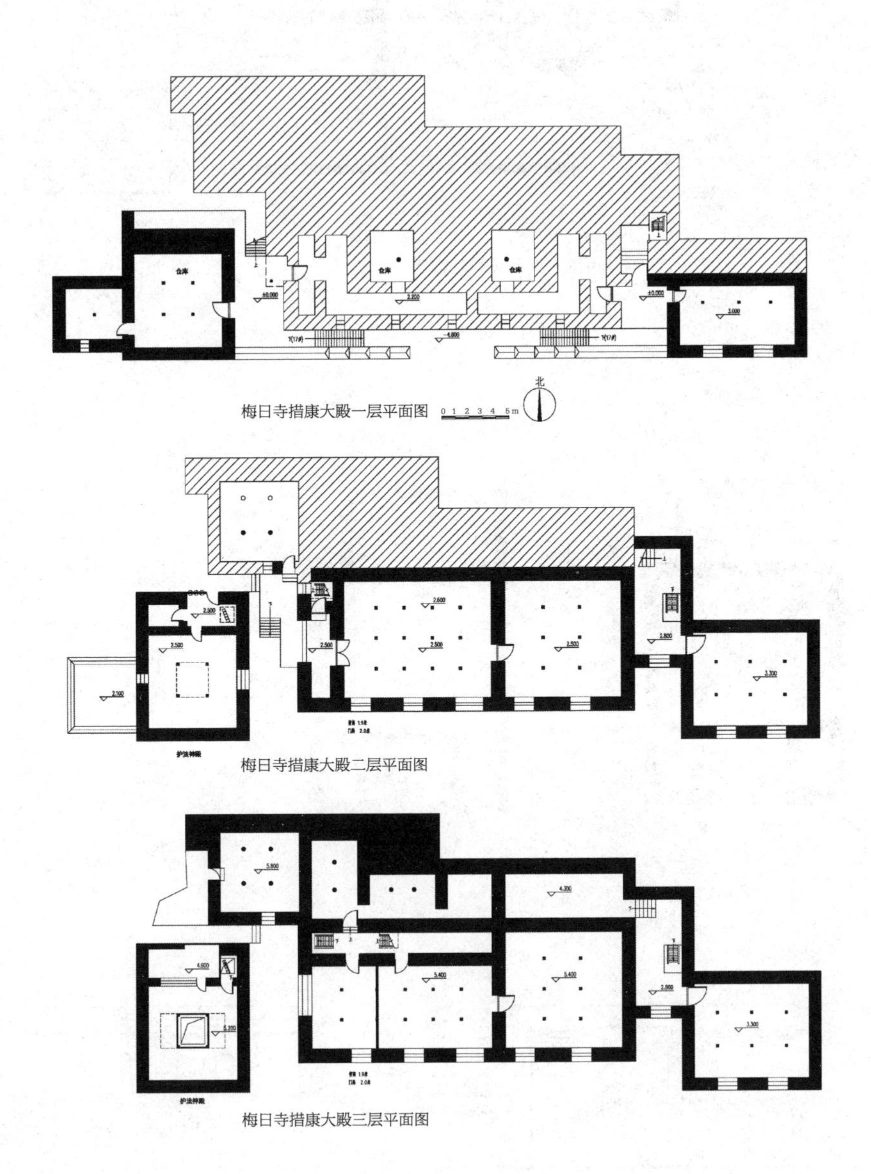

梅日寺措康大殿一层平面图

梅日寺措康大殿二层平面图

梅日寺措康大殿三层平面图

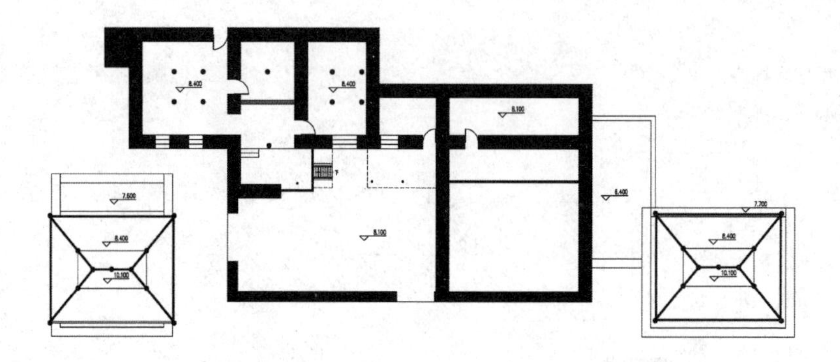

梅日寺措康大殿四层平面图

梅日寺进修大殿

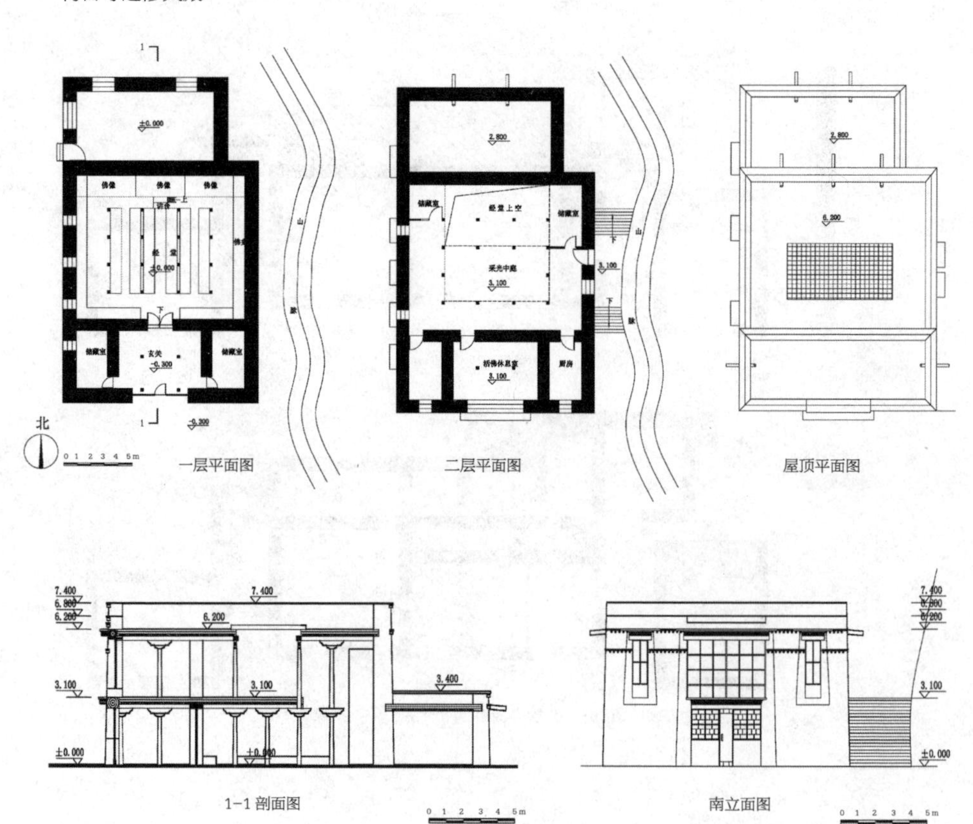

梅日寺拉让大殿

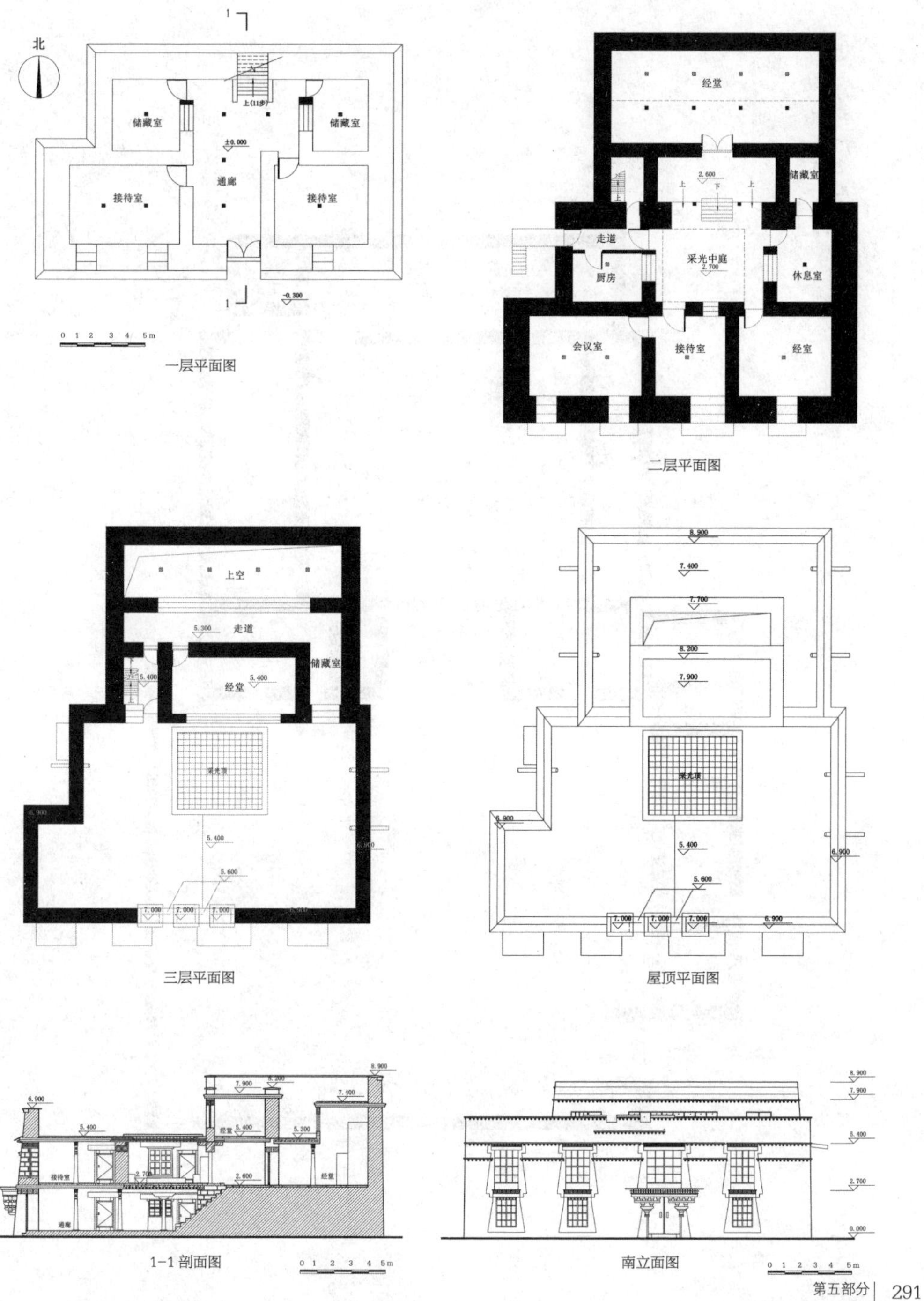

一层平面图

二层平面图

三层平面图

屋顶平面图

1-1 剖面图

南立面图

热拉雍仲林寺测绘图

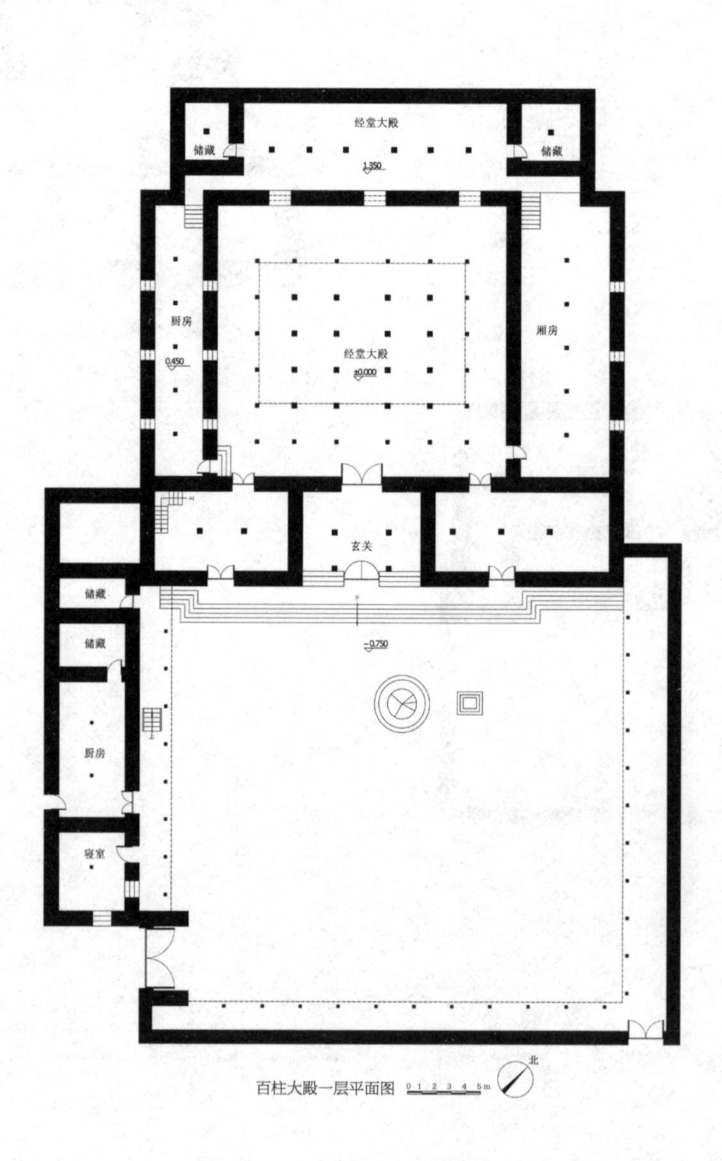

百柱大殿一层平面图

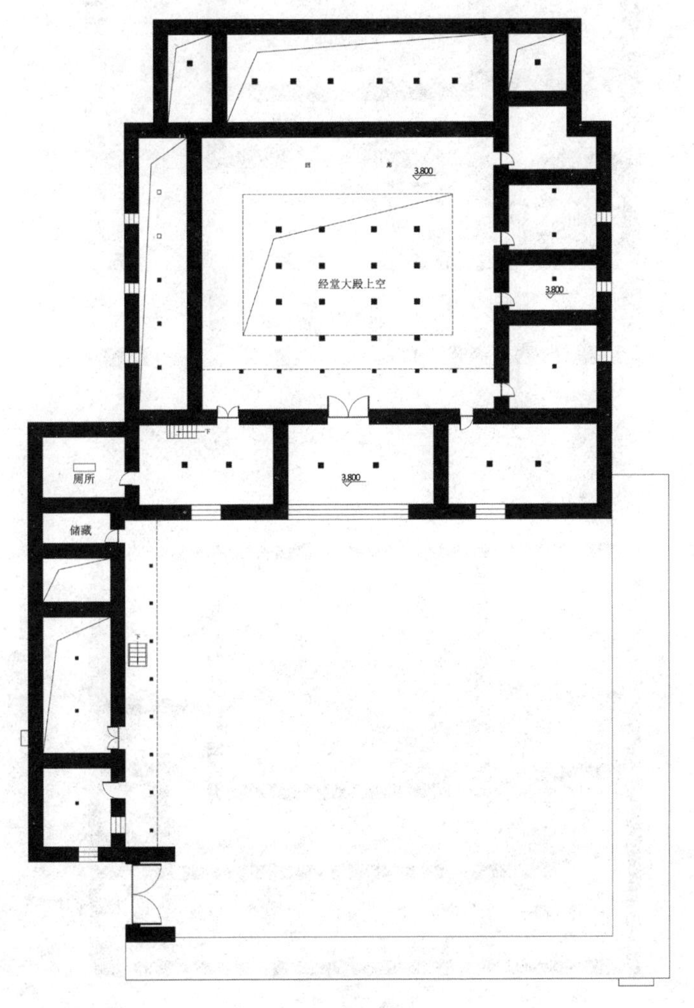

百柱大殿二层平面图

达瓦坚赞灵塔大殿测绘图

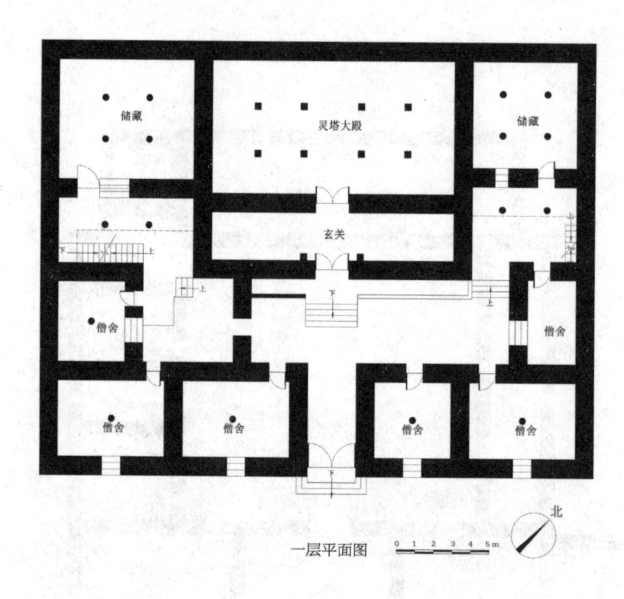

一层平面图

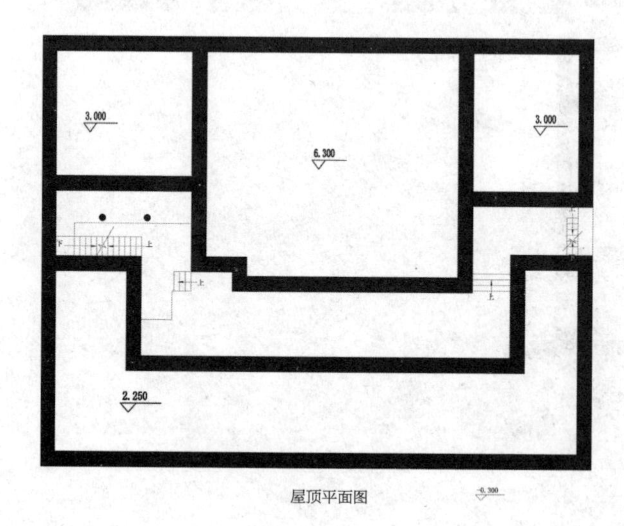

屋顶平面图

通卓拉康测绘图

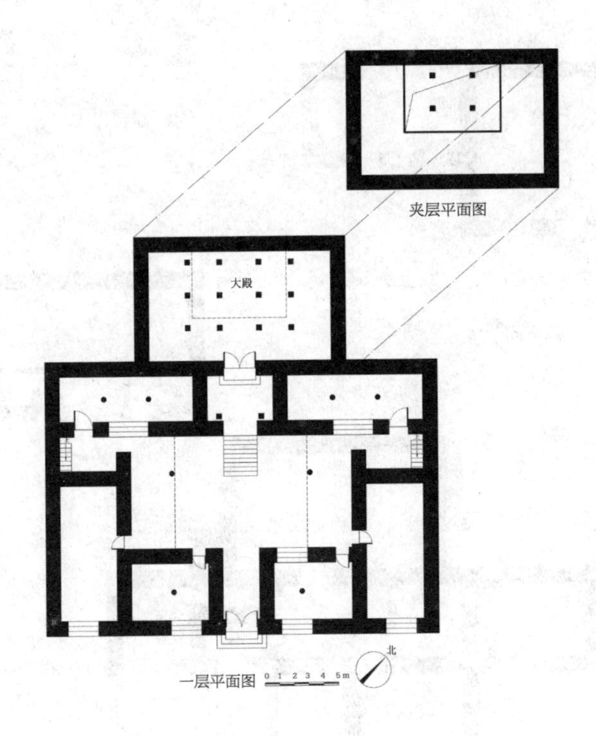

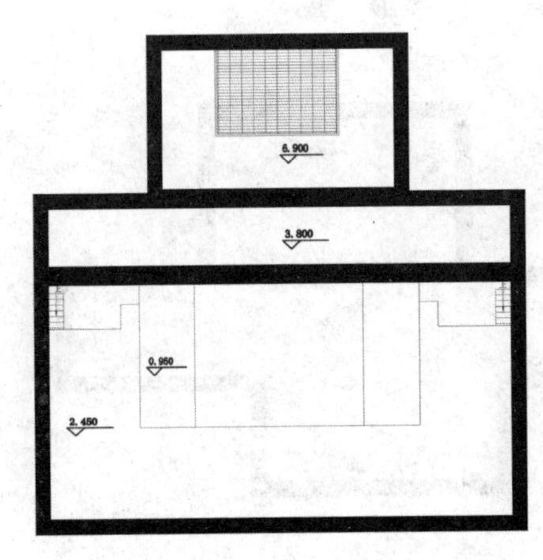

屋顶平面图

甘珠尔大殿测绘图

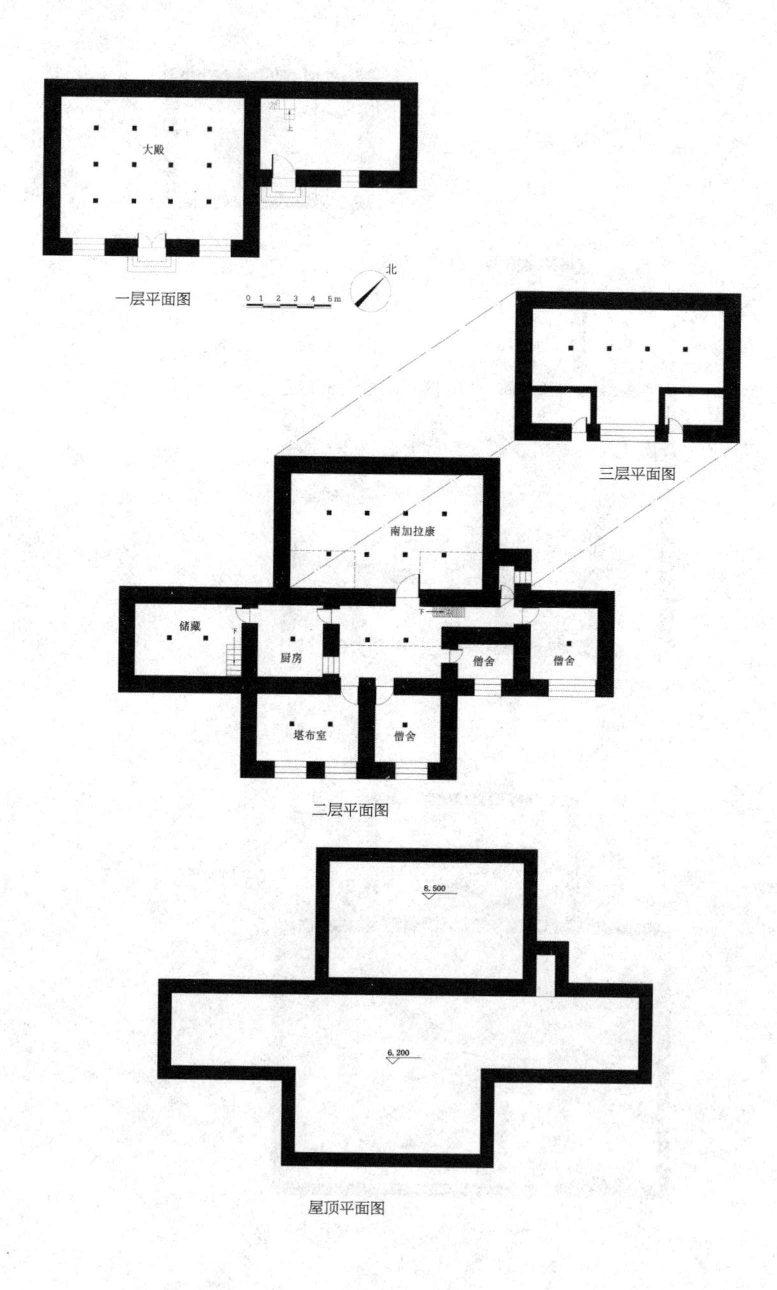

大殿
上
一层平面图
0 1 2 3 4 5m
北
三层平面图
南加拉康
储藏
下
厨房
下
僧舍
僧舍
塔布室
僧舍
二层平面图
8.500
6.200
屋顶平面图

卓康大殿测绘图

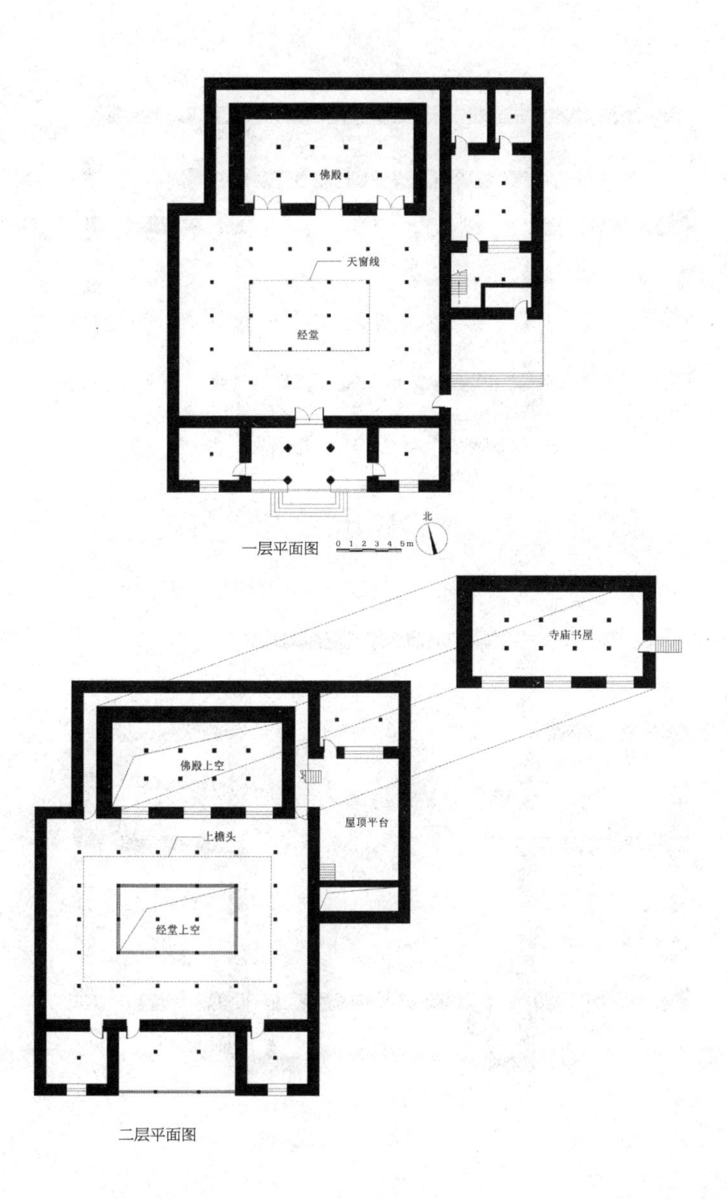

一层平面图

二层平面图

南日寺测绘图

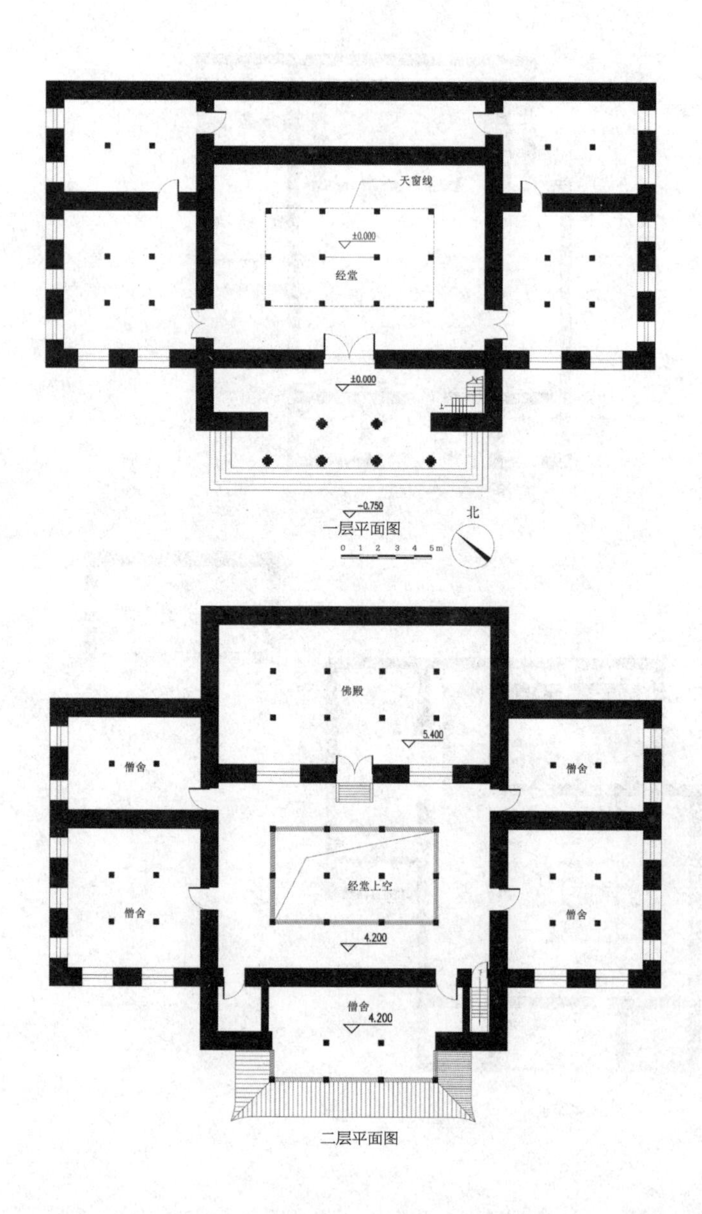

一层平面图

二层平面图

贡萨寺集会殿测绘图

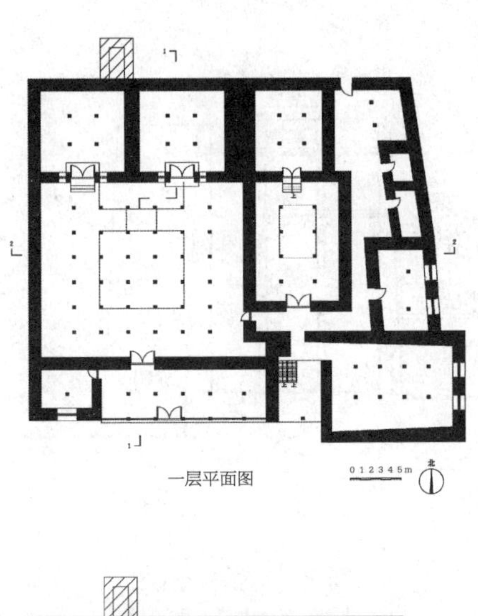

一层平面图

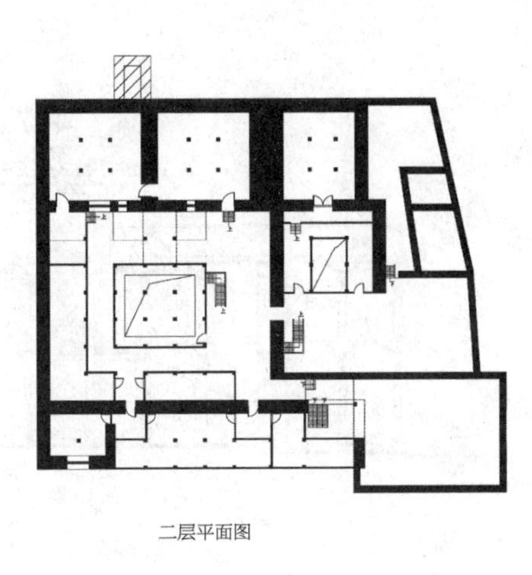

二层平面图

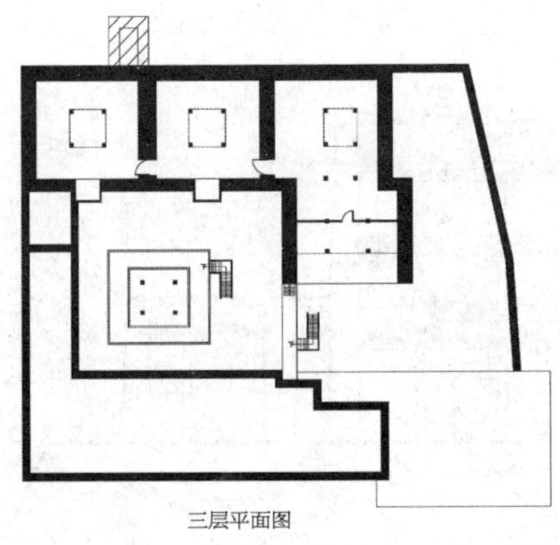

三层平面图

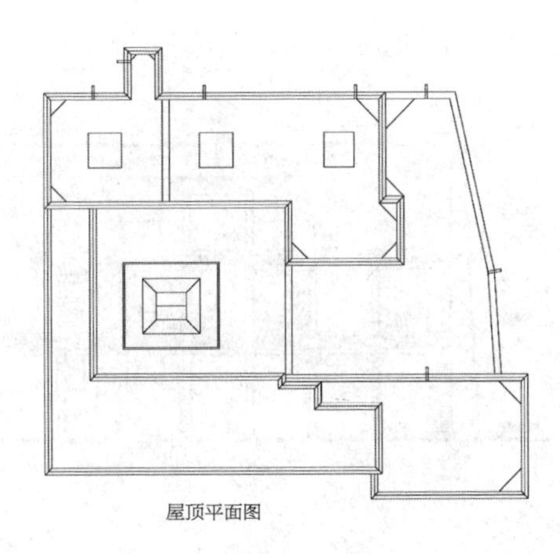

屋顶平面图

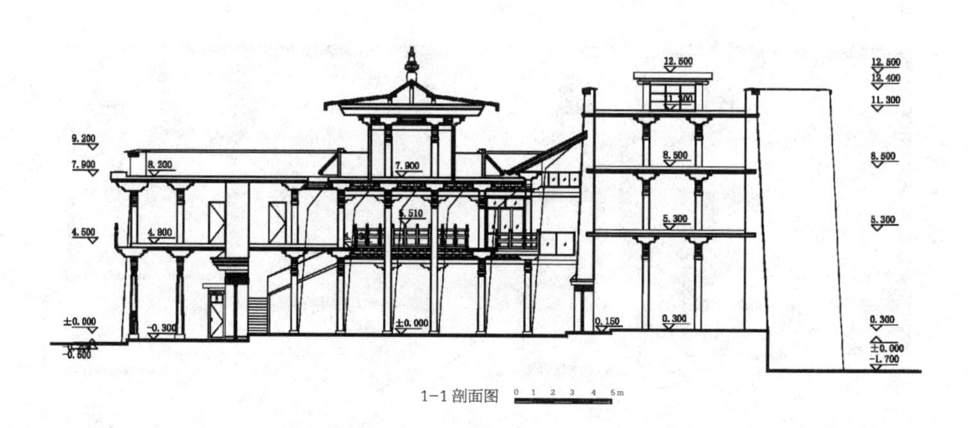

12.500
12.500
12.400
11.300
9.200
7.900
8.200
7.900
8.500
8.500
5.510
4.500
4.800
5.300
5.300
±0.000
-0.300
±0.000
0.150
0.300
0.300
±0.000
-1.700

1-1 剖面图

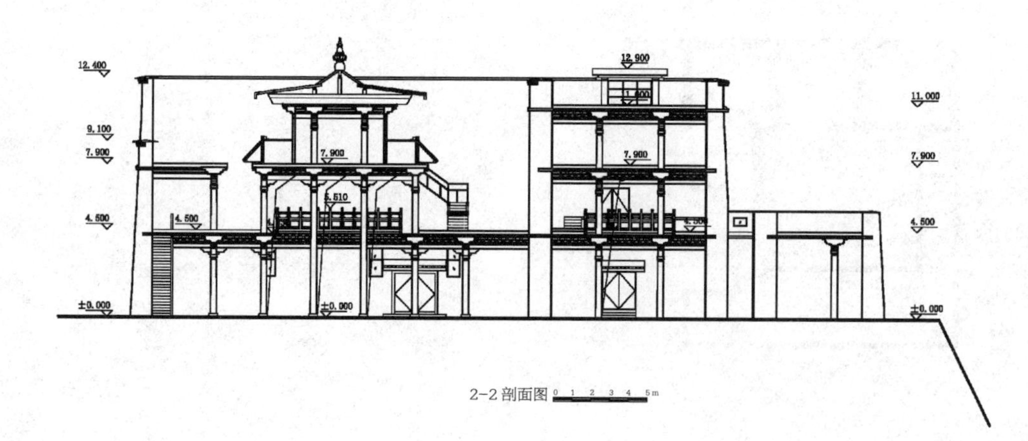

12.400
12.900
9.100
7.900
7.900
7.900
11.000
7.900
5.510
4.500
4.500
4.500
±0.000
±0.000
±0.000

2-2 剖面图

帕拉金塔测绘图

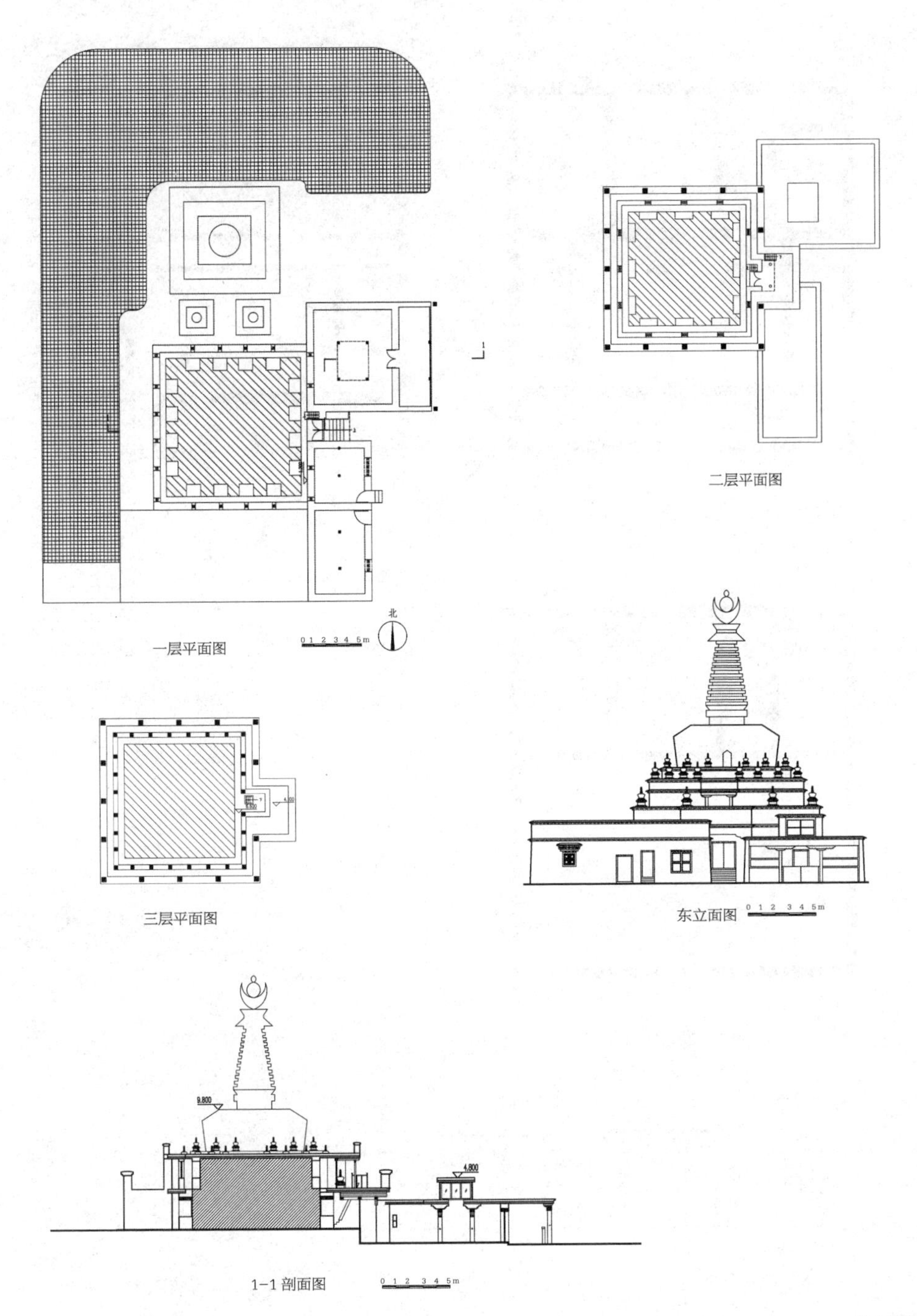
一层平面图
0 1 2 3 4 5m
北
二层平面图
三层平面图
东立面图
0 1 2 3 4 5m
9.800
4.800
1-1 剖面图
0 1 2 3 4 5m

江达寺测绘图

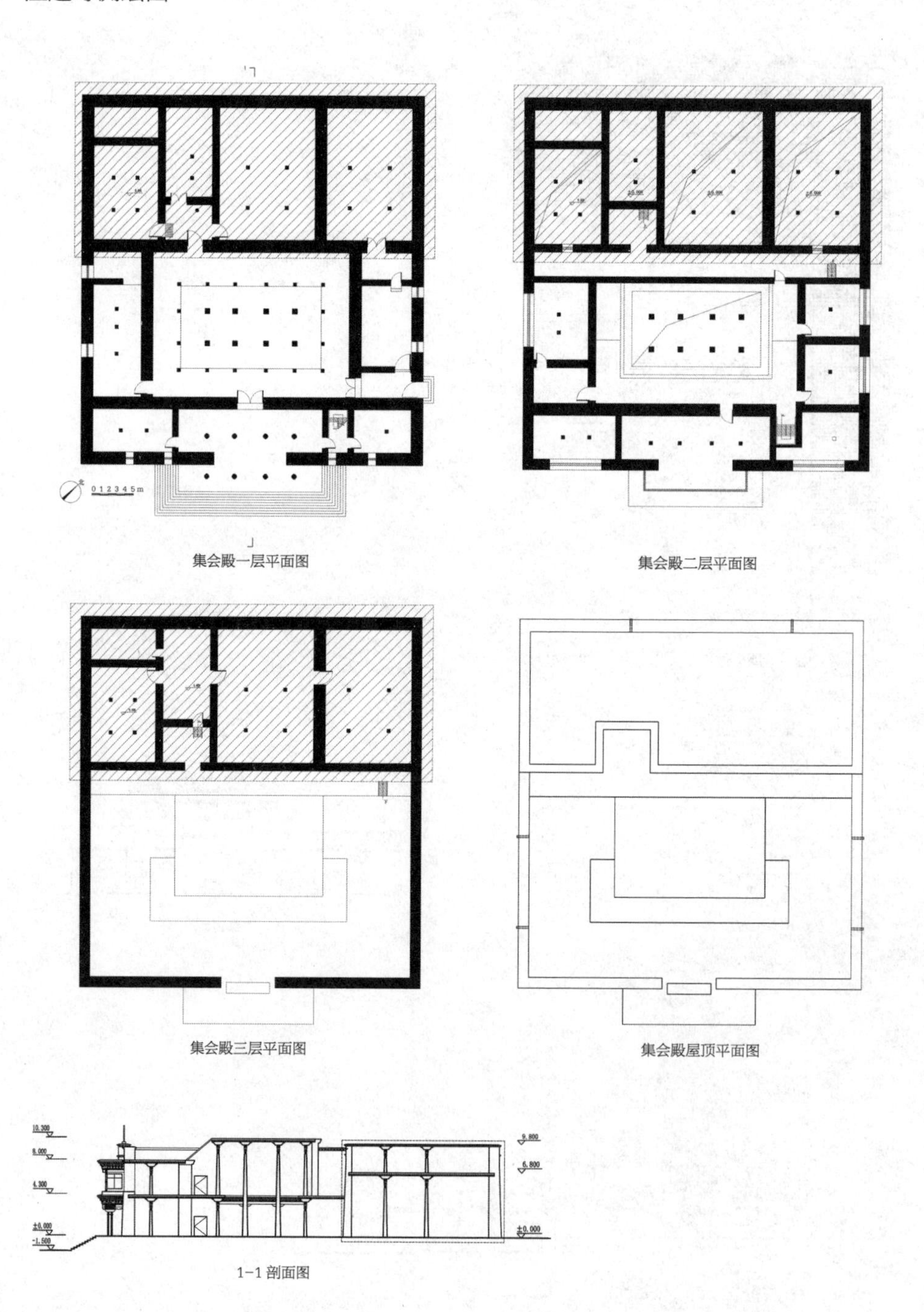

集会殿一层平面图

集会殿二层平面图

集会殿三层平面图

集会殿屋顶平面图

1-1 剖面图

冲仓寺测绘图

集会殿

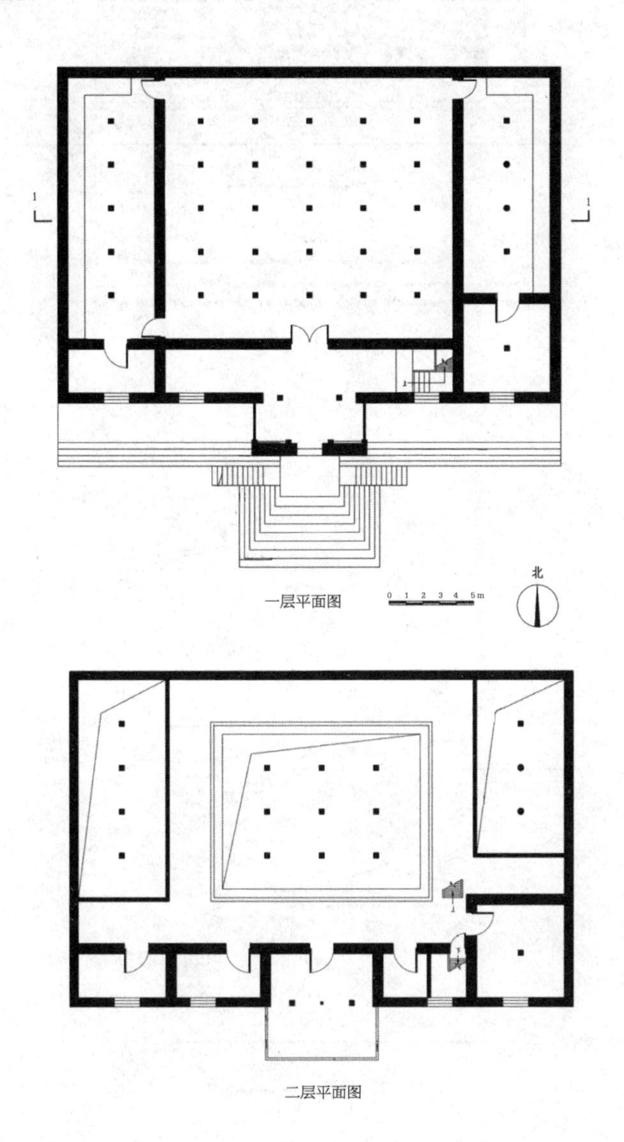

一层平面图

二层平面图

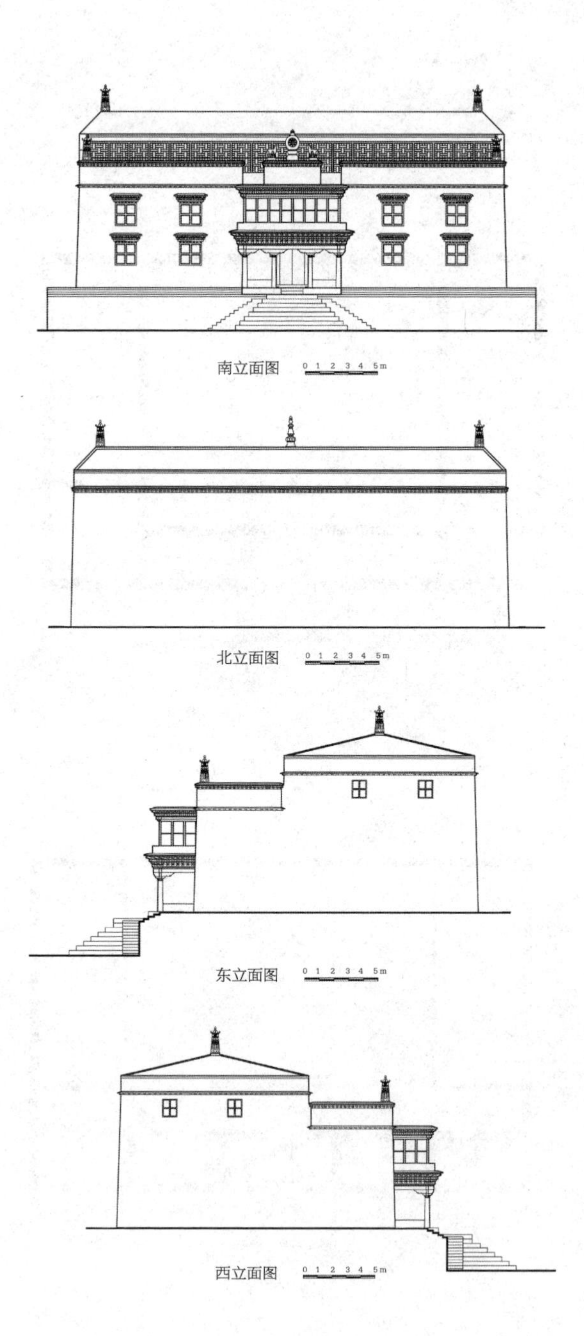

南立面图

北立面图

东立面图

西立面图

琼科寺测绘图

集会殿

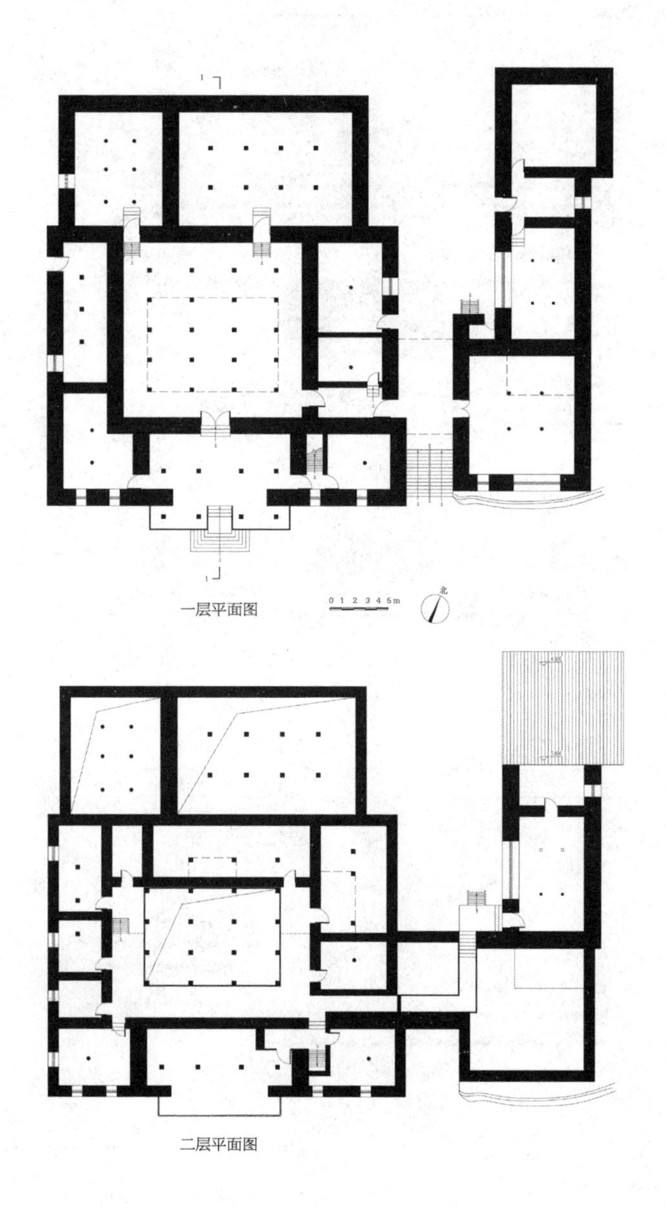

一层平面图

二层平面图

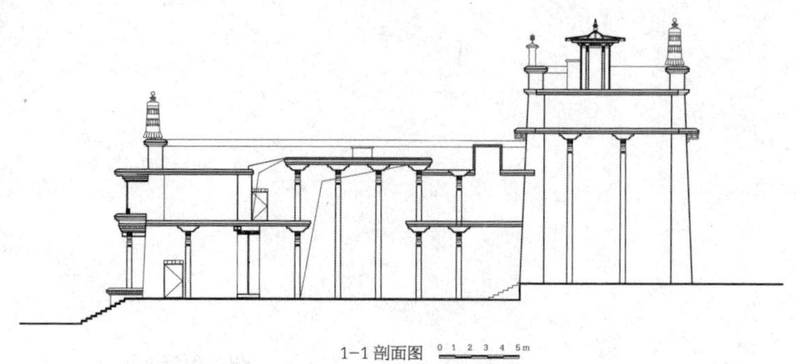

1-1 剖面图 0 1 2 3 4 5m

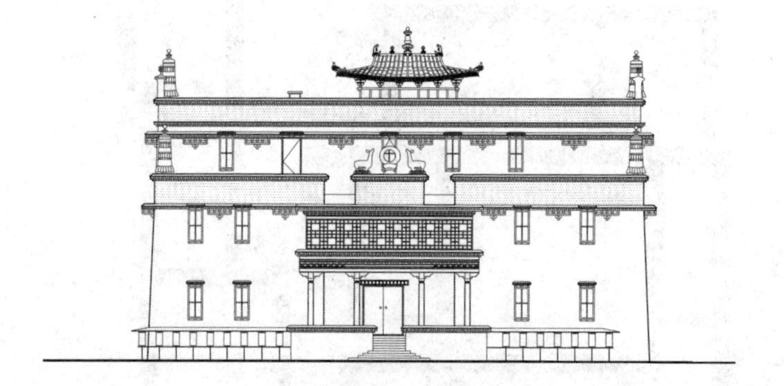

南立面图 0 1 2 3 4 5m

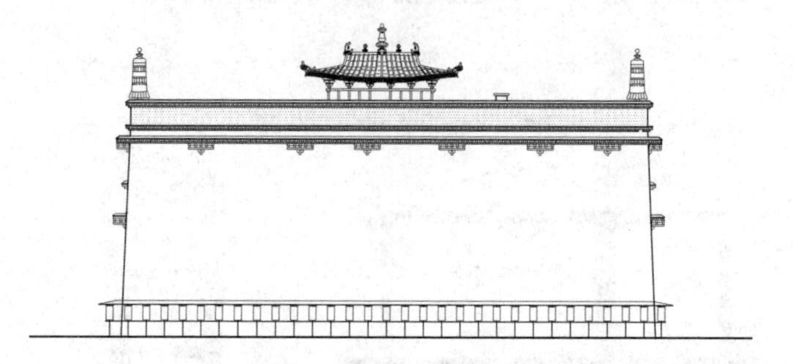

北立面图 0 1 2 3 4 5m

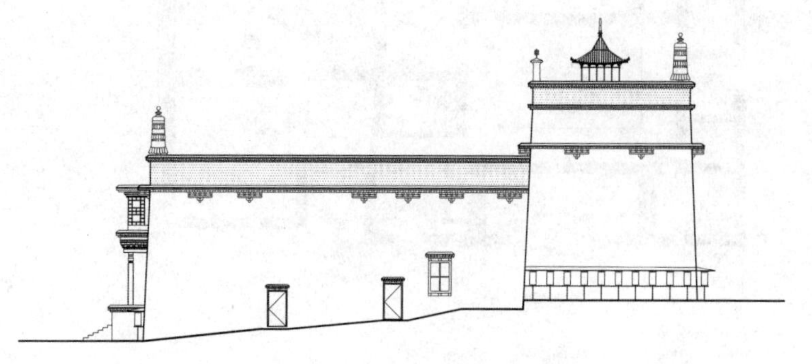

东立面图 0 1 2 3 4 5m

夏扎寺集会殿测绘图

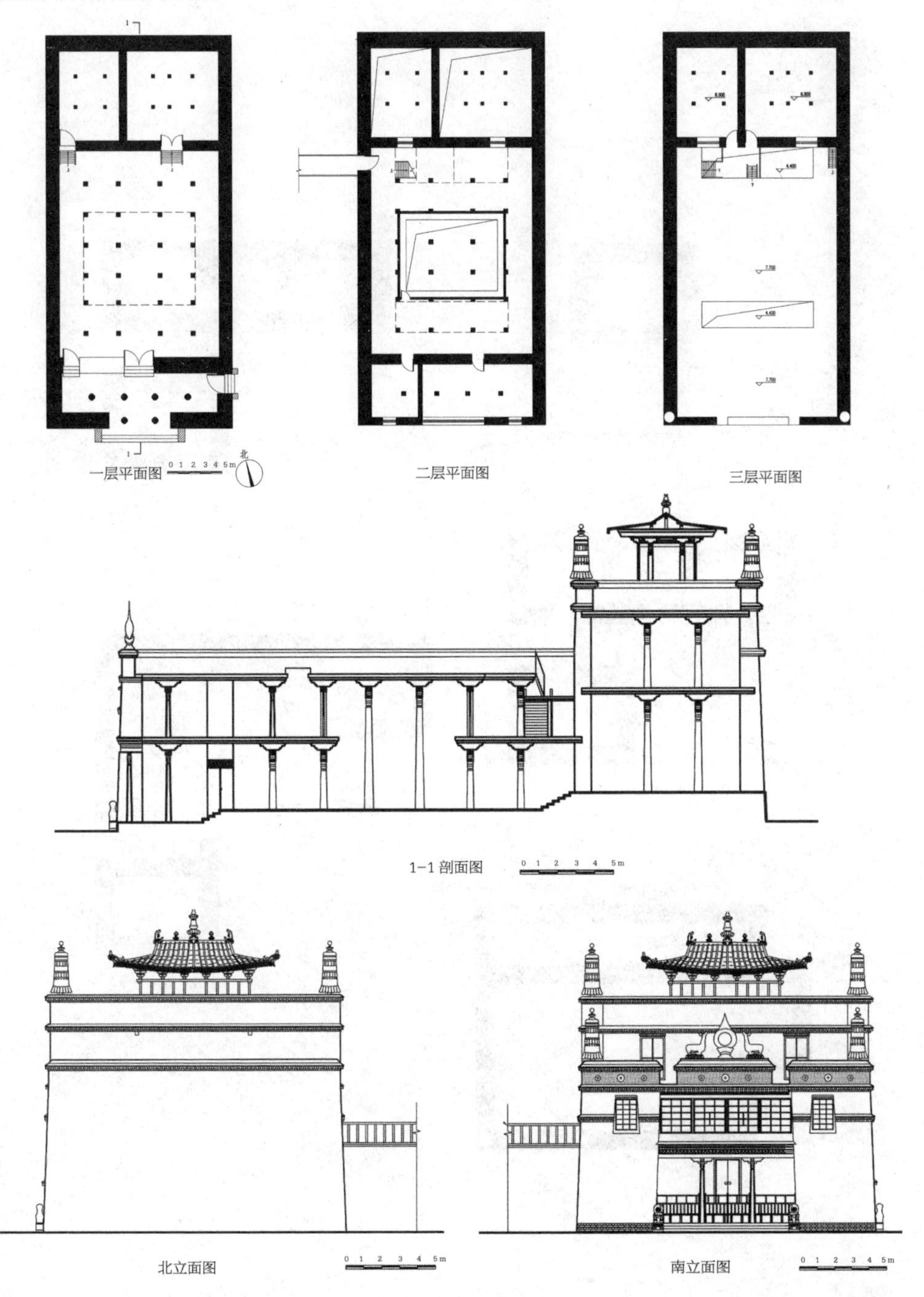

一层平面图
0 1 2 3 4 5m
北
二层平面图
三层平面图
1-1 剖面图
0 1 2 3 4 5m
北立面图
0 1 2 3 4 5m
南立面图
0 1 2 3 4 5m

玉彭寺综合大殿测绘图

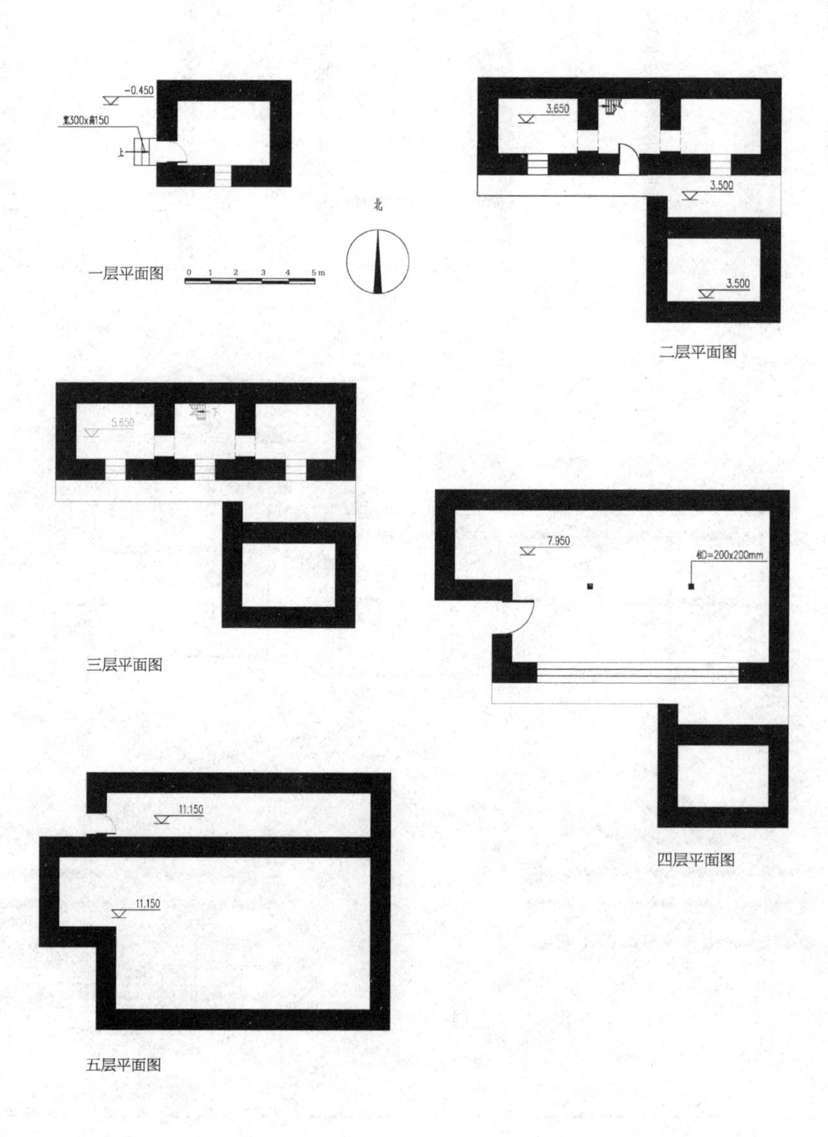

-0.450
宽300x高150
上
一层平面图
0 1 2 3 4 5m
北
3.650
3.500
3.500
二层平面图
5.650
下
三层平面图
7.950
柱D=200x200mm
四层平面图
11.150
11.150
五层平面图

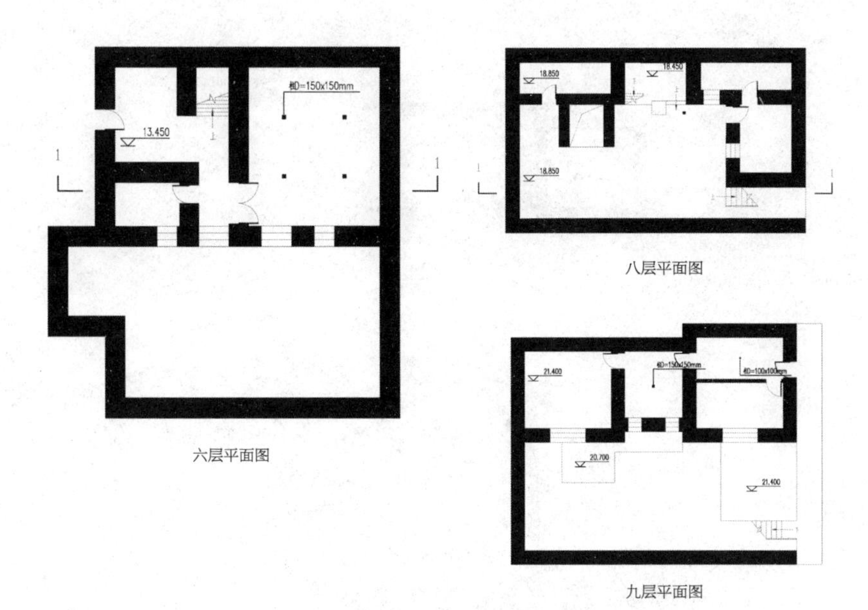

六层平面图

八层平面图

九层平面图

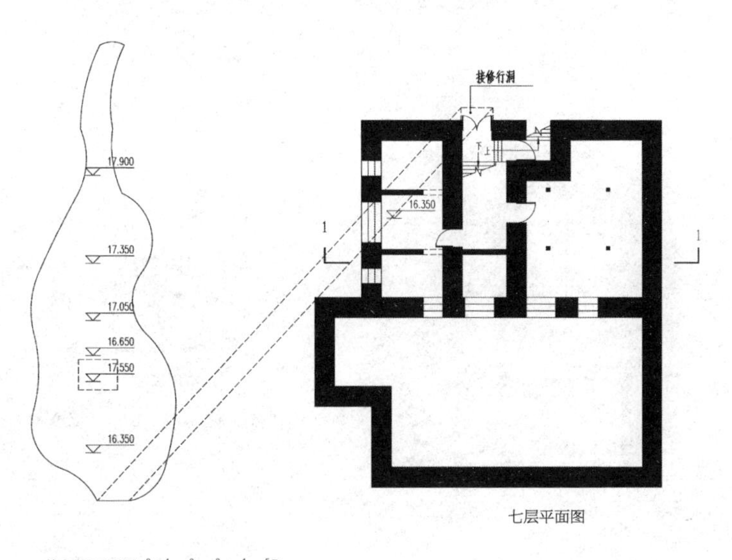

七层平面图

修行洞平面图

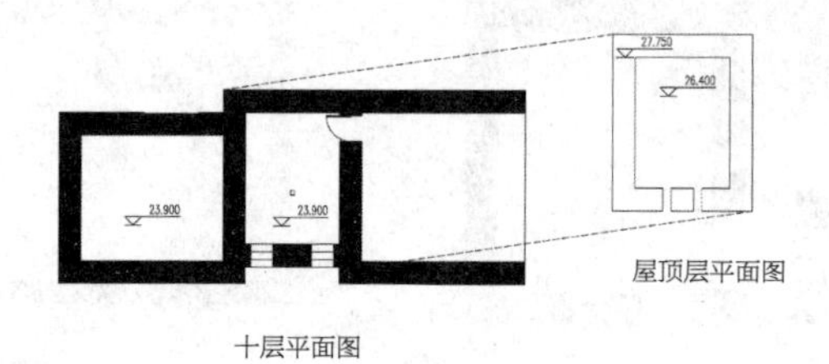

屋顶层平面图

十层平面图

1-1 剖面图 0 1 2 3 4 5m

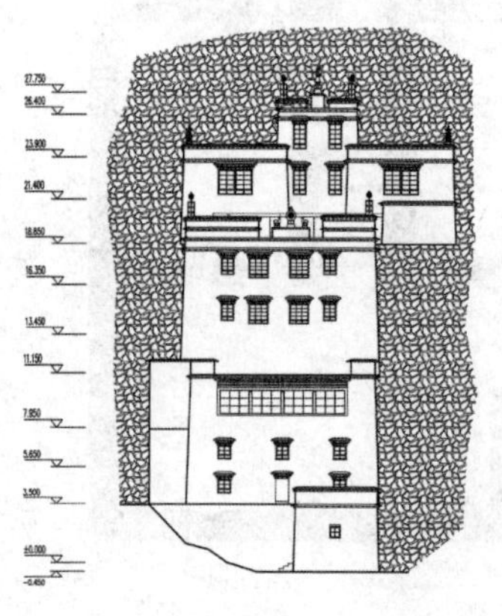

南立面图 0 1 2 3 4 5m

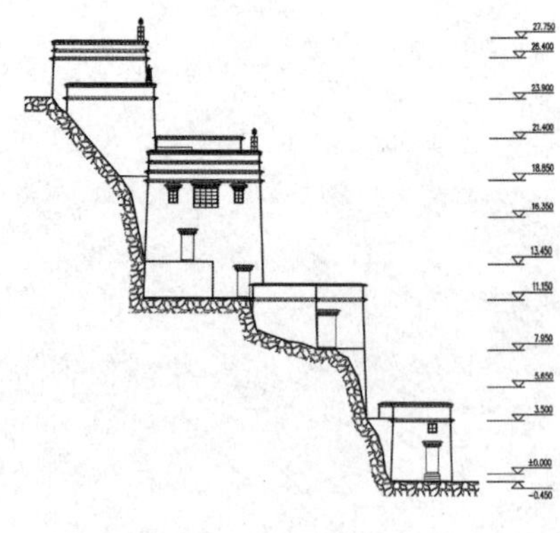

西立面图 0 1 2 3 4 5m

莫桑寺测绘图

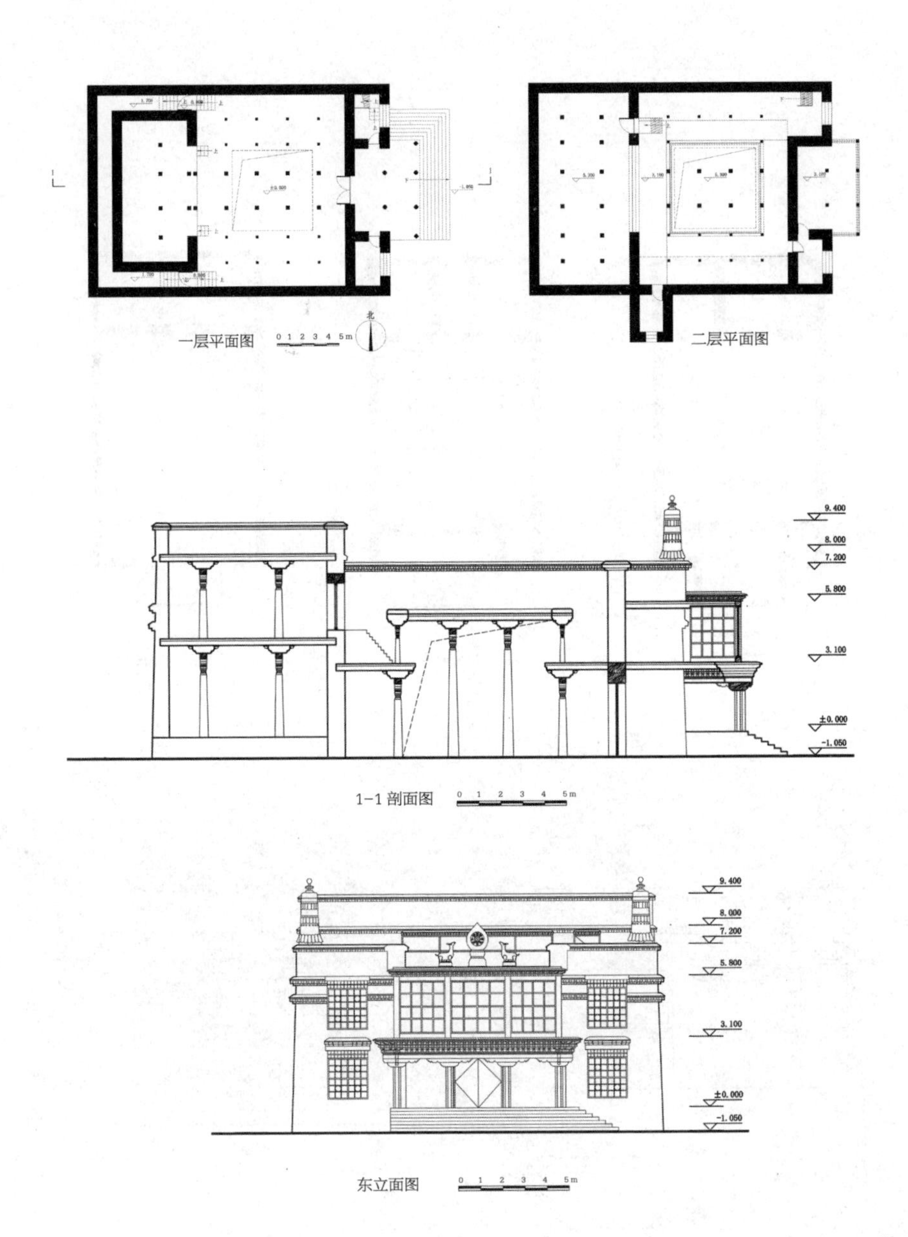

一层平面图
0 1 2 3 4 5m
北
二层平面图
9.400
8.000
7.200
5.800
3.100
±0.000
-1.050
1-1 剖面图
0 1 2 3 4 5m
9.400
8.000
7.200
5.800
3.100
±0.000
-1.050
东立面图
0 1 2 3 4 5m

唐康寺集会殿测绘图

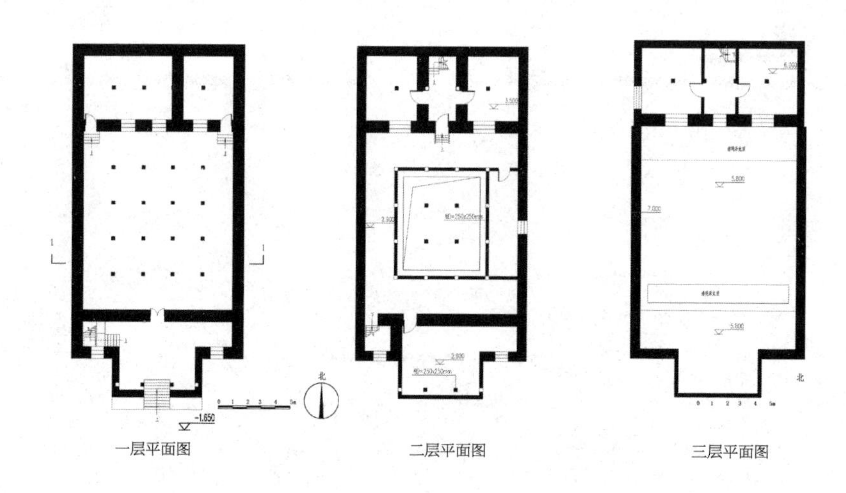

一层平面图　　二层平面图　　三层平面图

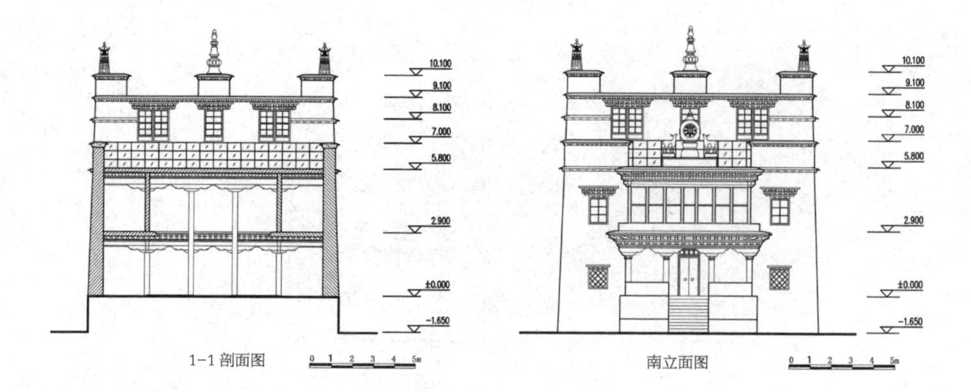

1-1 剖面图　　南立面图

白日寺测绘图

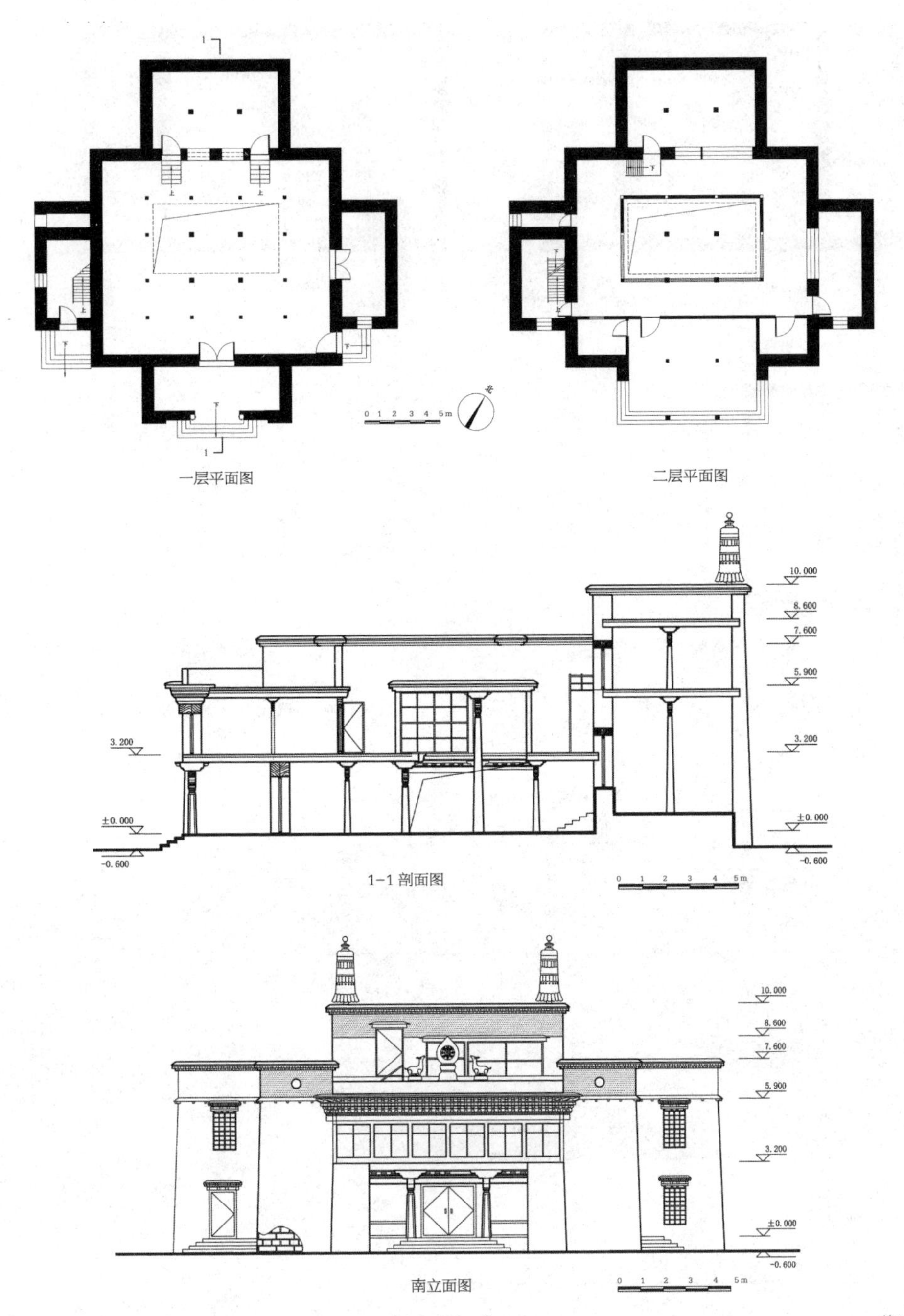

一层平面图

二层平面图

1-1 剖面图

南立面图

达仁寺措钦大殿测绘图

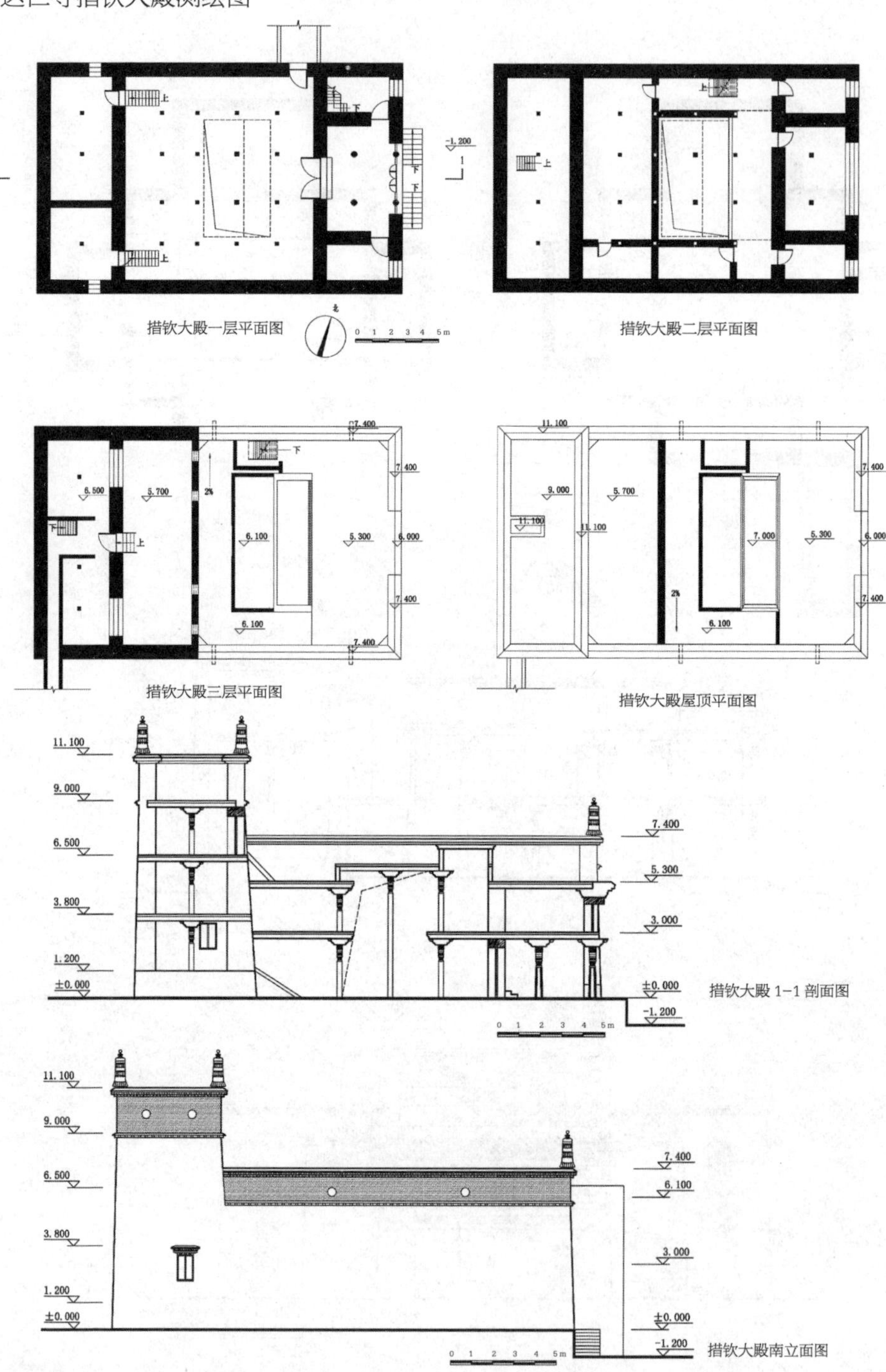

措钦大殿一层平面图

措钦大殿二层平面图

措钦大殿三层平面图

措钦大殿屋顶平面图

措钦大殿 1-1 剖面图

措钦大殿南立面图

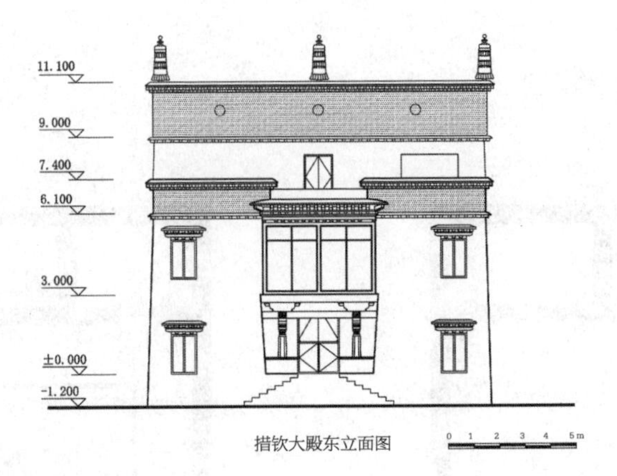

措钦大殿东立面图

达仁寺护法神殿测绘图

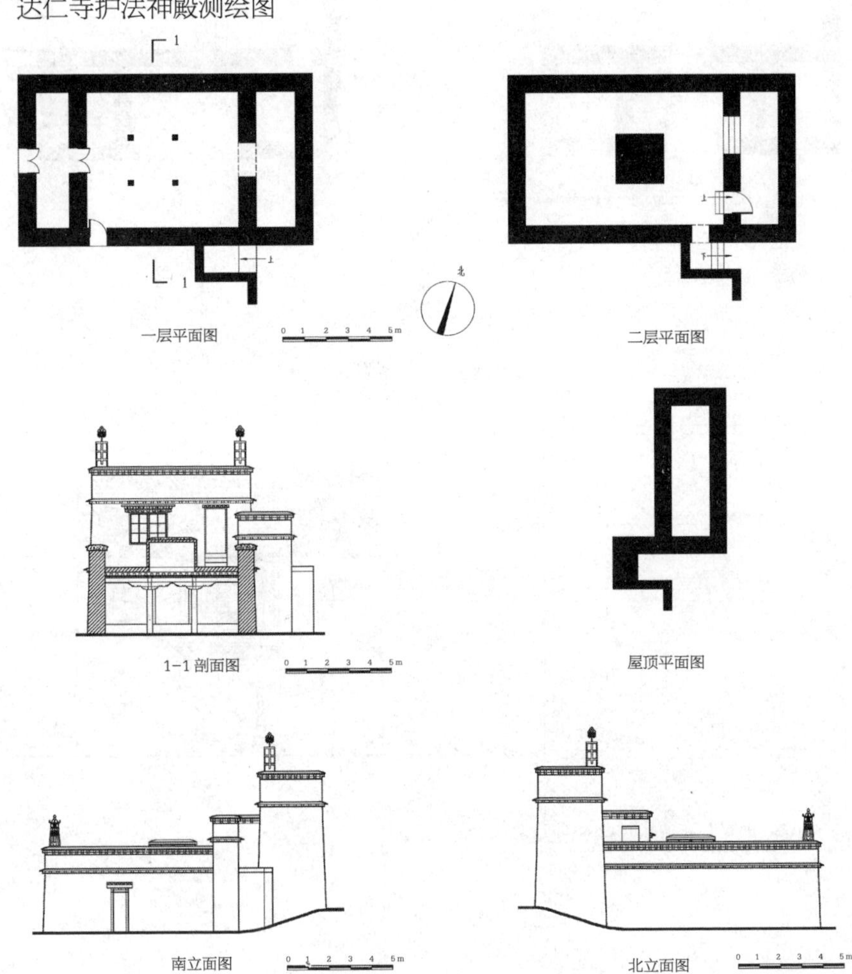

一层平面图

二层平面图

1-1 剖面图

屋顶平面图

南立面图

北立面图

夏容布寺集会殿测绘图

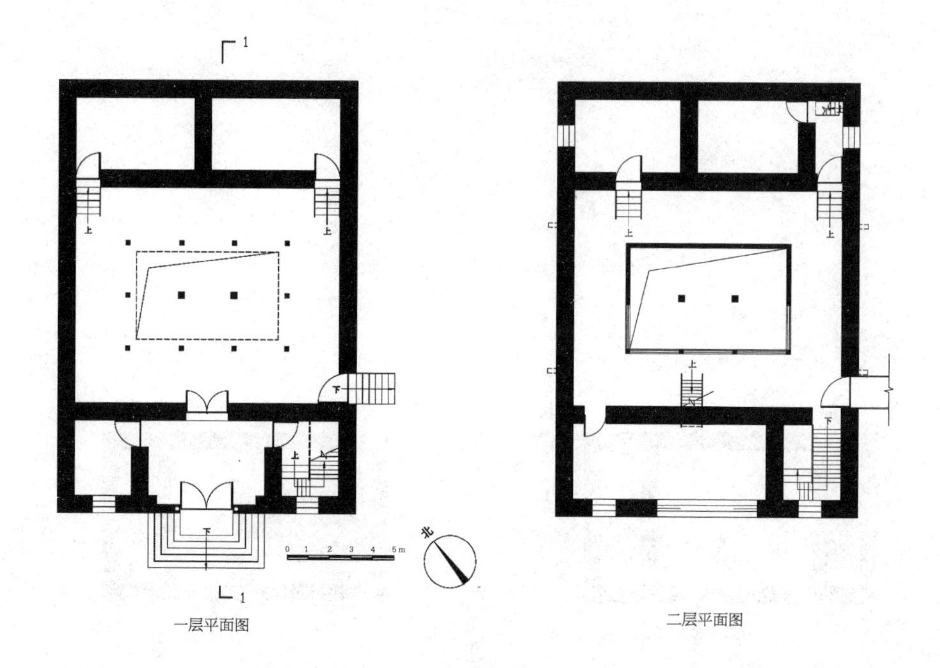

一层平面图

二层平面图

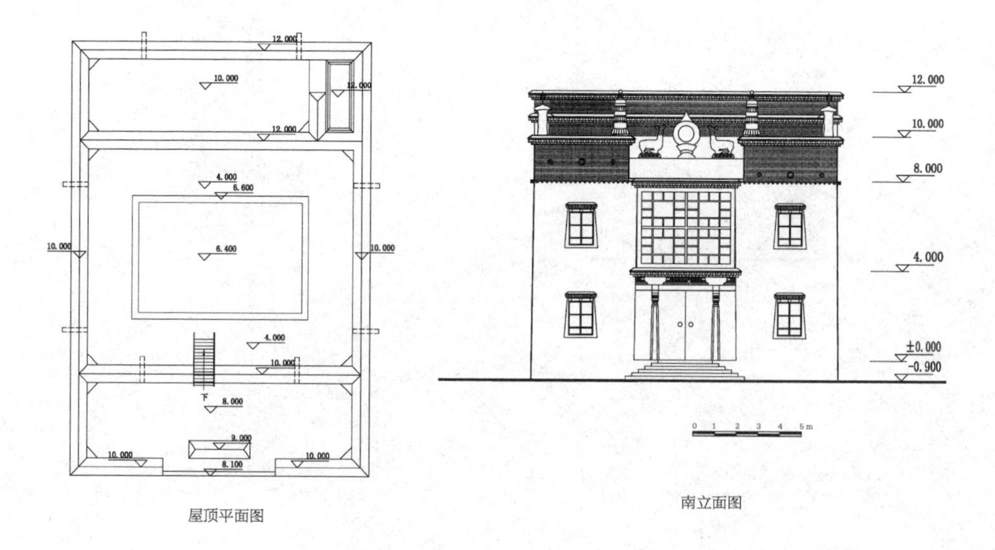

屋顶平面图

南立面图

卓那寺集会殿测绘图

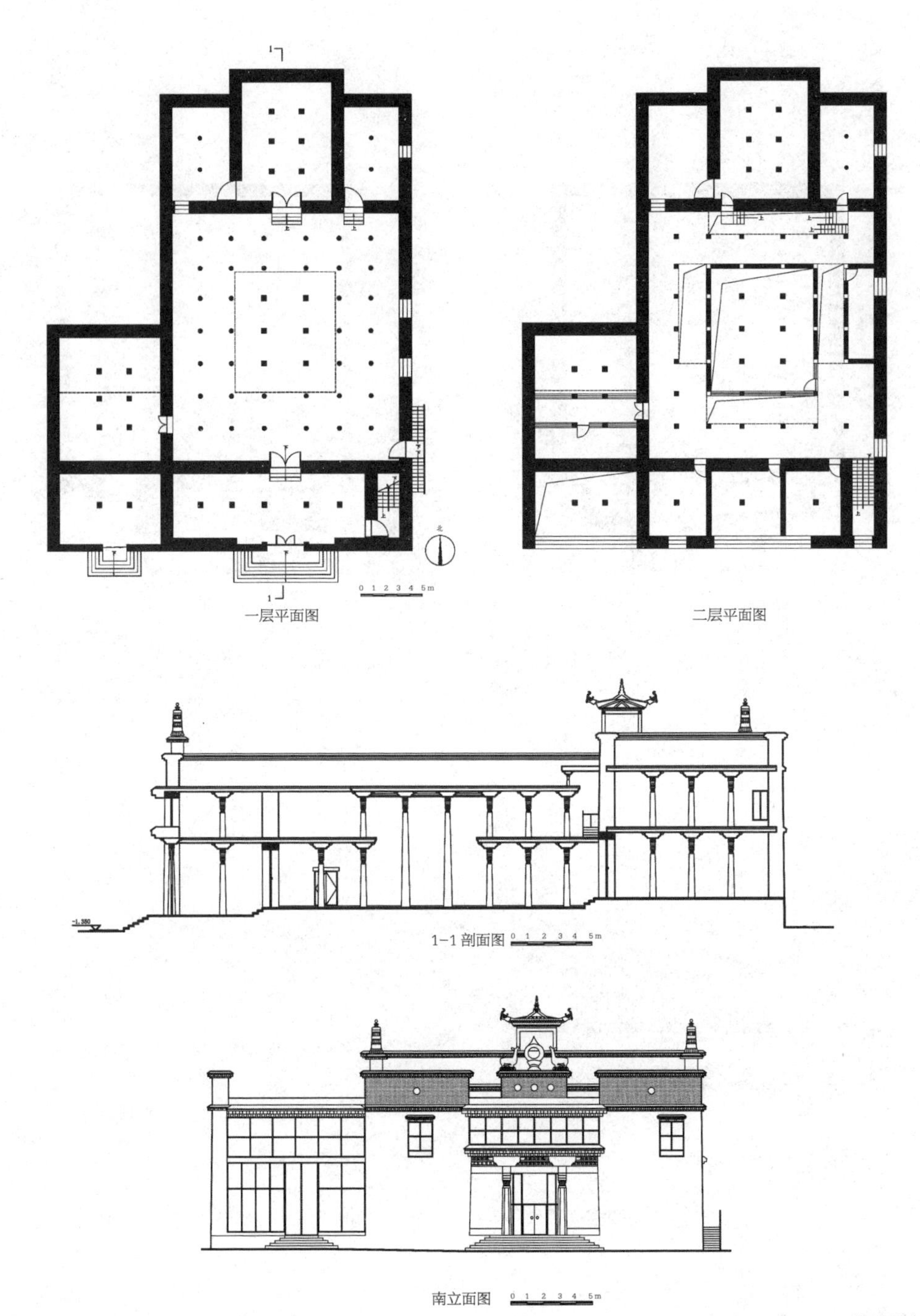

一层平面图

二层平面图

1-1 剖面图

南立面图

孔玛寺测绘图

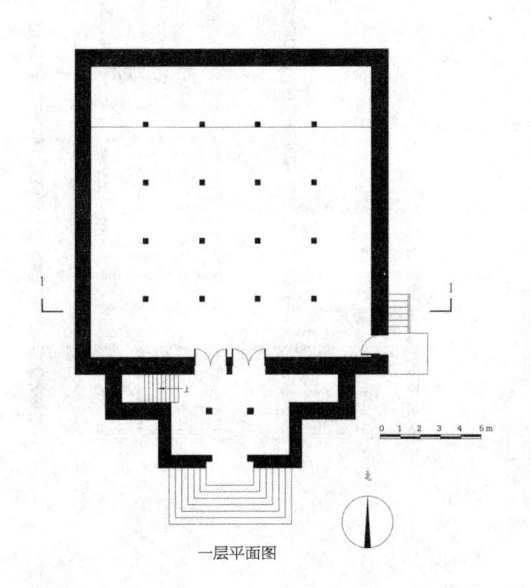

一层平面图

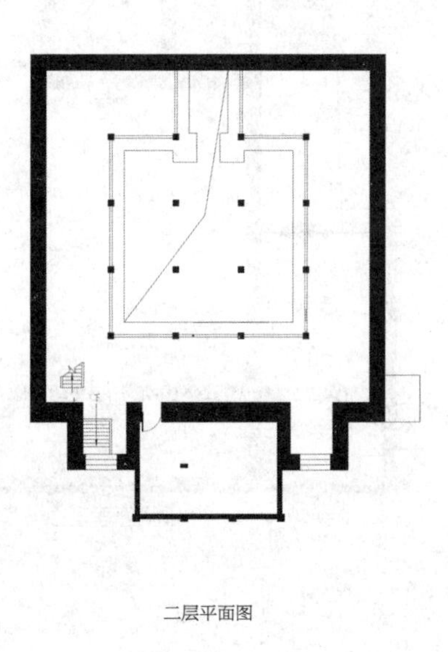

二层平面图

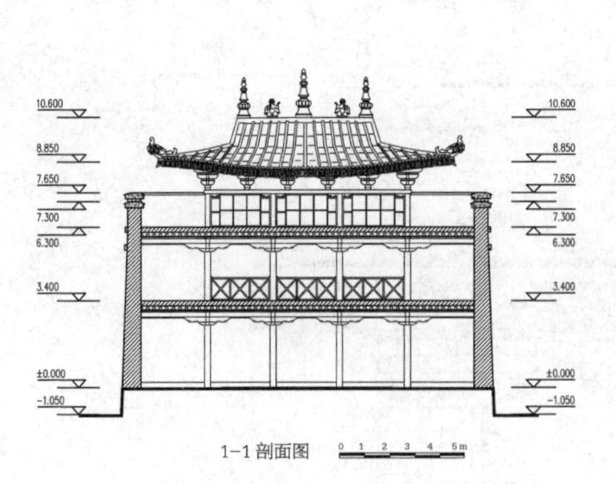

1-1 剖面图

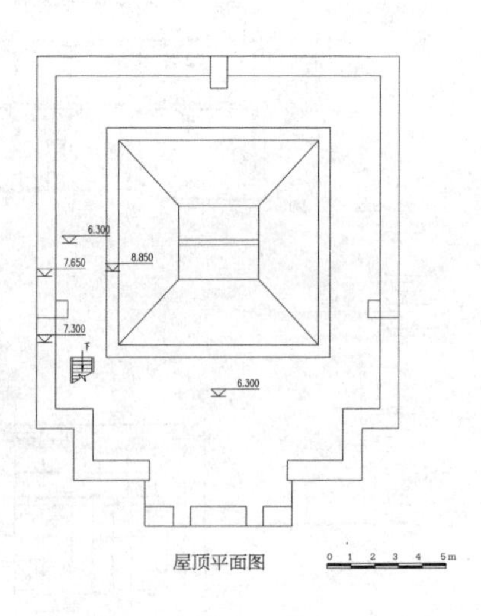

屋顶平面图

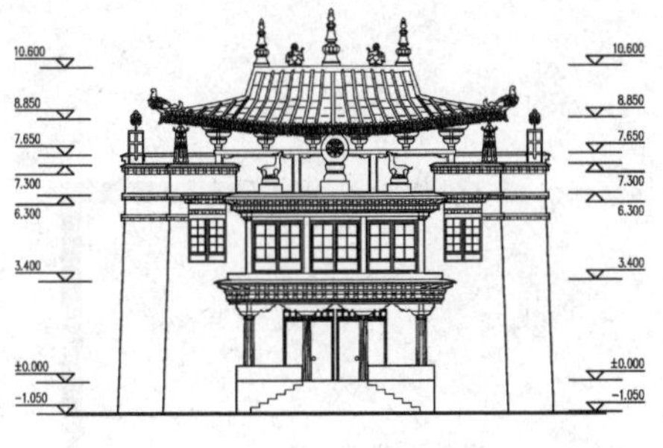

南立面图 0 1 2 3 4 5m

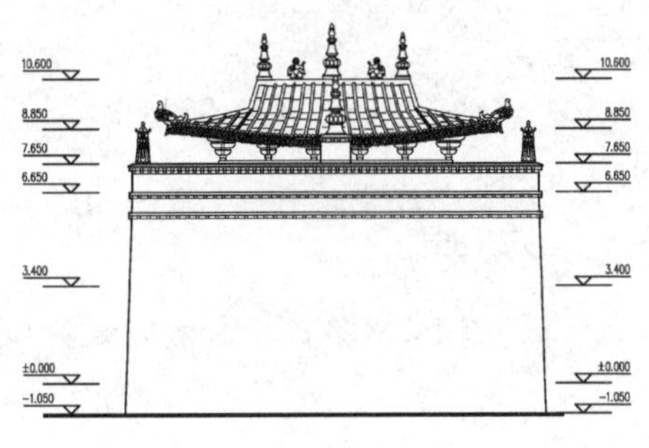

北立面图 0 1 2 3 4 5m

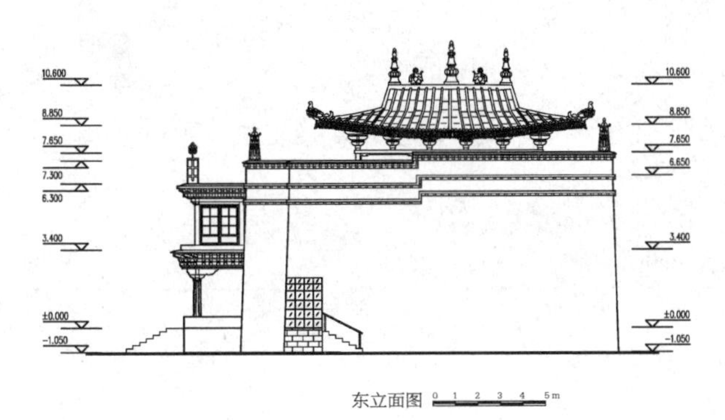

东立面图 0 1 2 3 4 5m

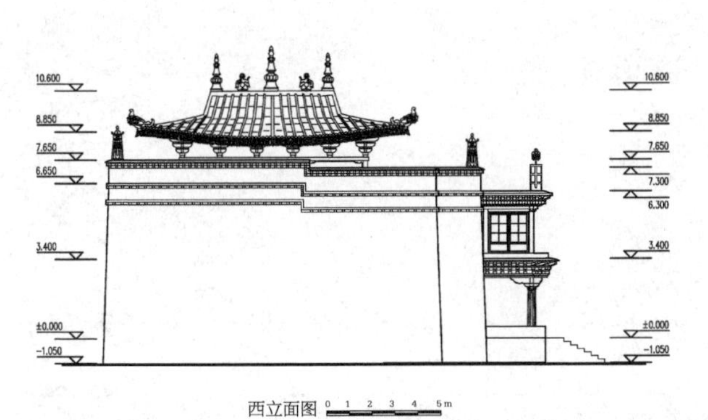

西立面图 0 1 2 3 4 5m

图书在版编目（CIP）数据

西藏建筑行记 / 戚瀚文著. — 南京 ：东南大学出版社，2021.12
ISBN 978-7-5641-9733-9

Ⅰ. ①西… Ⅱ. ①戚… Ⅲ. ①建筑艺术－西藏 Ⅳ. ①TU-862

中国版本图书馆CIP数据核字（2021）第218961号

责任编辑：贺玮玮　责任校对：张万莹　封面设计：余武莉　责任印制：周荣虎

书　名：西藏建筑行记
Xizang Jianzhu Xingji

著　者：戚瀚文
出版发行：东南大学出版社
社　址：南京四牌楼 2 号　邮编：210096
网　址：http://www.seupress.com
电子邮件：press@ seupress.com
经　销：全国各地新华书店
印　刷：南京新世纪联盟印务有限公司
开　本：700 mm × 1000 mm　1/16
印　张：20
字　数：336 千
版　次：2021 年 12 月第 1 版
印　次：2021 年 12 月第 1 次印刷
书　号：ISBN 978-7-5641-9733 -9
定　价：116.00 元

本社图书若有印装质量问题，请直接与营销部调换。电话（传真）：025-83791830